1+X证书制度试点培训用书·5G承载网络运维

U0267512

5G 承载网络运维

（高级）

徐爱波　金从元　何　琼◎主编
周　泉　左应波　耿晶晶◎副主编

人 民 邮 电 出 版 社

北 京

图书在版编目（CIP）数据

5G承载网络运维：高级 / 徐爱波，金从元，何琼主编. -- 北京 ：人民邮电出版社，2022.5
1+X证书制度试点培训用书
ISBN 978-7-115-57968-3

Ⅰ. ①5… Ⅱ. ①徐… ②金… ③何… Ⅲ. ①第五代移动通信系统－技术培训－教材 Ⅳ. ①TN929.53

中国版本图书馆CIP数据核字(2021)第237400号

内 容 提 要

本书包含 5G 系统架构的认知、5G 承载网设备安装、5G 承载网中的以太网技术、5G 承载网中的 IP 路由技术、5G 承载网中的隧道技术、5G 承载网中的 VPN 技术、5G 承载网测试与验收、5G 承载网维护、5G 承载网故障处理和 5G 承载网中的同步技术等内容。本书以"项目—任务"的方式组织基础理论和操作实训的知识点，使读者既能了解 5G 的基本概念，又能掌握 5G 承载技术原理、设备安装和开通、业务测试与验收、网络日常维护、故障处理和网络优化等方面的基础知识与应用技能。

本书可用于 1+X 证书制度试点工作中的 5G 承载网络运维职业技能的教学，也可供 5G 承载网维护人员参考。

◆ 主　　编　徐爱波　金从元　何　琼
　 副主编　周　泉　左应波　耿晶晶
　 责任编辑　李　强
　 责任印制　马振武
◆ 人民邮电出版社出版发行　　北京市丰台区成寿寺路 11 号
　 邮编　100164　　电子邮件　315@ptpress.com.cn
　 网址　https://www.ptpress.com.cn
　 涿州市京南印刷厂印刷
◆ 开本：787×1092　1/16
　 印张：23.25　　　　　　　　　2022 年 5 月第 1 版
　 字数：498 千字　　　　　　　2022 年 5 月河北第 1 次印刷

定价：109.80 元

读者服务热线：(010)81055493　印装质量热线：(010)81055316
反盗版热线：(010)81055315
广告经营许可证：京东市监广登字 20170147 号

编辑委员会

2015 年，国际电信联盟无线电通信组（ITU-R）正式批准了 3 项有利于推进未来 5G 研究进程的决议，并正式确定了 5G 的官方名称是"IMT-2020"。作为新一代移动通信技术，5G 支持更高的峰值速率、更快的用户体验速率、更强的移动性、更低的时延、更大的连接数密度、更大的流量密度和更高的能效。同时，ITU-R 定义了 5G 支持的三大业务场景：增强型移动宽带（eMBB）、大连接物联网（mMTC）和超可靠低时延通信（uRLLC）。3GPP 定义无线和核心网应支持切片功能，以保证多场景下的业务体验。因此，5G 的目标不仅仅是满足个人用户带宽增长的需求，更是将移动通信渗透到各个行业和领域，实现万物互联。

我国从 2017 年开始 5G 试验工作，在 2018 年启动 5G 试点。2019 年 6 月 6 日，工业和信息化部（以下简称"工信部"）正式向运营商发放 5G 商用牌照。2019 年 10 月 31 日，工信部与我国三大电信运营商举行 5G 商用启动仪式，5G 套餐上线，我国正式进入 5G 商用时代。2020 年，在我国提出的"新基建"中，5G 基站建设位于首位，是最根本的通信基础设施，可为大数据中心、人工智能和工业互联网等其他基础设施提供重要的网络支撑，是数字经济的重要载体。电信运营商正如火如荼地进行着 5G 建设。

5G 网络包含无线接入网、核心网、承载网三部分。通信行业有一句俗语，"5G 建设，承载先行"。2020 年年初，我国三大电信运营商均正式启动 5G 承载网的建设。移动承载网作为无线接入网和核心网之间的桥梁，是 5G 流量在城域范围内的重要传输通道。5G 面临无线通信业务量增长、5G 无线接入网架构变化、5G 核心网用户面下沉、部分业务要求更低时延和高精度时间同步的挑战。为解决上述问题，5G 承载网必须引入高速率以太网、灵活以太网（FlexE）、分段路由（SR）、分层 VPN（HoVPN）、第 6 版互联网协议（IPv6）、超高精度时间同步和软件定义网络（SDN）等新技术。新需求、新技术的引入必然带来承载网运维方式的转变，而目前 5G 承载网的建设和维护人才紧缺。

2019 年，教育部会同国家发展和改革委员会、财政部、国家市场监督管理总局联合印发了《关于在院校实施"学历证书 + 若干职业技能等级证书"制度试点方案》，重点围绕服务国家需要、市场需求、学生就业、能力提升，从 10 个左右职业技能领域做起，稳步推进 1+X 证书制度试点工作。试点院校以高等职业学校、中等职业学校（不含技工学校）为主，本科层次职业教育试点学校、应用型本科高校及国家开放大学等积极参与。信息通信技术（ICT）就是其中的领域之一。

武汉烽火技术服务有限公司，作为国内知名的 ICT 领域综合服务提供商，隶属于中国信息通信科技集团（简称"中信科"）旗下烽火通信科技股份有限公司，而烽火通信的传输网、承载网等专业的产品和解决方案，伴随了移动通信技术在中国自 2G 到 5G 近 30 年的发展历程。为解决 5G 承载网运维人才紧缺的问题，武汉烽火技术服务有限公司积极参与 1+X 项目，与武汉软件工程职业学院联合推出"1+X 证书制度试点培训用书·5G 承载网络运维"系列教材，并提供全套的配套教学解决方案。

本书内容依据 5G 承载网维护专业人才的培养目标和相关职业岗位的能力要求而设置，帮助读者建立必要的 5G 承载网的理论知识，培养读者在 5G 承载网的具体维护工作中的实践能力。本书包含 5G 系统架构的认知、5G 承载网设备安装、5G 承载网中的以太网技术、5G 承载网中的 IP 路由技术、5G 承载网中的隧道技术、5G 承载网中的 VPN 技术、5G 承载网测试与验收、5G 承载网维护、5G 承载网故障处理、5G 承载网中的同步技术等内容。

本书的特色如下。

1. 重实践。内容设计围绕实际维护岗位的具体工作，以任务的方式引导读者学习基础理论和掌握安装、开通、验收、调测、业务配置、日常维护及故障处理等实操技能，符合教育部 1+X 职业认证标准。

2. 易学习。全书语言通俗易懂，图文并茂，各个项目均配备练习题和教学视频。本书附带的习题答案可通过扫描右侧二维码获取，教学视频可通过扫描各项目的二维码在线观看。

3. 专业性强。本书由国内主流通信设备厂商的培训专家和高职院校的资深教师联合编写。作者有丰富的现网工作经验和教学经验，而且对运营商的发展历程、网络现状和通信行业人员的学习诉求均非常了解。因此，本书在知识的专业性、设计的逻辑性和内容的实用性方面，均有较高水准。

随着 5G 版本的持续演进，国内运营商的 5G 承载组网方案也将不断得到优化，我们将随时关注技术发展动态，进一步补充和修正书中的内容。书中如有不妥之处，敬请读者和专家批评指正。

编写组

2021 年 4 月

目 录
CONTENTS

项目1 | 5G 系统架构的认知

项目简介

　　移动通信技术历经数十年发展，每一代技术革新都有自己的时代特点与意义，而 5G 的网络结构、终端和体验也会发生巨大变化，5G 将会重新定义移动通信。本项目将介绍 5G 的相关概念，为学习 5G 承载网的维护奠定基础。

- 了解移动通信的发展历史。
- 了解各代移动通信技术及特点。
- 掌握 5G 应用场景及关键能力。
- 理解 5G 接入网、核心网、承载网的架构及组成。

项目目标

项目导图

任务1 移动通信发展历程

【任务前言】

4G 是什么？5G 又是什么？移动通信技术在演进过程中经历了哪些变化？带着这些问题，我们进入本任务的学习。

【任务描述】

介绍历代移动通信技术的发展历史及特点。

【任务目标】

● 了解移动通信发展历史。
● 了解各代移动通信的特点。

 知识储备

在移动通信技术 40 多年的发展历程中，大约每 10 年就要进行一次技术革新，如图 1-1 所示。从 1G 到 5G 的演进，体现着人类对于科技孜孜不倦的追求，而科技也回馈人类，给人类的生活带来了巨大的改变。

图1-1　移动通信发展历程

20 世纪 70 年代，摩托罗拉公司的马丁·库帕（Martin Lawrence Cooper）（如图 1-2 所示）研发出了世界上第一部移动电话。几年后，贝尔实验室完成了高级移动电话系统（AMPS，Advanced Mobile Phone System）的实验，"1G"诞生。

图1-2　手机的发明者马丁·库帕

第一代移动通信系统（1G），主要采用的是模拟技术与频分多址（FDMA，Frequency Division Multiple Access）技术。FDMA 是把总带宽分隔成多个正交的信道，每个用户占用一个信道，在一个信道中，同一时刻只能传送一个用户的业务信息。模拟通信技术有许多不足，比如语音质量低、覆盖范围较小、容易受到干扰，以及经常会出现"串话"（"串话"一般表现为，甲、乙双方在建立通话后某一方突然听到另一个陌生人的声音）。

尽管 1G 存在着容量有限、制式太多、互不兼容、保密性差、通话质量不高、不能提供数据业务及不能自动漫游等诸多不足之处，但是在当时仍是最先进的技术，并且 1G 的出现也为后续移动通信技术的改进和发展奠定了坚实的基础。

1990 年，第一版全球移动通信系统（GSM, Global System for Mobile Communications）标准制定完成，第二代移动通信系统（2G）登上历史舞台。相较于 1G，2G 最大的不同之处在于其信令和语音信道都是数字的。这就使得 2G 既可以进行文本传输，又可实现短信业务。2G 的主流制式有两种：一种是欧洲的 GSM，一种是美国的码分多址（CDMA，Code Division Multiple Access）。

GSM 基于时分多址（TDMA，Time Division Multiple Access）技术，CDMA 技术通话质量好、掉话少、保密性强、辐射低、健康环保，而且在新业务的承载上，CDMA 更加成熟，可以提供更多中高速率的业务。尽管 CDMA 占据各种技术优势，但是起步较晚，GSM 已经在全球占据大部分市场份额。而且如果使用 CDMA，需要向高通公司缴纳巨额的专利授权费，所以虽然同属 2G 标准，CDMA 的影响力和市场规模都无法和 GSM 相提并论。GSM 是事实上的全球主流 2G 标准。

相较于 1G，2G 的制式更加趋于统一，能实现真正意义上的全球漫游。在 2G 的中后期，更是开启了移动通信上网的新模式，加上互联网在全球的迅猛发展，二者相辅相成，为开启移动互联网时代奠定了基础。

第三代移动通信系统（3G）是国际电信联盟（ITU，International Telecommunication Union）在 2000 年提出的具有全球移动、综合业务、数据传输蜂窝、无线、寻呼、集群等多种功能，并能满足频谱利用率、运行环境、业务能力和质量、网络灵活及无缝覆盖等多个要求的全球移动通信系统，简称 IMT-2000 系统。写入国际标准的 3G 技术一共 4 种，分别是 WCDMA、CDMA2000、TD-SCDMA 和 WiMAX。

尽管 3G 技术在 2000 年就已经成熟，但是一直不温不火，主要原因在于人们不知道该如何使用它。直到 2008 年，乔布斯发布了 iPhone 3G，有了 3G 网络的支持，iPhone 将传统的通信行业与互联网连接起来，彻底引爆人类不断增长的数据需求。自此，世界进入移动互联时代。

但是，人类对于速度的追求是无止境的，更渴望"飞一般的感觉"，一旦到了没有 Wi-Fi 而使用 3G 的地方，就总是会有意无意地和 Wi-Fi 进行对比，希望移动网络的速度也能像 Wi-Fi 一样。于是采用正交频分复用（OFDM，Orthogonal Frequency Division Multiplexing）技术的第四代移动通信系统（4G）应运而生。

相比 3G，4G 网络在规范上有了前所未有的统一，全球均采用国际电信标准组织第三代合作伙伴计划（3GPP，3rd Generation Partnership Project）推出的 LTE/LTE-Advanced 标准。4G 实现了更高的网速，并基本满足了人们所有的互联网需求。相较于 3G，4G 在传输速率和降低时延上都有着非常大的提升，人们不仅可以观看高清电影，还可以直播互动，各类手游也接踵而至，而互联网行业也在 4G 网络的加持下，蓬勃发展，移动互联网的发展达到一个新的高度。如今 4G 已经像"水电"一样成为我们生活中不可缺少的基本资源。微信、微博、视频等手机应用成为生活中很重要的一部分，我们无法想象离开手机的生活。

4G 看似已经渗透到我们生活的方方面面，那我们为什么还需要新建 5G 网络呢？如果说 4G 改变生活，那么 5G 将改变社会。4G 主要实现的是人与人的连接，5G 将实现人与物、物与物的连接，即家庭、办公室、城市中的物体都可实现连接，走向智慧和智能，真正实现万物互联。

早在 2013 年，欧盟就成立了专门研究 5G 的组织——METIS［Mobile and Wireless Communications Enablers for the Twenty-Twenty（2020）Information Society，构建 2020 年信息社会的无线通信关键技术］，这也是最早牵头研究 5G 的组织。随后，世界各国和地区均持续加快研发 5G 技术的步伐，同时也在同步推进关于 5G 的标准。2017 年年底，在 3GPP RAN 第 78 次全体会议上，5G 新空口（NR，New Radio）首发版本正式冻结并发布。在此版本中，提出了 5G 组网的两种方案——非独立组网（NSA，Non-Stand Alone）和独立组网（SA，Stand Alone）。而在 2019 年 6 月 6 日，5G 商用版牌照发放，10 月 31 日三大电信运营商公布了 5G 商用套餐，并于 11 月 1

日正式上线 5G 商用套餐，中国正式进入 5G 商用元年。

　　纵观从 1G 到 5G 的演进历程，从 1G 到 4G 更多地改变了人与人之间的沟通，随着移动通信网络技术的不断创新，用户终端不断小型化、便捷化和智能化，业务类型更加丰富化、多样化、全面化。而从 4G 到 5G，除了技术上的进步，更有应用场景的全面革新，已经远远超出对个人生活的影响，5G 成为国家基础设施的一个重要组成部分。5G 是"新基建"中最根本的通信基础设施，既可为大数据中心、人工智能和工业互联网等其他基础设施提供重要的网络支撑，又可将大数据、云计算等数字科技快速赋能给各行各业，是数字经济的重要载体。

任务习题 ▶▶

1. 移动通信技术更迭中，文字（短信）的传输出现在（　　）。
   A. 1G　　　　　　　　　　　　B. 2G
   C. 3G　　　　　　　　　　　　D. 4G

2. 由模拟信号向数字信号升级的移动通信技术更迭是（　　）。
   A. 1G 到 2G　　　　　　　　　B. 2G 到 3G
   C. 3G 到 4G　　　　　　　　　D. 4G 到 5G

3. 一般来讲，下列哪种制式上网速度最快（　　）。
   A. GPRS　　　　　　　　　　　B. EDGE
   C. WCDMA　　　　　　　　　　D. LTE

任务2 5G 关键性能指标

【任务前言】

我们知道 5G 的到来将改变社会，实现万物互联，具体如何改变呢？即 5G 时代可实现哪些业务应用场景？另外，这些应用场景的达成又需要 5G 在哪些关键性能指标上有所提升呢？带着这些问题，我们进入本任务的学习。

【任务描述】

介绍 5G 应用场景及关键能力。

【任务目标】

掌握 5G 的应用场景及关键能力。

 知识储备

1.2.1 5G 应用场景

最初，METIS 给 5G 定义了很多场景，但是关键的性能指标主要集中于更快、更宽以及更省电，后来 ITU 将这些场景归类为 5G 三大应用场景。

（1）增强型移动宽带（eMBB，enhanced Mobile BroadBand）。

（2）大连接物联网（mMTC，massive Machine Type Communication）。

（3）超可靠低时延通信（uRLLC，ultra Reliable & Low Latency Communication）。

这三大场景的特点及其对应的业务示例如表 1-1 所示。

表 1-1　5G 应用场景示例

场景	场景特点	示例
eMBB	高速率、高移动性、大带宽	超高清视频、AR/VR、高速移动通信等
mMTC	低功耗、低成本、广覆盖	数据采集、远程遥控、环境感知、人机交互等
uRLLC	低时延、高可靠性	工业互联网、自动驾驶等

从表 1-1 中可知，相较于 4G，mMTC 及 uRLLC 业务充分体现了 5G 在垂直行业的应用，是 5G 的"杀手锏"业务。因三大场景业务特点迥然不同，为了在同一张物理网络上保证多场景下的业务体验，网络切片服务应运而生。通过切片技术可将物理资源虚拟成多个逻辑平面，形成图 1-3 所示的端到端 eMBB 业务、uRLLC 业务及 mMTC 业务切片。

图1-3　5G支持网络切片

总而言之，前几代移动通信技术主要是满足人与人之间通信的基本需求，而 5G 更像是人们想要制定的一个万能标准，用来满足所有的通信场景。5G 多样化的场景也决定了很难有一项单一的技术能够满足人们所有的需求，这导致了 5G 技术的复杂性更高，也对 5G 网络的能力提出了非常高的要求。

1.2.2　5G 关键能力

以 4G 为参照，ITU 为 5G 确定了八大关键能力指标（如图 1-4 所示），主要体现了 5G 速率更快、连接终端更多、时延更低以及更节能的能力。

	能效	移动性	流量密度	峰值速率	用户体验速率	频谱效率	连接数密度	时延
4G取值	1倍	350km/h	0.1Tbit/s/km²	1Gbit/s	10Mbit/s	1倍	10万/km²	空口10ms
5G取值	100倍（网络侧）	500km/h	10Tbit/s/km²	10/20Gbit/s	0.1~1Gbit/s	3~5倍	100万/km²	空口1ms

图1-4　5G与4G的关键能力对比

① 能效

能效指的是能量转换效率，这里的能效是指传输的数据量与消耗的能量（电量）之比，可以表示为如下公式。

$$能效=\frac{传输的数据量}{消耗的电量}$$

一般来说，相同配置的基站，单个 5G 基站的耗电量可能是 4G 基站的 2～3 倍，但不能只看能耗，还要看能效，5G 基站的能效明显更高，可提升 100 倍，即假设 4G 基站每传送 1GB 数据消耗 1kW·h 电量，那么 5G 基站消耗 1kW·h 电量可传送 100GB 数据。

② 移动性

移动性原指移动通信用户从一个区域移动到另一区域，其通信连接亦能随之移动，且通信活动不受影响。此处的移动性是指用户移动时，在业务不受影响的情况下，网络能够支持的最大移动速度。4G 的移动性指标为 350km/h，接近复兴号高铁的运行时速，而 5G 的移动性指标可达到 500km/h。

③ 峰值速率

峰值速率是指在理想条件下可达到的最大数据速率，可以理解为系统最大承载能力的体现。4G 要求上、下行链路峰值速率分别为 500MBit/s、1GBit/s，而 5G 针对 eMBB 场景，要求上行链路峰值速率为 10GBit/s，下行链路峰值速率为 20GBit/s，相较于 4G，5G 的峰值速率提升了 20 倍。

④ 用户体验速率

与峰值速率概念相近，用户体验速率指一般场景下用户能够达到的平均速率。4G 为 10MBit/s，5G 为 0.1～1GBit/s，已经接近 4G 的下行链路峰值速率，相较于 4G 的用户体验速率，5G 的用户体验速率最高提升了 100 倍。

⑤ 频谱效率

频谱效率指数字通信系统的链路频谱效率，定义为净比特率（有用信息速率，不包括纠错码）或最大吞吐量除以通信信道或数据链路的带宽，单位为 Bit/s·Hz^{-1}，公式如下。

$$频谱效率=\frac{净比特率(最大吞吐量)}{信道带宽}$$

频谱效率即每秒时间内在每赫兹的频谱上能传多少比特的数据。例如，1kHz 带宽中每秒可以传送 1000Bit 的数据，那么其频谱效率为 1Bit/s·Hz^{-1}。相较于 4G，5G 的频谱效率可以提升 3 倍，部分场景甚至可以提升到 5 倍。

⑥ 连接数密度

连接数密度指的是在单位范围内，网络能接入的最大用户数量。连接数密度与基站数目、基站配置、小区个数以及频段数目都有关系。但是总的来讲，4G 连接数密度能达到 10 万 $/km^2$，而 5G 连接数密度可以达到 100 万 $/km^2$，相较于 4G，5G 的连接数密度提升了 10 倍。

⑦ 时延

ITU 列出的关键能力中的时延是空口时延，而非端到端时延。空口时延指的是基站与终端之间的传输时延。4G 标准要求时延小于 10ms，而 5G 标准则要求时延小于 1ms，更低的时延会带来更好的用户体验。

⑧ 流量密度

流量密度指单位范围内所有终端的速率之和，公式如下。

$$流量密度=连接数密度×用户体验速率$$

假设 $1km^2$ 内有 100 个用户，每个用户的终端速率为 10MBit/s，则流量密度为 $100 × 10=1000MBit/s · km^{-2}$。

总的来说，相较于 4G，5G 的各个方面都有极大的提升。但是 5G 的意义不仅在于能力的简单提升，更在于一系列技术的深度融合，5G 将成为融合多业务、多技术，聚焦于业务应用和用户体验的新一代通信网络。

任务习题 ▶▶▶ ● ● ●

1. eMBB、mMTC 和 uRLLC 的中文含义分别是（　　）。

　　A. 增强型移动宽带，超可靠低时延通信，大连接物联网

　　B. 增强型移动宽带，大连接物联网，超可靠低时延通信

　　C. 超可靠低时延通信，大连接物联网，增强型移动宽带

　　D. 大连接物联网，增强型移动宽带，超可靠低时延通信

2. 5G 的连接密度数可以达到（　　）。

　　A. 1 万 $/km^2$　　　　　　　　　　B. 10 万 $/km^2$

　　C. 100 万 $/km^2$　　　　　　　　　D. 1000 万 $/km^2$

3. 5G 标准要求的空口时延小于（　　）。

　　A. 10ms　　　　　B. 1ms　　　　　C. 5ms　　　　　D. 30ms

4. 5G 标准要求的峰值速率级别是（　　）。

　　A. 10/20GBit/s　　B. 1GBit/s　　C. 100MBit/s　　D. 100GBit/s

任务 3　5G 网络架构及其系统组成

【任务前言】

　　5G 时代，对接入网、承载网和核心网的各项功能都进行了重构，架构也随之发生了变化。重构的最终目的是满足 5G 网络要求的灵活性和复杂性。那么 5G 的网络架构到底如何被重构？具体有哪些改变？带着这些问题，我们进入本任务的学习。

【任务描述】

　　介绍 5G 接入网、核心网及承载网的架构演进及其系统组成。

【任务目标】

　　掌握 5G 接入网、核心网及承载网的架构演进及其系统组成。

 知识储备

1.3.1　5G 网络架构

　　移动通信网络主要由无线接入网、承载网及核心网组成，从而完成对业务的接入、传输及控制。5G 通信网络也是如此，其网络结构可分为以下 3 个层面（如图 1-5 所示）。

　　（1）下一代无线接入网（NG-RAN，Next Generation-Radio Access Network）。NG-RAN 的功能是实现业务的接入，将 5G 用户终端（如手机）接入网络，设备主体为基站。接入网与 5G 终端之间的逻辑接口被称为 5G 新空口（NR，New Radio）。

　　（2）5G 核心网（5GC，5G Core）。5GC 主要实现业务的控制，包括网络的移动性、准入鉴权、流量计费等功能。设备主体一般为专用或通用服务器。

　　（3）移动承载网。移动承载网由移动回传网发展而来，其主要作用是负责传输无线接入网（RAN，Radio Access Network）与核心网（CN，Core Network）交互的数据。设备形态一般为具备移动业务承载特性的路由器。

图1-5　5G网络架构分层

理解了 5G 网络结构的 3 个层面之后，我们接着看如何部署 5G 网络。运营商为了尽可能地保护 4G 时代的投资，并且尽快商用 5G，在部署 5G 网络时会优先考虑如何使其和现有 4G 网络共存，共同发挥作用。因此，5G 组网方式总体可以分为独立组网（SA）和非独立组网（NSA）两大类，每一类都对应几个选项，如图 1-6 所示。SA 方式指的是新建一套完整的 5G 网络，包含 5G 核心网和 5G 基站。而 NSA 方式是指利用现有的 4G 网络，通过改造、升级或增加设备等方式，使用户体验到 5G 的部分功能，从而充分利用现有的网络资源。

图1-6　5G组网方式选项分类

① SA

选项 1、2、5、6 是独立组网选项（如图 1-7 所示）。选项 1 早已在 4G 结构中实现；选项 6 仅是理论存在的部署场景，不具有实际部署价值，标准中不予考虑。所以独立组网主要考虑的是选项 2 和选项 5。

图1-7　5G SA选项

图 1-7 中的控制面是用来发送管理、调度资源所需信令的通道，也可以将其理解为信令面。用户面是用来发送用户具体数据的通道，这两个平面相互独立。举例来说，当使用手机点开视频 App 观看视频时，播放的视频内容是通过用户面传送到手机的，而用户面的建立需要手机与核心网之间通过信令面来协商。

选项 2 采用的组网方式是建立全新的 5G 核心网与 5G 基站。这种组网方式拥有 5G 的所有功能和特点，演进路线最短，是 5G 网络架构的最终形态。但是这种组网方式不能利用现有 4G 网络，投资巨大而且建设周期长。

选项 5 采用全新的 5G 核心网和升级后的 4G 基站。因为要对现有 4G 基站进行大面积升级，所以这种方式投资较大，而且不能实现 5G 的全部功能，性价比较低，前景不乐观。

② NSA

NSA 方式是对 4G 网络进行升级改造，使其增加 5G 功能。基于 NSA 架构的 5G 载波仅承载用户数据，其控制信令仍通过 4G 网络传输。NSA 采用双连接方式，即手机可以同时接入 4G 和 5G 基站，可以同时进行业务传输。例如，选项 3、选项 3a 和选项 3x（如图 1-8 所示），手机连接到 4G 基站的同时也能接入 5G 基站。4G 基站作为 5G 业务的信令面锚点，负责在 5G 基站和 4G 核心网之间转发 5G 信令。图中数据锚点的作用是对用户面进行数据分流，即手机既可以从 4G 基站获取数据，又可以从 5G 基站获取数据。

图1-8　5G NSA选项3/3a/3x

不难看出，选项 3、3a 和 3x 组网方式的主要区别在于将哪个节点作为数据锚点。

在选项 3 的情况下，将 4G 基站作为数据锚点。4G 基站负责将核心网发送的数据分为两路，一路由自己发送给手机，将另一路分流给 5G 基站再发送给手机。这样一来，对 4G 基站的软硬件性能要求非常高，4G 基站的负荷非常大，所以选项 3 自推出以来很少有人关注。

选项 3a 是在选项 3 的基础上将数据锚点自 4G 基站移到 4G 核心网。这样一来，虽然 4G 基站的性能瓶颈没有了，但是这种组网方式需要对 4G 核心网进行升级。

选项 3x 在选项 3a 的基础上再进行调整，将数据锚点移到 5G 基站上。这样既避免了对 4G 基站和核心网造成巨大压力，又利用了 5G 基站性能高、速度快的优势，这种方式也得到了业界的广泛关注，成为非独立组网的首选。

由于选项 3 系列利用原有的 4G 核心网，所以这种组网方式适合 5G 建设初期部署，并且该选项对 4G 网络改动小、投资小、部署快，可实现 5G 的快速商用，缺点是只能支持 eMBB 场景。

选项 7 系列比选项 3 系列更进一步（如图 1-9 所示）。主要区别在于，选项 7 系列的核心网为 5G 核心网，并且将 4G 基站升级为增强型 4G 基站。

图1-9　5G NSA选项7/7a/7x

同选项 3 系列类似，选项 7 系列中各选项的主要区别也是数据锚点的位置不同。选项 3 系列只能支持 eMBB 场景，而选项 7 系列由于使用了 5G 核心网，也可以支持 uRLLC 和 mMTC 场景。尽管选项 7 系列可以支持新功能和新业务，但是由于 4G 基站要升级改造为增强型 4G 基站，工作量巨大，所以更适合 5G 建设初、中期部署。

选项 4 系列（如图 1-10 所示）与选项 3/7 系列完全不同。选项 3/7 系列的控制面都是由 4G 或者增强型 4G 基站负责的，而在选项 4 系列中，控制面完全由 5G 基站负责。选项 4 和选项 4a 的区别也仅是数据锚点不一样。

选项 4 系列适合 5G 中、后期的部署，此时 5G 基本形成广覆盖，而 4G 网络更多的是作为 5G 网络的补充覆盖。

选项 8 和选项 6 一样，不具有实际部署价值，所以在标准中不予考虑。

图1-10　5G NSA选项4/4a

从全球范围看，虽然目前大部分运营商均选择了选项 3x 作为 5G 初期部署方案，但随着 4G 用户的逐步迁移和 5G 网络的更大规模部署，后续 5G 将如何持续演进还取决于运营商的投资成本、业务和终端演进方案等。

通过前面的学习我们知道，5G 网络是一个服务于个人消费者、垂直行业以及运营商的统一平台。而为了灵活地适配客户差异化的业务场景和需求，5G 网络应具有非常高的灵活性、良好的隔离性、统一性和开放性。要同时满足这些需求，5G 网络架构必须实现云化。于是基于云的 5G 网络架构应运而生。通过引入网络功能虚拟化（NFV，Network Functions Virtualization）技术及软件定义网络（SDN，Software Defined Networking）技术，重构 5G 网络架构，灵活地适配 5G 网络的各种业务场景和需求，以实现"一张物理网络，承载千百行业"的目标。

1.3.2　5G 接入网架构及关键技术

在 4G 时代，4G 基站被称为演进型基站节点（eNodeB，Evolved NodeB），eNodeB 一般可缩写为 eNB。eNB 可以分射频拉远单元（RRU，Remote Radio Unit）、基带处理单元（BBU，Base Band Unit）和天线 3 个部分。BBU 和 RRU 之间通过光纤连接，RRU 和天线之间通过馈线连接（如图 1-11 所示）。RRU 负责将 BBU 传送过来的数字信号转化为射频的模拟信号发送到空口。一个 BBU 可以连接多个 RRU。

到了 5G 时代，5G 基被称为下一代基站节点（gNB，Next Generation NodeB）。相对于 eNB 的 BBU 和 RRU 的两级结构，支持 5G 新空口的 gNB 可以进一步演进为包含集中单元（CU，Centralized Unit）、分布单元（DU，Distributed Unit）及有源天线单元（AAU，Active Antenna Unit）的三级结构。相较于 4G，5G 将 4G 的 BBU 单元拆分为 CU 和 DU，CU 处理对时延不敏感的非实时基带数字信号，比如小区负载的控制；DU 处理对时延敏感的实时基带数字信号，比如无线资源的分配，而原来 BBU 的部分低层物理层功能、原 RRU 及天线单元被合并为 AAU（如图 1-12 所示）。

随着 5G 及 NFV 技术的快速发展，无线网络将进入全面云化时代。CU 为软件 /

硬件解耦，可部署在通用 x86 架构服务器上，并且基于虚拟化技术，可以灵活地支持多种业务及网络切片。DU 目前仍为专有硬件，适配各种覆盖和安装场景，包含宏基站、微基站及室内分布等多种产品形态。无线网络的云化，可实现业务按需且快速部署、智能切片，适应大带宽、低时延、超大连接等业务，同时实现了资源池化，资源利用率有效提升，网络弹性扩容。

图1-11   4G基站示意

图1-12   4G到5G网络架构演进

因为 CU 和 DU 的分离，相较于 4G 的前传和回传，5G 多了一个中传的概念。其中前传指的是 AAU 和 DU 之间的传输；回传指的是 CU 和 5GC 之间的传输；中传指的是 DU 和 CU 之间的传输。引入 CU 和 DU 之后，5G RAN 组网更灵活，有利于多小区的集中控制和多种功能的实现。5G 基站将具备多种部署形态，可供运营商灵活选择。CU 和 DU 可以根据不同的业务需求和网络条件部署在不同的位置，或以集成为同一设备的形式部署。

值得一提的是，5G 无线接入网（RAN）在建设初期主要采用 gNB 宏站以及 CU 和 DU 合设的模式，即 AAU 和 BBU 组成的两级架构。在中后期，将采用 CU 和 DU 分离的模式，并实施 CU 云化部署。

1.3.3 5G 核心网架构及关键技术

5G 核心网是基于 NFV/SDN 的灵活网络，可以实现差异化业务的资源编排，为普通消费者、应用提供商和垂直行业需求方提供网络切片、边缘计算等新型业务能力，能够满足多样化需求。5G 核心网架构如图 1-13 所示，传统核心网网元被拆分为多个网络功能（NF，Network Function）模块，并且各 NF 之间相互解耦，能独立自治。

图 1-13　5G核心网架构

图 1-13 中的 NF 如下。

（1）UPF（User Plane Function）：用户面功能，主要实现数据分组转发。

（2）AMF（Access and Mobility Management Function）：接入及移动性管理功能，主要实现 UE 位置管理及接入鉴权。

（3）SMF（Session Management Function）：会话管理功能，主要实现会话管理、UE 的 IP 地址分配和管理、UPF 的选择和控制。

（4）PCF（Policy Control Function）：策略控制功能。

NF 之间的逻辑接口如下。

（1）N2：基站与 AMF 之间的信令接口。

（2）N3：基站与 UPF 之间的数据接口。

（3）N4：UPF 与 SMF 之间的信令接口，用于实现 SMF 和 UPF 间的会话管理、控制等功能。

（4）N6：UPF 到互联网或企业应用的数据接口。

（5）N9：UPF 到 UPF 的数据接口。

在 5G 部署初期，运营商城域移动承载网主要负责承载 N2、N3 接口的流量，中期及成熟期还将承载 N4、N6 及 N9 接口的流量。

为实现 5G 核心网的云化，5G 核心网具备以下三大特性。

（1）特性一：CP 和 UP 彻底分离

在 5G 时代之前的核心网设备，控制面（CP）和用户面（UP）没有做到完全分离。以 4G 核心网 EPC 为例，其主要由移动性管理实体（MME，Mobility Management Entity）、服务网关（SGW，Serving GateWay）和 PDN 网关（PGW，PDN GateWay）等设备构成，其中，MME 为纯控制面设备，但是 SGW 和 PGW 不是纯用户面设备，比如 PGW 仍需具备给手机分配 IP 地址的控制面功能。而在 5G 时代，由图 1-14 可知，UPF 为纯用户面设备，AMF、SMF 为纯控制面设备，那么 5G 核心网设备为什么一定要实现控制面和用户面的彻底分离呢？其实分离意味着架构更加灵活，通过将用户面网关 UPF 分离出来，就可以实现 UPF 的下沉，将其部署在更加靠近用户的边缘节点，从而缩短传输距离，降低用户面时延。比如针对 uRLLC 中的车联网业务，此类业务的用户面网关 UPF 可下沉到地市边缘数据中心（DC，Data Center）机房，且部署具有强计算及存储能力的多接入边缘计算（MEC）解决方案，使车辆到服务器的距离缩短到 10km 内，将车联网的端到端时延降低到毫秒级，确保自动驾驶的安全性。

图 1-14　5G核心网下沉

另外，由于三大场景对带宽和时延的要求不同，且综合考虑用户的体验感知及运营商投资、运维成本，UPF 根据场景需要下沉至各层次的云化数据中心。比如工业物联网等 mMTC 业务部署在核心 DC，AR/VR 等 eMBB 业务部署在本地 DC。

（2）特性二：NFV

NFV 是实现核心网云化的关键技术之一，主要是通过采用虚拟化技术解耦设备的软硬件，设备功能以软件形式部署在统一通用的基础设施上（如 x86 服务器），从而提升系统的灵活性，实现多种网络功能，提升运维效率。

对于传统的核心网设备，各设备厂商采用专用架构硬件，资源无法共享，同时软硬件合一，扩容复杂，新业务上线周期长。而 5G 网络要求实现多场景业务的灵活部署、不同垂直行业用户对于端到端网络资源的差异化逻辑切分，这些都是传统核心网设备结构无法满足的。通过引入 NFV 技术，可满足 5G 网络的多种业务需求，降低电信运营商的设备采购成本，提升资源利用率，实现新业务敏捷上线。

（3）特性三：基于服务的架构（SBA，Service-Based Architecture）

SBA，即网络功能模块化，通过模块化实现网络功能的解耦和集成，不同的业务可以按需选择不同的网络功能。这种模块化设计有什么好处呢？其最大好处是方便"功能裁剪"，比如对于实现物联网类的 mMTC 业务，由于大部分物联网终端都是静止的，因此可以裁剪掉"移动性"这个功能模块，又由于大部分物联网业务对网络带宽和时延都没有特殊要求，即不需要 QoS 保障，故"策略控制"和"QoS 执行"功能模块可被裁剪掉。综上，基于 SBA 特性，可基于业务灵活性进行功能裁剪，快速实现网络部署。

总而言之，5G 核心网是软件驱动、基于服务化架构的网络。软硬件解耦以后，引入 NFV 与 SDN 技术，不仅实现了控制与转发分离，也实现了移动性管理与会话管理解耦，并且不再对接入方式感知，无论是 3GPP 标准的网络还是非 3GPP 标准的网络都可以接入 5G 核心网，实现真正意义上的万物互联。

1.3.4　5G 承载网架构及关键技术

在 3G 和 4G 时代，最具有代表性的移动承载网技术标准，是分组传送网（PTN，Packet Transport Network）和无线接入网的 IP 化（IP RAN，IP Radio Access Network）。随着 5G 的到来，终端速率大幅提升，移动承载网需要能够承受住巨大的带宽和技术压力，新一代的承载技术和设备形态应运而生，例如中国移动的切片分组网（SPN，Slicing Packet Network）、中国电信的智能传送网络（STN，Smart Transport Network）、中国联通的智能城域网。

无论移动承载网采用了何种技术，归根结底都是由光纤和承载设备组成的。

如图 1-15 所示，因为光纤的低成本（相对电缆来说）、高速率、不易被干扰和高稳定性，它现在已经成为通信网络中不可或缺的重要组成部分。光纤的最大传输能力，目前也已经达到 P 比特级（1PBit/s=1024TBit/s）。

如图 1-16 所示，承载设备主要负责提供多业务承载，提供高速的以太网接口，支持多种路由协议、信令协议和保护技术，从而保证数据传输的质量、效率和高可靠性。

图1-15　光纤

图1-16　承载设备

❶ 5G 承载网的总体架构

5G 承载网的总体架构如图 1-17 所示。承载网的结构主要分为 3 层，包括接入层、汇聚层和核心层。

（1）接入层：由直接连接基站的承载网设备组成。接入层利用光纤、双绞线等介质与用户设备（基站）相连，接入层设备之间利用光纤组成环形拓扑。接入层设备一般与基站的 BBU/DU 设备同机房部署。

图1-17　5G承载网的总体架构

（2）汇聚层：是连接网络接入层和核心层的"桥梁"，用户数据接入核心层前，先进行汇聚，以减轻核心层设备的负荷。汇聚层分为骨干汇聚层和普通汇聚层，汇聚层节点一般部署在区、县公司的汇聚机房，每个区、县配置一对骨干汇聚节点，骨干汇聚节点以口字形拓扑上联核心节点。

（3）核心层：负责数据的高速转发，作为本地网（城域网）的出口设备与骨干网或 5GC 互联。所以在移动承载网中，核心层设备的交换容量更大，接口带宽及整机性能更高。核心层节点一般部署在运营商的市公司核心 / 中心机房，每地市至少部署一对核心落地节点。

接入层接入用户设备的接口，以及核心层的上联接口，一般被称为用户 - 网络（UNI，User-Network Interface）接口。移动承载网节点之间的互连接口被称为网络 - 网络（NNI，Network-Network Interface）接口。接入层节点的 UNI 一般为 FE、GE、10GE、25GE，其中接入 5G 基站的 UNI 主要为 10GE 和 25GE。接入层的 NNI 带宽一般为 50GE 及以上。汇聚层及以上各层的 NNI 带宽一般为 100GE 及以上。核心层节点的上联 UNI 带宽根据连接对象加以区分，承载 5G 信令流量的 UNI 带宽一般为 10GE 及以上，承载 5G 业务流量的 UNI 带宽一般为 100GE 及以上。

为了保证路由协议的计算性能、网络运维效率，一般建议：每对骨干汇聚下挂的普通汇聚、接入节点总数不超过 2000，每对骨干汇聚节点可下挂多个普通汇聚环（每个普通汇聚环可下挂多个接入环）；每对骨干汇聚节点下挂的汇聚环上的节点数一般为4～6（不包含骨干汇聚节点）；接入环上的节点数一般为4～6（不包含普通汇聚节点）。

❷ 承载网的关键技术

5G 承载网包含 3 个平面：转发面、控制面和管理面。

转发面主要实现 5G 业务在承载网内的转发。

控制面是指 SDN 控制器与设备、设备与设备之间交互信息的一个逻辑平面，支持信令和路由等功能，为建立转发面服务。

管理面是提供设备接入网络管理系统（图形化的网络管理系统）的逻辑平面，并可实现网元级和网络级的配置管理、故障管理、性能管理和安全管理等功能。在5G 承载网内，转发面、控制面和管理面共享 NNI 及链路。

从宏观上来说，5G 承载网技术的本质，就是在 4G 承载网现有技术框架的基础上，在转发面和控制面引入多种关键技术，提供大带宽、低时延的传输管道，并支持灵活调度，实现高精度时间同步，如图 1-18 所示。

图1-18　5G承载网关键技术

其中，最能代表 5G 承载网特点的关键技术有哪些呢？

（1）FlexE 切片技术

灵活以太网（FlexE，Flex Ethernet）是在 5G 承载网的转发面引入的新技术之一。

FlexE 本质是将多个物理端口进行"捆绑"，形成一个虚拟的逻辑通道，以支持更高的业务速率。比如，4 路 100GE PHY（物理接口）提供一个逻辑通道，实现400GBit/s 的业务速率。

FlexE 还可以实现多路低速率 MAC（可以理解为业务）数据流共享一路或者多路物理接口。比如，在 100GBit/s PHY 上承载 10GBit/s、40GBit/s、50GBit/s 的 3 路MAC 数据流，或者两路 100GBit/s PHY 复用承载 125GBit/s 的 MAC 数据流。

FlexE 为 5G 承载网提供带宽切片。切片的思想是将物理资源划分多个逻辑资源。5G 接入网和核心网率先提出切片的概念和相关技术应用。怎么理解 5G 承载网的带宽切片呢？例如，在一个 100GE 的链路上，5G 的基站业务占用 70% 的带宽切片，政企专线业务占用 10% 的带宽切片。

（2）SDN

SDN 是 5G 承载网控制面引入的新技术之一。

SDN 是一种新型网络架构。SDN 通过将网络设备的控制面与数据面分离，从而实现了网络流量的灵活控制。

　　SDN 引入了新的组件，称为控制器，以集中的方式管理多个设备，即把网络的控制和流量转发进行拆分，由 SDN 控制器负责控制，网络节点只需要进行转发，是一种加强型的集中管理模式，如图 1-19 所示。

　　SDN 是构建未来 5G 网络的核心技术，通过转发与控制分离对网络架构和功能进行重构，使得网络的逻辑功能更加聚合，逻辑功能平面更加清晰。网络功能按需编排，可以根据差异化的场景和业务特征要求，灵活组合功能模块，按需定制网络资源和业务逻辑，增强网络的弹性和自适应性。SDN 技术简化了业务部署、工程运维和网络规划，可以满足未来各种业务需求，同时

图 1-19　SDN 网络架构

保留了网络的弹性和智能化特征，是面向应用的可编程网络架构。

　　在承载网中，网络管理系统和控制器集成在一个硬件平台上，合称为管控平台。

　　（3）SR 隧道技术

　　分段路由（SR，Segment Routing）属于 5G 承载网转发面引入的新技术之一。SR 是一种源路由机制。

　　目前承载网二 / 三层转发基本采用多协议标签交换（MPLS，Multi-Protocol Label Switching）技术。采用 MPLS 技术创建转发路径时，须对转发路径上的所有节点下发配置，且每个节点都需要维护网络拓扑和链路状态信息。因此，现有的 MPLS 技术存在协议复杂、可扩展性差、部署效率低、管理困难等问题，无法满足新一代网络在灵活调度、可扩展等方面的要求。

　　SR 技术正是在此背景下产生的，它是对 MPLS 技术的高效简化，同时兼容 MPLS 的转发面（数据面），当基于 SR 技术创建转发路径时，仅需要让源节点在发出的业务报文中，压入用于记录转发路径的标签列表，中间节点只需要根据标签进行转发。

　　SR 技术将网络拓扑中的节点或链路划分为不同的段（Segment），并用段 ID（SID，Segment ID）进行编码。将一段或多段 SID 进行组合形成标签列表（Segment List），即定义了业务流经过的网络路径。业务流在源节点从 SDN 控制器获取 Segment List，将 Segment List 压入业务报文中，源节点及中间节点根据 Segment List 的指示转发路径。

　　SDN 集中式控制思想和 SR 源路由技术可谓是天作之合。SDN 控制器根据业务需求、网络资源现状，计算或调整业务的转发路径，将包含路径信息的 SR 标签列

表下发给源节点。

此外，SR 还可以通过扩展的内部网关协议（IGP，Interior Gateway Protocol）发布或扩散 SID，建立 SR 尽力而为（SR-BE，Segment Routing Best Effort）路径。

（4）IS-IS 路由协议

中间系统到中间系统（IS-IS，Intermediate System to Intermediate System）是 5G 承载网控制面引入的技术之一。

IS-IS 是一种动态路由协议。在动态路由协议的分类中，隶属于 IGP。

5G 承载网采用 IS-IS 协议打通 SDN 控制器与每个承载网网元之间的 IP 连通性。扩展后的 IS-IS 协议支持 SR 功能、发布或扩散 SID、建立 SR-BE 路径。

（5）超高精度时间同步

时间同步是独立于控制、转发、管理三大平面的一项技术。

在一般情况下，5G 基站间同步需求仍为 3μs，与 4G TDD（时分双工）相同，即同一基站的不同 RRU/AAU 之间的同步需求主要为 3μs，部分应用场景（如站间的载波聚合）的同步需求为百纳秒量级。另外，基站定位等新业务需要更高精度的时间同步。

为了满足 5G 高精度同步需求，须专门设计同步组网架构，并加大同步关键技术的研究。在同步组网架构方面，可考虑将同步源设备下沉，减少时钟跳数，进行扁平化组网；在 5G 承载网同步关键技术方面，须采用 IEEE 1588v2、单纤双向等技术，将时间同步信号从时间源传递到基站，并尽可能地减小承载网设备及链路引入的时延偏差。

任务习题

1. 请列举 NSA（非独立组网）选项。
2. 下列哪一项不是 5G 核心网的功能单元（　　）。

   A. MME   B. UPF

   C. PCF   D. AMF

3. IS-IS 属于 5G 承载网哪一平面的技术（　　）。

   A. 转发   B. 控制

   C. 管理   D. 时间同步

项目解析

项目 2

5G 承载网设备安装

项目简介

　　5G 承载网设备的安装是 5G 承载网建设的第一步。本项目首先介绍 5G 承载网设备的结构及硬件知识，然后详细描述 5G 承载网设备的安装步骤，最后讲解 5G 承载网设备硬件测试的方法，并输出测试记录。

- 掌握 5G 承载网设备的基本特性。
- 能够完成 5G 承载网设备子框安装。
- 能够完成 5G 承载网设备线缆安装。
- 能够完成 5G 承载网设备的上电及检查。

项目目标

项目导图

项目 2　5G 承载网设备安装

任务 1　5G 承载网设备

任务 2　5G 承载网设备安装

任务 3　5G 承载网设备的硬件测试

- 5G 承载网设备的主要产品特性
- 5G 承载网设备的主要硬件组成
- 5G 承载网设备安装流程
- 设备安装相关硬件
- 安装准备
- 子框安装
- 线缆安装
- 光纤布放
- 实训单元——设备安装
- 检查线缆的布放
- 上电检查
- 输出硬件测试记录

任务 1　5G 承载网设备

【任务前言】

为了更高效地完成设备安装，须从总体上认识设备的功能特性及硬件架构。5G 时代的承载网设备新增了哪些功能，整体硬件架构的变化又体现在哪些方面呢？带着这些问题，我们进入本任务的学习。

【任务描述】

本任务主要介绍承载网设备的产品特性、应用场景及硬件组成，使学员具备完成 5G 承载网设备安装和应用所需要的理论知识。

【任务目标】

- 掌握 5G 承载网设备的主要产品特性。
- 掌握 5G 承载网设备的主要应用场景。
- 掌握 5G 承载网设备的主要硬件组成。

 知识储备

2.1.1　5G 承载网设备的主要产品特性

随着 LTE/5G 网络的大规模部署及全业务发展战略的推进，各种新兴的 IP 化业务应用对承载网的带宽、调度灵活性和服务质量等提出了越来越高的要求，新一代 5G 承载设备应运而生。

下面以 CiTRANS 650 U5 设备为例介绍其主要产品特性。

> 注意：本任务中介绍的设备硬件（CiTRANS 650 U5）为主流厂商接入层设备，实际现网中各厂家设备会有些许差异，具体以各厂家设备说明书为准。

① 高效的承载技术

（1）直接承载 FlexE Client(灵活以太网客户)/ 固定码率（CBR，Constant Bit Rate）封装的业务。

客户层业务在源节点被映射到 FlexE Client(灵活以太网客户) 后进入 FlexE Channel(灵活以太网通道)。

（2）承载分组以太网业务（ETH Packet）。

客户层以太网业务经过分组交换后进入 FlexE Channel。

② 完善的保护特性

支持电信级的设备级保护和网络级保护，充分保证业务传输的可靠性。

（1）设备级保护特性

① 主控交叉盘 1+1 保护。

② 电源盘（PWR）1+1 保护。

（2）网络级保护特性

① 路径保护：FlexE Channel 1+1 保护。

② 隧道保护：SR-TP 1：1 保护。

③ 网间保护：链路聚合组保护（LAG，Link Aggregation Group Protection）。

2.1.2　5G 承载网设备的主要硬件组成

本节将介绍 5G 承载网设备的子框结构、槽位分布、技术指标、机盘概述等内容。

① 子框结构

5G 承载网设备子框外形结构如图 2-1 所示，从左往右依次为：上架弯角、风扇单元、机盘区、分纤单元。上架弯角用于将子框固定在机柜中。风扇单元位于子框左侧，用于设备散热。机盘区用于插放业务机盘、主控交叉盘、电源盘，实现设备的各种功能。分纤单元 用于布置线缆。

② 槽位分布

子框槽位分布如图 2-2 所示，设备直流子框共提供 15 个横插业务盘槽位、2 个横插主控交叉盘槽位，以及 2 个横插电源盘槽位。主控交叉盘支持 1：1 保护，电源盘支持 1+1 保护。

（1）上架弯角 （2）风扇单元 （3）机盘区 （4）分纤单元

图2-1 子框外形示意

风扇单元	业务盘	08	业务盘		15
	业务盘	07	业务盘		14
	业务盘	06	业务盘		13
	业务盘	05	业务盘		12
	主控交叉盘				17
	主控交叉盘				16
	业务盘	04	业务盘		11
	业务盘	03	业务盘		10
	业务盘	02	业务盘		09
20	业务盘	01	电源盘	18	电源盘 19

图2-2 子框槽位分布

❸ 技术指标

子框主要技术指标如表 2-1 所示。

表 2-1 子框主要技术指标

项目	描述
工作电压	$-38.4 \sim -57.6V$
运行环境	$0 \sim 70℃$
业务槽位数	15
功耗	典型配置 305W，满额配置 541W
高 × 宽 × 深	221.5mm × 443mm × 225mm
重量	10kg

❹ 机盘概述

（1）主控交换盘 SRC5F 如图 2-3 所示，其主要功能是实现设备的控制管理，对各类业务进行交叉处理和保护倒换、传递和处理时钟及时间信号等。

图2-3　SRC5F面板

SRC5F 机盘面板接口说明如表 2-2 所示。

表 2-2　SRC5F 机盘面板接口说明

分类	接口	用途	接口类型
告警接口	ALM	告警输出接口，通常与电源分配框（PDP，Power Distribution Panel）上的告警接口对接	RJ-45
管理接口	F	网络管理系统接口，通常与网络管理服务器连接	RJ-45
	COM	调试通信接口，用于网元内各子框间的通信扩展，通常与其他子框对应机盘上的 COM 口对接	RJ-45
	ETH1/ETH2	以太网接口，可配置为 F/COM 功能接口	RJ-45
时钟接口	CLK	外部时钟输入输出接口，标准时钟同步接口，可输入输出外部时钟同步信号	RJ-45
时间接口	1PPS（Pulse Per Second）	高精度时间同步调试接口，用于 1PPS 测试时的信号输出	SMA
	ToD	1PPS+ToD 外部时间输入输出接口	RJ-45
辅助接口	MON	外部事件（如温度、告警等）监视接口，通常与用户待监视设备对接	RJ-45

SRC5F 机盘面板的按键说明如表 2-3 所示。

表 2-3　SRC5F 机盘面板按键说明

按键	功能	说明
SW	主备用切换	用于手动控制机盘的激活、不激活状态
RST	复位按钮	用于手动控制机盘的复位和重启。设备正常工作时，不要随意操作此按键
注：SW 和 RST 为隐藏式弹簧按键，需要借助笔头、针等细长工具进行操作，按下这些按键后会自动弹起		

SRC5F 机盘面板的指示灯说明如表 2-4 所示。

表 2-4　SRC5F 机盘面板指示灯说明

指示灯	含义	说明
ACT	工作指示灯	灯快闪（绿色）：表示机盘工作正常； 灯慢闪（绿色）：表示机盘在启动中； 灯不亮：表示机盘工作不正常，通常表明该机盘故障； 灯常亮：机盘初始化过程，这个过程的时间为 5min 左右，若该指示灯长期处于常亮状态，表示机盘工作异常
UA	急告指示灯	灯不亮：表示本机盘无急告或急告被屏蔽； 灯亮（红色）：表示该机盘出现急告（紧急告警和主要告警）

续表

指示灯	含义	说明
NUA	非急告指示灯	灯不亮：表示本机盘无次要告警或次要告警被屏蔽； 灯亮（黄色）：表示该机盘出现非急告（次要告警）
STA	主用工作状态指示灯	灯快闪（绿色）：表示当前机盘模式为主用，闪烁频率为 100 毫秒 / 次； 灯慢闪（绿色）：表示当前机盘模式为备用，闪烁频率为 400 毫秒 / 次； 灯常亮（绿色）：表示机盘启动过程中异常； 灯常灭：机盘工作异常
MCC	光线路管理平面数据指示灯	灯闪烁（绿色）：表示 MCC（网络管理系统通道）正在通信
CLK	时钟指示灯	灯快闪（绿色）：表示工作于自由振荡状态； 灯慢闪（绿色）：表示工作于保持状态； 灯常亮（绿色）：表示工作于锁定状态
F/ETH1/ETH2/COM	RJ-45 接口指示灯	绿灯常亮：表示端口链路正常； 黄灯闪烁：表示端口有收、发数据

（2）以太网业务盘以 GE 光口处理盘 MAC8 为例进行说明。GE 光口处理盘 MAC8 面板外观如图 2-4 所示，该处理盘最多可处理 8 路 GE 光口信号，对其中的业务进行封装或解封装，与主控交叉盘配合，完成业务的调度和转发。

图2-4　MAC8面板外观

机盘面板指示灯说明如表 2-5 所示。

表 2-5　MAC8 机盘面板指示灯说明

指示灯	含义	说明
ACT	工作指示灯	指示灯说明可参考主控交叉盘相关内容
UA	急告指示灯	
NUA	非急告指示灯	
RX1 ~ RX8	端口收光指示灯	灯常亮(绿色)：表示对应端口有收光，且接收光功率在正常范围内； 灯常灭：表示对应端口无收光，或接收光功率不在正常范围内

（3）FlexE 业务盘以 50G FlexE 光口处理盘 LFAC2 为例进行说明。50G FlexE 光口处理盘 LFAC2 的面板外观如图 2-5 所示，该盘最多可处理 2 路 50G FlexE 光口信号，对其中的业务进行封装或解封装，与主控交叉盘配合，完成业务的调度和转发。

LFAC2 面板的指示灯说明可参考主控交叉盘和 GE 光口处理盘的相关内容。

图2-5　LFAC2面板外观

（4）风扇单元（FAN）为设备提供散热。可通过网管控制风扇的运行状态，保证设备在稳定的环境温度下正常高效地运行。风扇单元的面板如图 2-6 所示。

图2-6　风扇单元的面板

风扇单元的面板指示灯说明如表 2-6 所示。

表 2-6　风扇单元的面板指示灯说明

指示灯	含义	说明
ACT	工作指示灯	灯不亮：表示机盘工作不正常，通常表明该盘故障； 灯常亮（绿色）：表示风扇处于运行状态
ALM	告警指示灯	灯常亮（红色）：表示风扇单元有告警，比如温度过高； 灯不亮：表示风扇单元无告警

（5）电源盘（PWR）实现 –48V 直流电源的输入，为各机盘提供所需的电压，并提供欠压保护功能。PWR 盘的面板如图 2-7 所示。

图2-7　PWR盘的面板

电源盘的面板指示灯说明如表 2-7 所示。

表 2-7　电源盘的面板指示灯说明

指示灯	含义	说明
ACT	工作指示灯	灯不亮：表示机盘工作不正常，通常表明该盘故障； 灯常亮（绿色）：表示电源盘处于正常工作状态
ALM	告警指示灯	灯常亮（红色）：表示电源盘有告警，比如电压过低； 灯不亮：表示电源盘无告警

1. 简单描述 CiTRANS 650 U5 支持的硬件保护类型。

2. CiTRANS 650 U5 的主要机盘有哪些？

任务 2　5G 承载网设备安装

【任务前言】

前面我们了解了 5G 承载网设备的硬件结构，接下来我们正式进入设备安装环节。承载网设备安装的整个流程是什么？设备安装又可以分为哪些步骤？安装过程中又有哪些注意事项？带着这些问题，我们进入本任务的学习。

【任务描述】

本任务主要介绍承载网设备的硬件安装，主要包括子框安装、线缆安装、光纤布放等内容，使学员熟练掌握完成 5G 承载网设备安装的知识。

【任务目标】

- 能够完成 5G 承载网设备子框的安装。
- 能够完成 5G 承载网设备线缆的安装。
- 能够完成 5G 承载网设备光纤的布放。

 知识储备

2.2.1　5G 承载网设备安装流程

5G 承载网设备安装流程如图 2-8 所示。

图2-8　5G承载网设备安装流程

2.2.2　设备安装相关硬件

设备安装涉及的其他主要硬件包括机柜、线缆、光模块和光纤。

❶ 机柜说明

5G 承载网设备一般安装在 19 英寸（1 英寸 ≈ 2.54 厘米）机柜或 21 英寸机柜中，机柜规格见表 2-8 和如图 2-9 所示。机柜常用高度为 2200mm。

表 2-8　标准机柜尺寸

机柜类别	机柜尺寸（高 × 宽 × 深）（mm）	机柜重量（kg）
19 英寸机柜	1600 × 600 × 600	94
	2000 × 600 × 600	109
	2200 × 600 × 600	117
	2600 × 600 × 600	134
21 英寸前 / 后立柱机柜	1600 × 600 × 300	51
	2000 × 600 × 300	61
	2200 × 600 × 300	71
	2600 × 600 × 300	76

图2-9　19英寸机柜（左）、21英寸机柜（右）

19 英寸或 21 英寸代表的是机柜安装立柱的间距，例如，19 英寸机柜的立柱间距为 482.6mm，其匹配的安装孔距为 465mm。21 英寸机柜的立柱间距为 533.4mm，其匹配的安装孔距为 514mm。机柜安装宽度 B 与安装孔距 B_1 详见图 2-10。

机柜安装立柱

	B	B_1	B'_{min}
19 英寸	482.6	465	450
21 英寸	533.4	514	497
23 英寸	584.2	567	551.6
24 英寸	609.6	592	577
30 英寸	762	744.4	729.4
1 英寸 ≈ 25.4mm			

图2-10　机柜安装宽度B与安装孔距B_1

机柜装配子框时，需要遵循以下原则。

（1）不得占用预留的设备散热空间。

（2）安装在 19 英寸机柜：在设备上方和下方均至少预留 4U（1U=44.45mm）高

度的空间。

（3）安装在 21 英寸机柜：在设备上方和下方均至少预留 200mm 高度的空间。

（4）环境温度须满足短期运行小于 55℃，长期运行不超过 50℃的条件。

② 线缆说明

安装过程中涉及的线缆如下。

（1）子框保护地线：提供设备与近处金属物体间的低阻抗连接，以减少人身被电击的危险，如图 2-11（a）所示。

（2）PDP 电源线：包括蓝线（–48V）、黑线（0V），用于从列头柜（在机房中为单列所有设备提供电力的机柜，通常位于每一列的头部位置）接入 –48V 直流电，如图 2-11（b）所示。

（3）子框电源线：内含蓝黑线，用于从 PDP 连接设备的 –48V 直流电，如图 2-11（c）所示。

（4）时钟线：一端为 RJ45 接口，另一端为同轴电缆接口，用于为设备接入频率同步信号，如图 2-11（d）所示。

（5）时间线：两端均为 RJ45 接口，用于为设备接入时间同步信号，如图 2-11（e）所示。

（a）子框保护地线　（b）PDP 电源线　（c）子框电源线　（d）时钟线　（e）时间线

图2-11　设备安装中的各类线缆

❸ 光模块说明

光模块由光电子器件、功能电路和光接口等组成，光电子器件包括发射和接收两部分。

光模块的作用是进行光电转换，发送端把电信号转换成光信号，通过光纤传递，接收端再把光信号转换成电信号。

光模块按速率可分为百兆光模块、千兆光模块、10G 光模块、50G 光模块、100G 光模块等。图 2-12 所示为 10G 光模块和 50G 光模块。

图2-12　10G光模块（左）和50G光模块（右）

④ **光纤跳线说明**

如图 2-13 所示，光纤跳线接口分为 3 类：LC/PC 接口，用于设备之间的光接口直连的场景；FC/PC 接口和 SC/PC 接口，用于连接设备和光纤配线架（ODF，Optical Distribution Frame）光接口，根据 ODF 架的光接口类型按需使用。

图2-13　光纤跳线接口分类（左）和LC/PC–LC/PC光纤跳线（右）

光纤跳线的选取由本、对端设备光接口的类型决定。5G 承载设备侧的光接口均为 LC/PC 型。使用 LC/PC-LC/PC 光纤跳线，如图 2-13(右)所示。

【任务实施】

2.2.3　安装准备

安装准备工作包括准备工具、了解安全注意事项和操作规范。

① **准备工具**

安装过程中，可能会使用到的工具如图 2-14 所示。

长卷尺	记号笔	水平仪	锉刀
冲击钻	羊角锤	十字螺丝刀	一字螺丝刀

图2-14　安装工具

剥线压线钳	尖嘴钳	斜口钳	剥线钳
万用表	光功率计	网线测试仪	误码仪
扳手	保护手套	防静电手套	防静电腕带

图2-14 安装工具（续）

❷ 安全及注意事项

（1）强功率激光对人体，特别是对眼睛有危害，不得裸视光发送器的尾纤端面或其上的活动连接器的端面。

（2）不得用手触摸机盘上的元器件、布线及插座中的金属导体。触摸机盘必须采取静电防护措施。

（3）搬运机柜时须佩戴保护手套，避免划伤机柜和双手。

（4）机房地面不得使用地毯或其他容易产生静电的材料。

（5）须注意在强电和雷电情况下对光通信设备进行保护，尤其应注意在设备终接时，必须对光缆采取有效措施，以免将强电或雷电引入设备。

（6）不要过度弯折光纤，必须弯折时，曲率半径不得小于38mm。

（7）安装现场中的所有线缆，如电源线、告警线和光纤等，应按照种类的不同分开走线，互不干扰，并分开绑扎，且光纤不能用扎线捆绑。

❸ 操作规范

（1）如图 2-15 所示，禁止裸手拿机盘，操作时必须佩戴防静电手套或者防静电腕带。

图2-15 操作规范（1）

（2）如图 2-16 所示，不得用手触摸机盘上的元器件、布线及插座中的金属导体。触摸机盘时必须采取静电防护措施。

图2-16 操作规范（2）

（3）子框上的空槽位必须插满假面板，防止异物进入网元和系统散热风道，导致网元故障。

（4）机盘属于易碎贵重物品，须轻拿轻放，搬运或放置机盘时必须放在专用的包装箱里，以免引起机盘损坏。

（5）在机盘运输过程中，必须使用原有的包装材料，若原包装材料丢失，须联系厂家的工程师。

2.2.4 子框安装

子框的安装包括 19 英寸机柜安装、21 英寸前立柱机柜安装和 21 英寸后立柱机柜安装 3 种。

① 19 英寸机柜安装

（1）安装托架弯角（如图 2-17 所示）

步骤 1：根据托架弯角的安装位置，在机柜两侧立柱对应的方形安装孔上安装螺母卡组件。

步骤 2：将托架弯角卡在立柱中，用螺钉固定托架弯角。

（2）固定子框

步骤 1：根据子框的安装位置，在机柜两侧立柱对应的方形安装孔上安装螺母卡组件（如图 2-18 所示）。

图2-17　使用螺母卡组件和螺钉固定托架弯角　　　图2-18　安装子框固定螺母卡

步骤 2：将子框抬至托架弯角上，慢慢推进，直至子框上托架弯角相应孔位与螺母卡组件对齐。

步骤 3：用螺丝刀沿顺时针方向拧入螺钉，将子框固定（如图 2-19 所示）。

（3）安装子框保护地线（如图 2-20 所示）

步骤 1：将保护地线的一端 OT 裸压端子贴在子框的接地孔上，用螺钉将其固定。

步骤 2：安装螺母卡组件，并将另一端 OT 裸压端子贴在确定好的安装孔上（可随距离、位置灵活选取安装孔），用螺钉将其固定。

图2-19　安装并固定子框　　　　　　图2-20　安装并固定子框保护地线

❷ 21 英寸前立柱机柜安装

（1）安装托架弯角（如图 2-21 所示）

步骤 1：根据托架弯角的安装位置，在机柜两侧立柱对应的方形安装孔上安装螺母卡组件。

步骤 2：将托架弯角卡在立柱中，用螺钉固定托架弯角。

（2）安装转接弯角

将转接弯角安装在子框左右两侧的上架弯角上（如图 2-22 所示）。

图2-21　使用螺母卡组件和螺钉固定托架弯角　　　图2-22　使用螺钉固定转接弯角

（3）固定子框（如图 2-23 所示）

步骤1：将子框抬至托架弯角上，慢慢推进，直至子框上架弯角相应孔位与螺母卡组件对齐。

步骤2：用螺丝刀沿顺时针方向拧入螺钉，将子框固定。

图2-23　安装并固定子框

（4）安装子框保护地线（如图 2-24 所示）

步骤1：保护地线的一端 OT 裸压端子贴在子框的接地孔上，用螺钉将其固定。

步骤2：安装螺母卡组件，并将另一端 OT 裸压端子贴在确定好的安装孔上（可随距离、位置灵活选取安装孔），用螺钉将其固定。

图2-24　安装并固定子框保护地线

❸ 21 英寸后立柱机柜安装

（1）安装托架弯角（如图 2-25 所示）

步骤 1：根据托架弯角的安装位置，在机柜两侧立柱对应的方形安装孔上安装螺母卡组件。

步骤 2：将托架弯角卡在立柱中（机柜的同侧后立柱和中间立柱中），用螺钉固定托架弯角。

（2）安装转接弯角（如图 2-26 所示）

在子框左右两侧安装转接弯角。

图2-25　使用螺母卡组件和螺钉固定托架弯角　　图2-26　使用螺钉固定转接弯角

（3）固定子框

步骤 1：根据子框的安装位置，在机柜两侧立柱对应的方形安装孔上安装螺母卡组件（如图 2-27 所示）。

步骤 2：将子框抬至托架弯角上，慢慢推进，直至子框上架弯角相应孔位与螺母卡组件对齐。

步骤 3：用螺丝刀沿顺时针方向拧入螺钉，将子框固定（如图 2-28 所示）。

图2-27　安装子框固定螺母卡　　　　图2-28　安装并固定子框

（4）安装子框保护地线（如图 2-29 所示）

步骤 1：保护地线的一端 OT 裸压端子贴在子框的接地孔上，用螺钉将其固定。

步骤 2：安装螺母卡组件，并将另一端 OT 裸压端子贴在确定好的安装孔上（可随距离、位置灵活选取安装孔），用螺钉将其固定。

图2-29 安装并固定子框保护地线

④ 插入机盘

浮插机框内所有机盘（电源盘、风扇、主控交叉盘、业务盘），确认空槽位已插入假面板。

2.2.5 线缆安装

线缆安装包括 PDP 电源线、子框电源线、时钟线和时间线的安装。

① 安装前准备

线缆安装前，需要拆卸 PDP 的前面板及处理进出线口。

（1）拆卸 PDP 前面板（如图 2-30 所示）。

（2）处理进出线口。

① 外部线缆布放进机柜时，如果机柜顶部或底部已安装盖板，须根据线缆布放位置掀开顶部或底部的塑料盖板、用锋利物扎破顶部或底部的塑料网，供线缆进出。

② 图 2-31 以处理柜顶进出线口为例进行了说明。用一字螺丝刀撬起条状塑料盖板有尼龙铆钉的一端，或用锋利物划开进出线口的塑料网。

图2-30 拆卸PDP前面板

图2-31 处理机柜线缆进出口

② 安装 PDP 电源线

注意：电源线应按照最短原则，在保证按路由走线的情况下现场加工。电源线必须采用整段线料，中间无接头。PDP 的电源地 GND 和保护地 PE，须分别连接机房的电源地和保护地（如图 2-32 所示）。

图2-32　安装PDP电源线

（1）连接 –48V 电源线到 PDP。拧松 PDP 中标有 "–48V_1 ～ –48V_4" 的自动断路器上端的螺钉，将 –48V 电源线的管形端子插入插孔中，拧紧螺钉固定。

（2）连接电源地线。拧松 PDP 汇流排上 4 个端子的螺钉，将 GND 电源线上的管形端子插入插孔中，拧紧螺钉固定。

（3）连接保护地线。拧松 PDP 中 XS6 中 "PE" 端子上的螺钉，将 PE 接地线的管形端子插入插孔中，拧紧螺钉固定。

❸ 安装子框电源线

（1）确保 PDP 上相应子框的电源控制开关置于 OFF 侧（如图 2-33 所示）。

（2）将主、备子框电源线的 D 形连接器分别插入主、备电源盘的电源插口，拧紧防松螺钉（如图 2-34 所示）。

图 2-33　确认开关置于 OFF 状态

（3）连接 PDP 侧电源线（如图 2-35 所示）。

① 主用 –48V 子框电源线通常连接至 PDP 上 A 区 "XS2" / "XS7" 对应的 "–48V_A_1" ~ "–48V_A_4" 任一接线端子。

② 备用 –48V 子框电源线通常连接至 PDP 上 B 区 "XS3" / "XS8" 对应的 "–48V_B_1" ~ "–48V_B_4" 任一接线端子。

③ 主用 0V 子框电源线通常连接至 PDP 上 A 区 "XS4" / "XS5" 对应的 "0V_A_1" ~ "0V_A_4" 任一接线端子。

图2-34　连接并固定子框电源线

④ 备用 0V 子框电源线通常连接至 PDP 上 B 区 "XS9" / "XS10" 对应的 "0V_B_1" ~ "0V_B_4" 任一接线端子。

⑤ 将 PDP 前面板上的开关置于 ON 侧。

图2-35　PDP侧连线示意

④ **安装时钟 / 时间线缆**

如图 2-36 所示，将时钟线缆的 RJ45 插头插入 SRC5F 盘的 CLK 口，另一端裸线连接至机房时钟源。

时间线缆连接方法与时钟线缆连接方法类似，将时间线缆的 RJ45 插头插入 SRC5F 盘的 TOD 口，另一端 RJ45 插头连接至机房的时间源。

连接至机房时钟源

图2-36 时钟线缆连接

2.2.6 光纤布放

（1）布放光纤跳线前，需要做好以下准备工作。

① 将光纤两端做临时标记，并理顺放直，注意收发纤成对。

② 根据光纤长度剪取合适长度的波纹管（从出本端机柜到进入对端机柜 /ODF 架之间的光纤均需套波纹管）。

波纹管、ODF 架示意如图 2-37 所示。

图2-37 波纹管（左）、ODF架（右）

③ 调整管外光纤长度：对于客户侧和线路侧的光纤，若有富余长度，则须将富余部分均留在 ODF 架侧，即保证客户侧和线路侧光纤在进入本设备机柜后无冗余。

④ 将装入波纹管的光纤从其他机柜或 ODF 架经列槽道布放至本机柜，由进 / 出线口穿入机柜。

（2）将光纤跳线的一端插入设备侧机盘光接口，整理布放光纤跳线，另一端连接至机房 ODF 架（如图 2-38 所示）。

图2-38　光纤跳线连接示意

注意：

①安装布放光纤跳线时不得过度弯折光纤，必须弯折时，曲率半径不得小于 38mm。

②进行光纤的安装、维护等各种操作时，严禁肉眼靠近或直视光纤出口。

③安装现场的所有线缆，如电源线、告警线和光纤等，应按照种类的不同分开走线，互不干扰，并分开绑扎，且需要用光纤绑扎带捆绑光纤。

（3）整理光纤跳线。

①光纤连接完毕后，用光纤绑扎带在进入机柜和临近走纤区之间绑扎光纤，使之固定。

②连接 ODF 侧的光纤。

③制作并在光纤两端粘贴标签（如图 2-39 所示）。

图2-39　光纤标签

任务习题 ▶▶ ──── •••

1. 5G 承载设备安装的配套机柜有哪几种尺寸？

2. 简述 5G 承载设备安装的主要步骤。

2.2.7 实训单元——设备安装

基于 5G 承载设备安装规范，熟练掌握设备安装的流程及注意事项。

使用 5G 承载网实训仿真软件，实施现场设备的安装操作。

1. 实训环境准备

（1）硬件：若干台承载网设备；计算机主机。

（2）软件：实训系统仿真软件或网络管理系统软件。

2. 相关知识点要求

（1）5G 承载网设备子框的结构及各机盘槽位分布。

（2）5G 承载网设备机盘面板接口、指示灯含义及主要功能。

（3）5G 承载网设备的安装流程。

1. 子框安装

（1）19 英寸机柜安装。

（2）21 英寸前立柱机柜安装。

（3）21 英寸后立柱机柜安装。

（4）插入机盘。

2. 安装 PDP 电源线和子框电源线，设备上电。

3. 安装时钟线和时间线。

4. 插入光模块，布放光纤。

能够基于任务实施流程，正确且高效地使用实训系统仿真软件完成设备的硬件安装。

实训小结 ▶▶ ─────── • • •

实训中的问题：_____

_____

_____

问题分析：_____

_____

_____

问题解决方案：_____

_____

_____

思考与拓展 ▶▶ ─────── • • •

1. 不同尺寸机柜可安装设备的数量是多少？

2. 设备拆卸可分为哪几个步骤？

任务 3 5G 承载网设备的硬件测试

【任务前言】

承载网设备硬件安装完毕后，须进行硬件测试，以确保设备能正常工作。大家可以回忆一下，平常购买电子产品后怎么判断产品是否正常工作呢？一般包含上下电检查及在使用过程中查看各项指标是否正常。那么对于 5G 承载网设备，硬件测试步骤是否也类似呢？带着这些问题，我们进入本任务的学习。

【任务描述】

本任务主要介绍承载网设备的硬件测试方法，主要包括检查线缆的布放、上电检查及输出硬件测试记录，使学员能够完成 5G 承载网设备的硬件测试。

【任务目标】

- 能够完成线缆布放的检查。
- 能够完成上电检查。
- 能够完成硬件测试记录表的编写。

 知识储备

2.3.1 检查线缆的布放

线缆布放完毕后，按表 2-9 所示的内容进行检查。

表 2-9 线缆安装检查项

序号	检查内容	检查方法
1	布放电缆的规格、路由、截面和位置应符合施工图的规定，线缆排列必须整齐，外皮无损伤	查看
2	线缆插头干净无损坏，现场制作的插头符合规范，接头连接正确、可靠	查看
3	线缆沿机柜向上布放至走线架，布放时和柜顶通风孔距离不得小于 10cm；机柜离走线架距离超过 0.8m 时应该加装走线梯	查看

续表

序号	检查内容	检查方法
4	下走线时，电缆在地面地板下叠加布放，最高不得超过地板下净高度的 3/4，以免影响通风散热	查看
5	尾纤布放： （1）布放尾纤时，拐弯处不应过紧或相互缠绕，成对尾纤要理顺绑扎，且绑扎力度适宜，不得有扎痕； （2）尾纤在线扣环中可自由抽动，不得呈直角拐弯状态； （3）布放后不应有其他电缆或物品压在上面	查看

2.3.2　上电检查

1　上电前检查

CiTRANS 650 U5 设备采用 –48V 直流电源供电，电压允许变化为 –38.4 ～ 57.6V。设备通电前，应对下列内容进行检查。

（1）确认 PDP 电源线与外部供电设备之间正确连接。

（2）各级线缆正确连接。

（3）PDP 上所有电源开关均置于 OFF 侧。

（4）已拔掉各个子框的电源线插头。

（5）子框内所有机盘被拔出（或浮插）。

（6）子框内所有空槽位已安装假面板。

2　设备上电检查

（1）测量 PDP 上外部电源"–48V"与"GND"端子之间的电压，其正常值应在 –38.4 ～ 57.6V。

（2）PDP 上的开关均置于 ON 侧。

（3）分别测量各子框插头的"–48V"与"0V"端子之间的电压，所测电压值应在 –38.4 ～ 57.6V。将 PDP 前面板上的开关均置于 OFF 侧。

（4）将子框电源线插头插入子框电源接口。将 PDP 前面板上的开关均置于 ON 侧。确认子框无异响、无异味。

（5）插入风扇单元，风扇单元运行正常，风扇单元周围应有空气流通。

（6）依次插入机框内各个机盘，2 ～ 3min 后机盘正常上电，子框各个机盘的指示灯正常。

（7）设备掉电检查。

（8）设备上电并正常运行 10min 左右，将 PDP 前面板上的开关均置于 OFF 侧。

（9）确认子框无异响、无异味，测量 PDP 上外部电源"–48V"与"GND"端子之间的电压，其正常值应在 –38.4 ～ 57.6V。

（10）将 PDP 上的开关均置于 ON 侧。

（11）风扇单元运行正常，风扇单元周围应有空气流通。

（12）2 ～ 3min 后机盘正常上电，子框各个机盘的指示灯正常。

2.3.3 输出硬件测试记录

设备上电运行后，机盘面板上的指示灯用来指示机盘的运行和告警等状态。设备上电测试后，须记录机盘运行中的状态和指示灯的情况，如有异常须及时处理。

示例参考如表 2-10 所示。

表 2–10 单站硬件测试记录

站点名称		枢纽站 1			记录日期		2021/03/03	
记录人员		张三			联系方式		12345678900	
观察项	PWR		SRC5F			MAC8		LFAC2
	ACT 灯	ALM 灯	ACT 灯	ALM 灯	STA 灯	ACT 灯	ALM 灯	ACT 灯	ALM 灯
5min	常亮	不亮	常亮	不亮	快 / 慢	常亮	不亮	常亮	不亮
	正常	正常	正常	正常	正常	正常	正常	正常	正常
30min	常亮	不亮	快闪	不亮	快 / 慢	快闪	不亮	快闪	不亮
	正常	正常	正常	正常	正常	正常	正常	正常	正常

任务习题

1. 硬件测试包括哪几个主要步骤？
2. 线缆检查主要包括哪几个方面？

项目解析

项目 3

5G 承载网中的以太网技术

项目简介

　　承载网设备之间的互连接口均为以太网接口，因此以太网技术是 5G 承载网的基石。本项目将介绍以太网的交换原理、VLAN 技术和 FlexE 切片技术。

- 掌握以太网的交换原理。
- 掌握虚拟局域网（VLAN）的原理及应用。
- 掌握灵活以太网（FlexE）的原理及应用。
- 能够完成 VLAN 和 FlexE 的配置。

项目目标

项目导图

项目 3　5G 承载网中的以太网技术

任务 1　以太网的交换原理

- TCP/IP 体系架构
- 以太网的起源和发展
- 以太网的帧结构
- 以太网的交换原理
- 以太网链路聚合
- 实训单元——以太网链路聚合配置

任务 2　虚拟局域网（VLAN）技术

- VLAN 的作用
- VLAN 的帧结构
- 承载网中的 VLAN 应用
- 实训单元——VLAN 子接口配置

任务 3　灵活以太网（FlexE）技术

- FlexE 的起源及发展
- FlexE 在承载网中的应用
- FlexE 切片原理
- 实训单元——FlexE 切片创建
- 实训单元——FlexE 切片带宽调整
- 实训单元——FlexE 交换配置

任务1 以太网的交换原理

【任务前言】

为什么学习任何通信技术都会首先提到 TCP/IP 体系？什么是 TCP/IP？作为当前网络设备互联的主流技术的以太网，又经历了怎样的发展历程？什么是以太网交换？带着这些问题，我们进入本任务的学习。

【任务描述】

使学员掌握以太网的帧结构和以太网交换的工作原理。

【任务目标】

- 掌握 TCP/IP 体系架构。
- 了解以太网的起源和发展历程。
- 掌握以太网的帧结构。
- 掌握以太网的交换原理。

 知识储备

3.1.1 TCP/IP 体系架构

计算机网络自从 20 世纪 60 年代问世以来，得到了飞速发展，并逐渐演变、分离为连接各种业务终端、节点设备的多样化的通信网络。起初，国际上各大厂商为了在通信网络领域占据主导地位，顺应信息化潮流，纷纷推出了各自的网络架构体系和标准，例如 IBM 公司的 SNA、Novell 公司的 IPX/SPX 协议、Apple 公司的 AppleTalk 协议、DEC 公司的 DECnet，以及广泛流行的 TCP/IP。同时，各大厂商针对自己的协议生产出不同的硬件和软件。各个厂商的共同努力无疑促进了网络技术的快速发展和网络设备种类的迅速增加。

但由于多种协议并存，网络变得越来越复杂。而且，厂商之间的网络设备大部分不能兼容，很难进行互联互通。为了解决网络之间的兼容性问题，帮助各个厂商生产出可互联互通的网络设备，国际标准化组织（ISO，International Standard Organization）于 1984 年提出了开放式系统互联参考模型（OSI RM，Open System Interconnection Reference Model）。其中，"开放"是指非独家垄断的，遵循 OSI 标准即可实现互联互通。OSI 参考模型很快成为计算机网络通信的基础模型。

在设计 OSI 参考模型（如图 3-1 所示）时，主要遵循了以下原则。

（1）各层之间有清晰的边界，便于理解。

（2）每层实现特定的功能。

（3）层次的划分有利于国际标准协议的制定。

（4）层的数目应足够多，以避免各层功能重复。

图3-1　OSI参考模型

计算机网络的各层及其协议的结合，被称为网络的体系架构，又被称为分层模型。OSI 的协议架构有 7 层：第 1 层为物理层（Physical Layer）；第 2 层为数据链路层（Data Link Layer）；第 3 层为网络层（Network Layer）；第 4 层为传输层（Transport Layer）；第 5 层为会话层（Session Layer）；第 6 层为表示层（Presentation Layer）；第 7 层为应用层（Application Layer）。层次化的设计，有利于降低设备实现的复杂度。

如图 3-1 所示，通常，我们把 OSI 参考模型第 1 层～第 3 层称为底层（Lower Layer），这些层负责数据在网络中的传输。网络互连设备往往位于下 3 层，通常以硬件和软件相结合的方式来实现。我们把第 5 层～第 7 层称为高层（Upper Layer）。高层用于保障主机之间数据的正确传输，通常以软件方式来实现。

需要注意的是，由于种种原因，现在还没有一个完全遵循 OSI 七层模型的网络体系，但 OSI 参考模型的设计蓝图为我们更好地理解网络体系、学习计算机通信网络知识奠定了基础。OSI 的七层模型虽然概念清楚，但是它既复杂又不实用。而起源于 20 世纪 60 年代末由美国政府资助的一个分组交换网络研究项目的传输控制协议 / 网际协议（TCP/IP，Transmission Control Protocol/Internet Protocol）体系结构，获得了商业上的成功。TCP/IP 取代 OSI，成为计算机网络的国际标准。TCP/IP 是 Internet（互联网）最基本的协议、国际互联网络的基础。5G 承载网亦是遵循 TCP/IP 体系而设计的。

TCP/IP 是一个四层的体系架构，从低到高依次是网络接口层、网络层、传输层和应用层。

OSI 与 TCP/IP 都是分层结构，都要求层和层之间具备很密切的协作关系。它们有相同的应用层、传输层、网络层。在 TCP/IP 参考模型中，去掉了 OSI 参考模型中的会话层和表示层（这两层的功能被合并到应用层实现），同时将 OSI 参考模型中的数据链路层和物理层合并为网络接口层（如图 3-2 所示）。

图3-2　TCP/IP与OSI模型对比

因为网络接口层没有独立的数据链路层和物理层易于理解，因此在学习计算机网络时，往往采取折中的五层体系架构。后文中提到的分层模型均为 TCP/IP 的五层模型。

TCP/IP 模型的每一层支持不同的通信功能，具体如下。

（1）应用层是 OSI 参考模型最靠近用户的一层，为应用程序提供网络服务。人们在计算机、手机或其他数字终端上使用的各种应用程序都属于应用层。因此应用层的协议很多，如用于网页浏览的 HTTP、用于电子邮件中的简单邮件传输协议（SMTP，Simple Mail Transfer Protocol）、用于传输文件的文件传输协议（FTP，File Transfer Protocol）和用于远程登录的 Telnet 协议等。

（2）传输层为两台主机上的应用程序提供端到端的通信，包括差错控制和流量控制。该层向高层屏蔽下层数据通信的细节。传输层是从应用层接收数据，给数据加上本层协议附加的控制信息，然后将数据传递给网络层，并确保到达对方的各段信息正确无误。传输层主要有两个协议：传输控制协议（TCP，Transmission Control Protocol）和用户数据报协议（UDP，User Datagram Protocol）。TCP 是面向连接的，提供可靠的传输。UDP 是无连接的，不保证可靠的传输，可靠性由应用层提供。由于一个主机可同时运行多个程序，因此传输层使用端口号来对应不同的应用层协议，如 FTP 的端口号为 21、HTTP 的端口号为 80。因此,复用和分用是传输层的基本功能。防火墙设备工作在传输层。

（3）网络层,又称为 IP 层或第三层,主要功能是寻址（IP 地址）和路由转发。根据数据分组的目的 IP 地址,为报文选择最优路径。网络层一般通过路由协议来计算路由。网络层的协议有互联网组管理协议（IGMP,Internet Group Management Protocol）、地址解析协议（ARP,Address Resolution Protocol）、互联网控制消息协议（ICMP,Internet Control Message Protocol）等。路由器、三层交换机和 5G 承载网设备均工作在网络层。

（4）数据链路层,又称为链路层或第二层。两个主机之间的数据是在一段一段的链路（相邻的设备与主机之间,或主机与主机之间）上传输的,所以需要专门的链路层协议。数据链路层与物理地址、线缆规划、错误校验、流量控制等有关。目前,数据链路层设备主要是以太网交换机。常见的数据链路层协议有:以太网（Ethernet）、点到点协议（PPP,Point-to-Point Protocol）、异步传输模式（ATM,Asynchronous Transfer Protocol）等。当前最流行的是 Ethernet。

（5）物理层的任务是在通信媒介上透明地传输比特流,实现传输数据所需要的机械、电气等功能特性。物理层涉及电压、线缆、数据传输速率和接口等。中继器、集线器和波分设备均工作在物理层。

值得注意的是,TCP/IP 体系架构不是单指 TCP 和 IP 这两个具体的协议,而是由各层协议组成的 TCP/IP 簇。

每一层的数据有一个统一的名字——协议数据单元（PDU,Protocol Data Unit）。相应地,应用层数据被称为应用层协议数据单元（APDU,Application Protocol Data Unit）,传输层数据被称为段（Segment）,网络层数据被称为数据分组（Packet,又称 IP 包或数据报）,数据链路层数据被称为帧（Frame）,物理层数据被称为比特流（Bit）。

我们将两个主机之间的相同层次之间的通信称为对等通信。为了保证对等层之间能够准确无误地传递数据,对等层间应运行相同的网络协议。例如,应用层的 E-mail 应用程序不会和对端应用层的 Telnet 应用程序通信,但可以和对端 E-mail 应用程序通信。

终端主机的每一层并不能直接与对端对等层直接通信,而是通过下一层为其提供的服务来间接地与对端对等层交换数据。例如,一个终端设备的传输层和另一个终端设备的对等传输层利用 Segment 进行通信。传输层的 Segment 成为网络层 Packet 的一部分,网络层 Packet 又成为数据链路层 Frame 的一部分,最后转换成比特流传送到对端物理层,又依次到达对端数据链路层、网络层、传输层,实现了对等层之间的通信（如图 3-3 所示）。

图3-3 对等层之间的通信

在发端，上层 PDU 向下层 PDU 逐层转换的过程被称为封装（Encapsulation）。

以图 3-4 中的 Web 服务器 A 和主机 B 直连为例。Web 服务器 A 向主机 B 发送网页内的文字、图像、视频等应用数据（Data）。在发端，Data 先到达到应用层，应用层为其加上应用层协议的头部 AH，形成本层的 APDU。APDU 作为下层 PDU 的 Payload（净荷）被送到传输层，传输层为其加上传输层协议的头部 TH，形成本层的 Segment。Segment 作为下层 PDU 的 Payload 被送到网络层，网络层为其加上网络层协议的头部 NH，形成本层的 Packet。Packet 作为下层 PDU 的 Payload 被送到数据链路层，数据链路层为其加上数据链路层协议的头部 DH 和尾部 DT（有的协议只加头部），形成本层的 Frame。Frame 被送到物理层，经过编码调制、串并转换或电光转换等一系列处理后，以比特流的形式在物理媒介上传输。

图3-4 封装与解封装示例

从传输层到数据链路层，每一层协议的头部都包含一些控制信息，其中最重要的是该协议定义的地址信息。例如，传输层的 TCP 或 UDP 的地址信息为 Port（端口号）、网络层的 IP 协议的地址信息为 IP 地址、数据链路层的以太网协议的地址信息为 MAC 地址。数据链路层的地址一般被认为是物理地址。地址信息包含源地址和目的地址，其中目的地址引导数据的走向，源地址指示数据的来源。

在收端，将下层 PDU 向上层 PDU 逐层转换的过程称为解封装（Decapsulation）。在收端，物理层接收到比特流，经过一系列处理后，将比特流送到数据链路层。数据链路层将比特流识别为 Frame，读取头部 DH（或同时读取尾部 DT）的信息，因为 DH 内目的地址指的是本端设备的物理地址，所以删除掉 DH（或 DT），将剩下的 Payload 上送到网络层。网络层将接收到的数据识别为 Packet，读取头部 NH 的信息，发现 NH 的目的地址指的是本主机的网络层地址（一般为 IP 地址），所以删除掉 NH，将剩下的 Payload 上送到传输层。传输层将接收到的数据识别为 Segment，读取头部 TH 的信息，获得 TH 内的目的端口号，删除 TH 后，将 Payload 上送到对应的应用层协议处理。应用层将接收到的数据识别为 APDU，读取头部 AH 的信息，删除 AH 后，将 Payload（见图 3-4 中的 Data）上送到对应的应用程序。

如果源主机和宿主机之间存在网络设备，网络设备又是如何封装和解封装数据的呢？如果定义某类网络设备工作在数据链路层（二层），是指该设备只能支持物理层和数据链路层，则解封装最高到数据链路层。如果定义某类网络设备工作在网络层（三层），是指该设备只能支持物理层、数据链路层、网络层，则解封装最高到网络层。解封装后，如果目的地址为本设备，则删除对应的头部信息；否则，仅读取头部信息，查表处理，找到出接口，转发出报文。

3.1.2　以太网的起源和发展

以太网技术起源于一个实验网络，目的是把几台个人计算机以 3MBit/s 的速率连接起来。以太网一般是指由 DEC、Intel 和施乐公司（Xerox）组成的 DIX 联盟开发并于 1982 年发布的 10MBit/s 的以太网标准提议。后来，电气与电子工程师学会（IEEE，Institute of Electrical and Electronics Engineers）开始制定和发展以太网标准。

以太网是当今现有局域网（LAN，Local Area Network）采用的最通用的通信协议标准。该标准定义了在局域网中采用的电缆类型和信号处理方法。以太网作为一种原理简单、便于实现，同时又价格低廉的局域网技术，已经成为业界的主流，取代了早期的 PPP、高级数据链路控制（HDLC）、X.25、ATM 等数据链路层技术。

在最初的以太网中，计算机和其他数字设备是通过一条共享的物理线路（一般为同轴电缆）连接起来的。因此它们之间必须采用半双工（同一时刻，只能有一台设备向物理线路发送数据）的方式来访问该物理线路，而且必须有冲突检测和避免的机制，以避免它们在同一时刻抢占线路，这种机制就是载波侦听多路访问 / 冲突检测（CSMA/CD，Carrier Sense Multiple Access/Collision Detection）。以 CSMA/CD 机制为基础的以太网被称为共享式以太网。

CS 为载波侦听，在发送数据之前进行监听，以确保线路空闲，减少冲突的机会，如图 3-5 所示。MA 为多址访问，每个站点发送的数据，可以同时被多个站点接收。CD 为冲突检测，由于两个站点同时发送信号，信号叠加后，会使线路上电压的摆动值超过正常值一倍，据此可判断冲突的产生。边发送边检测，发现冲突就停止发送信号，延迟一个随机时间之后继续发送。

图3-5　共享式以太网

由于 CSMA/CD 算法的限制，规定以太网的最小帧长为 64 字节。这样的规定是为了避免 A 站点已经将一个数据分组的最后一个比特发送完毕，但这个报文的第一个比特还没有传送到距离很远的 B 站点。B 站点认为线路空闲，便向线路发送数据，导致冲突。

局域网早期使用组网设备 HUB，其内部有一根总线，HUB 的每个端口在同一个冲突域（如图 3-6 所示）。因此使用 HUB 组成的局域网不能解决端口之间的冲突问题，限制了网络性能。假设一个 HUB 有 4 个 10MBit/s 端口，但是由于冲突问题的存在，整机的交换容量就是 10MBit/s。由于无论哪个端口接收到数据，HUB 都会复制，并向其他端口转发。这种转发方式即为广播，则 HUB 的每个端口也在同一个广播域。因此，HUB 上电后，无须人工对其配置，就能解决主机之间的通信问题。

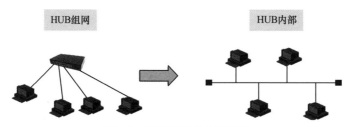

图3-6　HUB组网及内部结构

交换机作为一种能隔绝冲突的二层网络设备，内部用交换矩阵替代了总线，用全双工替代了半双工，传输数据的效率大大提高，成为主流的以太网设备（如图 3-7 所示）。假设一个交换机有 16 个 10MBit/s 端口，由于每个端口都可以同时向交换机发送或接收数据，整机的交换容量至少是 160MBit/s。由于交换机的出现，以太网由共享式发展到交换式。

图3-7　交换机组网及内部结构

所谓全双工，就是数据的发送和接收可以同时进行，互不干扰。全双工从根本上解决了以太网的冲突问题，以太网从此告别 CSMA/CD。当前的网卡、交换机、路由器的端口都支持全双工模式。

我们回顾一下以太网的发展历程。

1973 年：Metcalfe（梅特卡夫）博士在施乐实验室发明了以太网，并开始进行以太网拓扑的研究工作。

1976 年：施乐公司构建基于以太网的局域网，并连接了超过 100 台计算机。

1980 年：DEC、Intel 和施乐公司联合发布 10MBit/s 以太网标准提议。

1983 年：IEEE 802.3 工作组发布 10BASE- 5 "粗缆"以太网标准。

1986 年：IEEE 802.3 工作组发布 10BASE- 2 "细缆"以太网标准。

1991 年：IEEE 802.3 工作组发布 10BASE- T "无屏蔽双绞线（ UTP ）"以太网标准。

1995 年：IEEE 通过 802.3u 100MBit/s 以太网标准。

1998 年：IEEE 通过 802.3z 1000MBit/s 以太网标准（ 基于光纤和对称屏蔽铜缆）。

1999 年：IEEE 通过 802.3ab 1000MBit/s 以太网标准（ 基于五类双绞线）。

2002 年：IEEE 通过 802.3ae 10GBit/s 以太网标准。

2010 年：IEEE 通过 802.3ba 40GBit/s 及 100GBit/s 以太网标准。

2017 年：IEEE 通过 802.3bs 200GBit/s 及 400GBit/s 以太网标准。

100MBit/s 以太网即快速以太网（FE, Fast Ethernet），在数据链路层上与10MBit/s 以太网没有区别，仅在物理层上提高了传输的速率。1000MBit/s 以太网即吉比特以太网（GE, GigaBit Ethernet）。FE 和 GE 均支持半双工和双工两种工作模式，因此支持自动协商。

自协商的主要功能就是使物理链路两端的设备通过交互信息自动选择同样的工作参数：双工模式、运行速率以及流控等。一旦协商通过，链路两端的设备就锁定在同样的双工模式和运行速率。例如，A 设备与 B 设备直连，如果 A 设备的端口强制工作在 100MBit/s、半双工，B 设备的 FE/GE 端口的速率和双工模式都配置为自动协商，则 B 设备通过自动协商机制最终确定的工作参数为：100MBit/s、半双工。

随着以太网的发展，半双工的网卡或设备基本消失。因此，IEEE 标准要求 10GE 及以上速率的以太网端口只支持全双工。

不同速率的以太网的物理层标准一般以 *m*BASE-n 的格式表示，例如 100BASE-TX，1000BASE-LX。*m* 的取值代表运行速率，BASE 表示传输的信号是基带信号，后面的 n 表示线缆类型。

同轴电缆的致命缺陷是电缆上的设备是串联的，单点故障即会导致整个网络崩溃。因此，随着对以太网端口的速率及组网性能的需求的增加，双绞线和光纤逐渐成为主要的以太网介质。在 5G 承载网中，以太网接口速率为 10GE 及以上，使用光纤作为介质。

3.1.3　以太网的帧结构

在 TCP/IP 体系架构中，当今最常用的以太网数据帧封装格式是 RFC 894 定义的，通常称为 Ethernet_Ⅱ（以太网第二版）帧格式。因此，本书主要介绍 Ethernet_Ⅱ 的帧结构（如图 3-8 所示）。

Ethernet_Ⅱ 帧结构

6B	6B	2B	46～1500B	4B
目的地址 （DMAC）	源地址 （SMAC）	类型 （Type）	数据区 （Data）	帧校验 （FCS）

图3-8　Ethernet_Ⅱ标准的以太网帧结构

各字段的含义如下。

（1）DMAC：目的 MAC 地址，标识帧的接收者，占 6 字节。

（2）SMAC：源 MAC 地址，标识帧的发送者，占 6 字节。

（3）TYPE：类型，标识数据字段中包含的高层协议，占 2 字节。该字段告诉接收设备如何解释 Data 字段。在解读的时候，该字段一般被转换为十六进制。例如，当取值为 0800(十六机制)时，Data 字段装的是 IP 报文；当取值为 0806(十六机制)时，Data 字段装的是 ARP 报文。

（4）Data：数据字段。最小长度必须为 46 字节，以保证帧长至少为 64 字节。如果该字段长度小于 46 字节，该字段必须被填充到 46 字节。这意味着传输 1 字节信息，数据字段的长度实际为 46 字节。

（5）FCS：帧校验序列字段，在有些文献中又被称为循环冗余校验（CRC，Cyclic Redundancy Check）字段。FCS/CRC 提供了一种错误检测机制，每一个发送机都计算一个包括了地址字段、类型字段和数据字段的 CRC 码，然后将计算出的 CRC 码填入 4 字节的 FCS/CRC 字段。CRC 的检错、纠错能力非常强。在接收端，CRC 能根据 FCS/CRC 字段检验出整个以太网帧在传输过程中是否受到链路质量、光模块性能等因素的影响，判断是否出现误码以及误码的程度。因此在承载网设备的告警类型中，有以太网接口的 CRC-Error 告警。

DMAC、SMAC、TYPE 组成以太网帧的帧头，FCS 作为以太网帧的帧尾，帧头和帧尾加起来共 18 字节，因此当 Data 字段的最小长度为 46 字节时，最小帧长为 64 字节。

最大传输单元（MTU，Maximum Transmission Unit）是数据链路层帧格式中 Data 字段的最大长度。当一个 IP 包被封装成数据帧时，此 IP 包的总长度一定不能超过 MTU，一般取值为 1500 字节。当 MTU 为 1500 字节时，帧的长度为 1518 字节。以太网接口只能处理长度在一定范围内的帧，如果对端接口发送的帧长超过本端接口配置的 MTU 值，接口将对报文进行分片。长度超过 1518 字节的帧被定义为 Jumbo Frame（超长帧）。

在以太网帧结构中，最重要的字段是 MAC 地址。MAC 地址是物理地址，用来唯一标识某个设备的以太网接口。MAC 地址有 48Bit，但通常被表示为十六进制数。例如，某个 48Bit 的 MAC 地址 000000000001101001001010100000010000001010110011，表示为十六进制就是 00∶1A∶4A∶81∶02∶B3。MAC 地址由 IEEE 管理，以块为单位进行分配。一个组织（一般是制造商）从 IEEE 获得唯一的地址块，称为一个组织的组织唯一标识符（OUI，Organizationally Unique Identifier）。00∶1A∶4A 即为 OUI，代表网络硬件制造商的编号，后 3 字节 81∶02∶B3 是制造商自己定义的，用于区分不同的产品。MAC 地址和我们的身份证号类似，具有唯一性，即每一台设备的 MAC 地址都是不一样的。

MAC 地址可分为如下几类。

（1）单播 MAC 地址，唯一标识以太网上的一个终端，MAC 地址固化在硬件（如网卡）中。主机或路由器的接口 MAC 地址均为单播 MAC 地址。目的 MAC 为单播 MAC 的数据帧为单播帧。

（2）广播 MAC 地址，用来标识网络上的所有终端设备。广播 MAC 地址的 48Bit 全是 1，如 FF-FF-FF-FF-FF-FF。ARP 请求消息的目的 MAC 地址为广播地址。目的 MAC 为广播 MAC 的数据帧为广播帧。

（3）多播 MAC 地址，用于代表网络上的一组以太网接口。多播 MAC 地址的第 8 个 Bit 是 1，例如 000000010001101001001010100000010000001010110011。多播 MAC 地址应用于多播业务流的目的 MAC 地址或某些协议的目的 MAC 地址。目的 MAC 为多播 MAC 的数据帧为多播帧。

3.1.4 以太网的交换原理

交换机的内部采用交换矩阵的架构，而且端口所连的传输介质使用双绞线或光纤，两者均有独立的线芯，区分收、发两个方向，因此交换机将冲突域范围缩小到每个端口，即解决了冲突域的问题。

业界的以太网交换机分为二层交换机和三层交换机，本书仅介绍二层交换机。

交换机工作在数据链路层，解析数据帧中的目的 MAC，查 MAC 地址表，转发数据帧。MAC 地址表记录 MAC 地址与端口的对应关系，该对应关系意味着从某个端口能到达某个 MAC 地址。交换机刚开始加电时，MAC 地址表为空，但随着所连主机或设备之间的数据交互，MAC 地址表内的条目将会自动增加。因此，交换机是即插即用的，即不用人工配置，交换机就能自动完成数据帧的转发任务。

如图 3-9 所示，交换机接收到数据帧后，须解封装到数据链路层，读取以太网头部中的 MAC 地址，但交换机并不删除或改变 MAC 地址。

图3-9　交换机的封装和解封装

以图 3-10 为例，主机 A 要给主机 D 发送数据帧（单播帧），交换机的工作过程如下。

图3-10　以太网交换机的数据帧转发

（1）主机 A 将数据帧发送给交换机。交换机接收数据帧，学习源 MAC 地址，建立源 MAC 与入端口的关系，并初始化老化时间。老化时间从 5min（默认的）开始倒计时，当倒计时到 0 时，删除该条目。老化时间是动态变化的数值，所以在图 3-11 中不给出具体数值，仅用"××××"表示。

MAC	端口	老化时间
00-12-34-00-00-06	1	××××

图3-11　MAC地址表（1）

（2）交换机在 MAC 地址表中查找目的 MAC（MAC D），无匹配的条目，因此按广播方式将数据帧转发至所有端口（入端口除外）。

（3）只有主机 D 回应主机 A，主机 D 将数据帧发送给交换机。交换机接收数据帧，学习源 MAC 地址，建立 MAC 地址表项，如图 3-12 所示。

MAC	端口	老化时间
00-12-34-00-00-06	1	××××
00-12-34-00-33-09	4	××××

图3-12　MAC地址表（2）

（4）交换机在 MAC 地址表中查找目的 MAC（MAC A），因为有匹配的条目，所以按单播方式从端口 1 转发出数据帧。

（5）此后，主机 A 继续给主机 D 发送数据帧（单播帧）。主机 A 再次将数据帧发送给交换机。交换机接收数据帧，学习源 MAC 地址，刷新 MAC A 这条记录的老化时间，重新开始倒计时。交换机在 MAC 地址表中查找目的 MAC（MAC D），因为有匹配项，所以从端口 4 转发出数据帧。

总结一下，交换机学习源 MAC 地址以建立 MAC 地址表，并利用老化机制维护 MAC 地址表，并基于目的 MAC 地址转发。

交换机为什么要学习源 MAC 地址来建立 MAC 地址表？因为若从主机 x 发出的帧从接口 y 进入了交换机，则从这个接口出发，沿相反方向一定可以把数据帧发送到主机 x。

单播、多播、广播帧的转发方式总结如下。

（1）对于单播帧，如果 MAC 地址表中有目的 MAC 的对应条目，就应从对应的端口转发出数据帧。如果找不到对应的端口，就向所有的端口（不包括入端口）转发该帧。

（2）对于广播帧和多播帧，向所有的端口（不包括入端口）转发该帧。

由此可见，虽然以太网交换机彻底解决了以太网的冲突问题，但是因为广播转发方式的存在，交换机的所有端口依然属于同一个广播域。

3.1.5　以太网链路聚合

随着网络规模的不断扩大，用户对链路的带宽和可靠性需求逐渐增加。如果更换更高速率的单盘或者设备，不仅工程实施的方案较复杂，而且成本高，于是诞生了链路聚合（Link Aggregation）技术。链路聚合又被称为端口聚合、链路捆绑。在不升级硬件设备的前提下，链路聚合技术通过将多个物理端口捆绑为一个逻辑接口，达到提高链路带宽的目的，同时提供备份链路来满足用户对链路可靠性的需求。

将两个设备之间的多条物理链路捆绑到一起，形成一条新的逻辑链路，这条逻辑链路被称为链路聚合组（LAG，Link Aggregation Group），该逻辑链路的带宽等于被聚合的链路的带宽之和。在以太网中，链路实际是和端口一一对应的，因此每个 LAG 对应一个逻辑接口，这个逻辑接口被称为 LAG 接口。聚合的链路被称为成员接口。

链路聚合分为负载分担和非负载分担两大类。每种类型又都可以分为两种模式：手动模式和链路聚合控制协议（LACP，Link Aggregation Control Protocol）模式。非负载分担类型的链路聚合仅适用于两端设备之间有两条链路的场景，两条链路分别为主用和备用链路，正常情况下流量只存在于主用链路，当主用链路失效时就会倒换到备用链路上。而大多数场景下，设备两端之间的链路数量不止两条，更适合使用负载分担模式。

常用的聚合模式有手工聚合和静态聚合两种。

（1）手工聚合。LAG 接口的建立、成员接口的加入，以及哪些接口作为活动接口完全由手工来配置，没有 LACP 的参与。

（2）静态聚合。LAG 接口的建立、成员接口的加入，都是由手工配置完成的。但与手工聚合模式不同的是，静态聚合模式下活动接口的选择由链路聚合控制协议报文负责。也就是说，当把一组接口加入 LAG 接口后，这些成员接口中哪些接口作为活动接口、哪些接口作为非活动接口，还需要经过 LACP 报文的协商确定。两端设备互相发送 LACP 报文，根据系统优先级和系统 ID 确定主动端，根据主动端接口优先级确定活动接口（承载业务的接口）。因为不完全依靠单端的配置，所以对聚合的控制更加准确和有效。

对于每一种聚合模式，业务分担方式分为负载分担和非负载分担两种方式。

（1）负载分担。LAG 的各成员链路可以同时承载业务流量。发送端设备采用Hash（散列）算法，根据报文的某些特征值（例如源 MAC、目的 MAC、源 IP、目的 IP 等）将报文分发到聚合组的各链路上。当 LAG 组成员发生改变，或者部分链路失效时，发送端会自动进行流量的重新分配。通过负载分担的链路聚合可以得到更大的带宽。

（2）非负载分担。LAG 内有两个成员，一个处于 Selected（被选择）状态，作为活动链路承载业务流量；另一个处于 Standby（备份）状态，作为非活动链路处于空闲状态。当 LAG 组中的活动链路失效时，Standby 状态的链路被激活，承载业务流量。通过负载分担的链路聚合可以实现链路的 1∶1 保护。

路由器、交换机、5G 承载网设备均支持链路聚合技术。在现网应用中，常见的组合方式为手动负载分担、LACP 负载分担，如图 3-13 所示。

图3-13 以太网的链路聚合

不同形态设备的以太网接口对接，也可以配置 LAG。例如，5G 承载网核心层设备与 IP 骨干网或核心网设备对接时，通过多条 10GE 或 100GE 链路形成 LAG 以增加传输带宽，并推荐采用 LACP 静态负载分担模式。

1. 交换机工作在 TCP/IP 五层模型的（　　）。
   A. 物理层　　　　　　　　　　　B. 数据链路层
   C. 网络层　　　　　　　　　　　D. 传输层
2. 交换机根据（　　）地址建立和维护 MAC 地址表。
   A. 源 IP　　　　　　　　　　　B. 目的 IP
   C. 源 MAC　　　　　　　　　　D. 目的 MAC

3.1.6　实训单元——以太网链路聚合配置

掌握以太网链路聚合的配置方法。

实训内容 ▶

在两端设备之间完成以太网链路聚合的配置，并验证配置的正确性。

实训准备 ▶▶

1. 实训环境准备
   （1）硬件：6 个承载网设备组成核心、汇聚、接入层；一台二层交换机；网络管理服务器主机、客户端主机。
   （2）软件：实训系统仿真软件或网络管理系统软件。
2. 相关知识点要求
   （1）5G 承载网的网元板卡、连接光纤的配置规则。
   （2）以太网链路聚合的技术原理。

实训步骤 ▶▶

1. 根据实验拓扑要求，配置网元、连线。
2. 在两端设备之间配置以太网链路聚合。
3. 检查配置的正确性。

评定标准 ▶▶

正确选择以太网链路聚合的成员口，成功新建 LAG 接口。

实训小结 ▶▶

实训中的问题：_____

_____

_____

问题分析：_____

_____

_____

问题解决方案：_____

配置以太网链路聚合时，是否可以只有一个成员接口？

任务 2   虚拟局域网（VLAN）技术

【任务前言】

在以太网的发展过程中，我们为什么要引入 VLAN 技术呢？基于 VLAN 的以太网数据帧转发又是如何进行的呢？带着这些问题，我们进入本任务的学习。

【任务描述】

本任务主要介绍 VLAN 技术的产生原因和相关转发原理，并让学员掌握承载网设备的 VLAN 配置方法。

【任务目标】

- 掌握 VLAN 技术的产生原因和定义。
- 掌握 VLAN 的帧结构。
- 掌握 VLAN 的转发原理和配置方法。

 知识储备

3.2.1 VLAN 的作用

交换机对网络中的广播数据流量不进行任何限制，这影响了网络的性能。在多台交换机的级联组网场景中，如果存在广播帧，该广播帧会被一台又一台交换机复制多份再转发。因此，网络中的广播帧越来越多，不仅严重消耗网络带宽，甚至会导致交换机瘫痪，造成交换机无法正常转发单播帧，这就是广播风暴。广播风暴产生的原因多种多样，如网络病毒、交换机端口故障、网卡故障等。

对于无法在 MAC 表匹配目的 MAC 的单播帧，交换机也会将数据复制多份，向除入端口以外的端口转发。因此，交换机虽然是即插即用的，但是其组网有两个缺陷：广播泛滥和无安全性。

解决广播泛滥问题的主要思想是将没有互访需求的主机隔离开，把一个大的广播域划分成几个小的广播域，于是虚拟局域网（VLAN，Virtual Local Area Network）技术应运而生。

IEEE 于 1999 年发布了支持 VLAN 技术的 IEEE 802.1Q 协议标准草案。VLAN 的作用是将物理上互连的网络在逻辑上划分为多个互不相干的网络，这些网络之间是无法通信的，因此广播帧也就隔离开了。通过在交换机上配置 VLAN，可以实现同一个 VLAN 的用户之间可以通信，不同 VLAN 的用户之间不能通信。一个 VLAN 就是一个广播域。如果两个 VLAN 之间有较少的访问需求，则需要使用 L3 交换机或路由器。

在图 3-14 中，一个写字楼被租给不同的小公司。3 台交换机放置在不同的楼层，并通过一台机房交换机级联成一个局域网。每台交换机分别连接多台主机，这些主机分别属于 3 个不同的公司。为了隔离不同公司之间的通信，并允许相同公司的主机之间进行通信，给该网络划分 VLAN，让相同公司的主机属于同一个 VLAN。例如，A 公司的主机属于 VLAN 10，B 公司的主机属于 VLAN 20，C 公司的主机属于 VLAN 30。采用 VLAN 可以实现各公司共享局域网设施，避免不必要的网络硬件投资和维护成本，同时保证各自的网络信息安全。因此，VLAN 技术的主要优点如下。

图3-14   3个虚拟局域网VLAN 10、VLAN 20和VLAN 30

（1）限制广播包，提高带宽的利用率。VLAN 技术有效地解决了广播风暴带来的性能下降问题。一个 VLAN 形成一个小的广播域。当一个数据帧在 MAC 地址表中没有匹配的条目时，交换机只会将此数据帧发送到所有属于该 VLAN 的其他端口，而不是交换机的全部端口，这样，就将数据帧限制到了一个 VLAN 内，这在一定程度上可以节省带宽。

（2）提升通信的安全性。一个 VLAN 的数据帧不会发送到另一个 VLAN，这样，其他 VLAN 用户的网络收不到任何该 VLAN 的数据帧，确保了该 VLAN 的信息不会被其他 VLAN 的用户窃听，从而实现了信息保密。

最常用的 VLAN 划分方法是基于端口划分 VLAN，就是把交换机的各个端口按照需要划分到不同的 VLAN。如图 3-15 所示，Port 1 和 Port 7 所连的主机属于 VLAN 5，只要将 Port 1 和 Port 7 配置到 VLAN 5 即可。

图3-15　基于端口划分VLAN

这种划分方法的优点是：定义 VLAN 成员时非常简单，只要指定所有的端口即可。它的缺点是：如果 VLAN 5 的某个用户离开了原来的端口，到同一个交换机的另外一个端口，那么必须重新定义新端口属于哪个 VLAN。

所有 VLAN 成员不用局限在一个物理范围之内，VLAN 的划分可以跨越多个交换机。

如图 3-16 所示，VLAN 10 和 VLAN 20 的用户分布在由两台交换机组成的局域网中。交换机 A 和交换机 B 不但要区分出 VLAN 10 和 VLAN 20 用户的数据帧，而且两个交换机的互联链路需要允许 VLAN 10 和 VLAN 20 的帧通过。这种跨设备的 VLAN 成员互连的组网，必然涉及不同 VLAN 流量怎么识别的问题。如果还用原来的以太网帧格式，就无法区分 VLAN 用户。

图3-16　跨交换机VLAN通信

如果给数据帧加上 VLAN 信息，标识报文所属的 VLAN，交换机通过对报文中 VLAN 信息进行识别，就能进行正确的转发。

3.2.2　VLAN 的帧结构

IEEE 802.1Q 标准对以太网帧格式进行了修改，在源 MAC 地址字段和 Type 字段之间加入 4 字节的 802.1Q Tag，如图 3-17 所示。

图3-17   VLAN的帧结构

802.1Q Tag 各字段的含义如下。

（1）TPID：802.1Q 标记类型，表明这是一个加了 802.1Q 标签的帧，占 2 字节，一般取值为 0x8100，表示接收到的是 802.1Q Tag 帧。如果不支持 VLAN 的设备接收到这样的帧，则会将其丢弃。

（2）Priority：简称 PRI，占 3 比特，标识帧的优先级。一共有 8 种优先级：0 ～ 7，值越大优先级越高。用于在交换机阻塞时，优先发送优先级高的数据帧。

（3）CFI：帧值为 0 说明是规范格式，该值为 1 说明是非规范格式。该字段用于区分以太网帧、FDDI（光纤分布式数据接口）帧和令牌环网帧。在以太网帧中，CFI 取值为 0。

（4）VLAN ID：占 12 比特，取值为 0 ～ 4095，共 4096 个。VLAN 0 和 VLAN 4095 保留，VLAN 1 是交换机的默认 VLAN。每个支持 802.1Q 协议的交换机发送的数据帧都会包含这个域，以指明自己属于哪一个 VLAN。

在交换网络环境中，以太网的帧有两种格式：有些帧没有 Tag，被称为未标记的帧（Untagged Frame）；有些帧有 Tag，被称为带有标记的帧（Tagged Frame）。

在交换机的内部，报文都是 Tagged Frame。交换机上一般会配置多个 VLAN，不同 VLAN 流量区分必须依靠 VLAN Tag。在未配置 VLAN 时，交换机之所以能够即插即用完成主机之间的数据转发，是因为交换机的所有端口均默认属于 VLAN 1，相当于所有端口在 VLAN 1 的广播域。

主机发给交换机的帧为 Untagged Frame，如图 3-18 所示，主机 A 向主机 B 发送数据。主机 A 发送给交换机的是 Untagged Frame，交换机接收后，会根据接收端口所属的 VLAN ID（VLAN 10），给数据帧加上含 VLAN 10 的 Tag，然后在 VLAN 10 的广播域中查找 MAC 地址表是否有目的 MAC（MAC B）对应的条目，如果查不到，则会从所有属于 VLAN 10 的端口转发出数据帧（除入端口外）；如果能查到，则向对应的出端口转发数据帧。

图3-18　单换机的VLAN通信

3.2.3　承载网中的 VLAN 应用

VLAN 的应用十分广泛。在校园网、企业网等场景中，通过多交换机级联并配置 VLAN 技术，既能实现用户设备的灵活接入，又能按需实现用户设备之间的通信互通或隔离。在家庭宽带的应用场景中，通过在光网络单元（ONU，Optical Network Unit）、光线路终端（OLT，Optical Line Terminal）上配置 VLAN，能实现用户之间或业务之间的隔离。

5G 承载网设备工作于网络层，在转发数据进行查表的过程中，并不像交换机一样依赖目的 MAC 地址和 VLAN 信息。在 5G 承载网中，用 VLAN 将设备的一个物理以太网接口虚拟出多个逻辑接口，这些逻辑接口被称为 VLAN 子接口。

我们可以通过图 3-19 来理解 VLAN 子接口的工作原理。设备 A 和设备 B 通过一条物理链路相连，但是这条链路上有两种业务流量：业务 1 和业务 2。在设备 A 的 GE0/1 接口上，需要将两种业务隔离开，并且为其配置不同网段的 IP 地址。定义 GE0/1.10 的 VLAN 子接口为业务 1 服务，设备 A 向设备 B 发送业务 1 的流量，会打上 VLAN 10 的 Tag。定义 GE0/1.20 的 VLAN 子接口为业务 2 服务，设备 A 向设备 B 发送业务 2 的流量，会打上 VLAN 20 的 Tag。设备 B 收到数据后，解封装到数据链路层，如果 VLAN Tag 中的 VLAN ID=10，则用 GE0/1.10 接口处理业务流；如果 VLAN Tag 中的 VLAN ID=20，则用 GE0/1.20 接口处理业务流。

图3-19　VLAN子接口的工作原理

在 5G 承载网中，VLAN 子接口主要应用于以下场景。

（1）承载网设备之间通过 VLAN ID=4093 的子接口发送或接收网络管理系统业务流，以隔离 5G 业务流量、动态协议报文。

如图 3-20 所示，用 GE0/1（主接口）承载 5G 业务流，用 GE0/1.4093（VLAN 子接口）承载设备与网络管理系统通信的报文。

图3-20　5G承载网的VLAN子接口应用（1）

（2）承载网核心层设备与骨干网或核心网之间通过 VLAN 子接口区分多种业务流量。

如图 3-21 所示，N2 为基站与 AMF 之间的逻辑接口，N3 为基站与 UPF 之间的逻辑接口，N4 为 UPF 与 SMF 之间的逻辑接口，N9 为 UPF 与 UPF 之间的逻辑接口。承载网核心层与本地数据中心 UPF 的互连接口，通过定义不同的 VLAN 子接口区分 N3 和 N9 的流量；核心层与骨干网的边缘设备的互连接口，通过定义不同的 VLAN 子接口区分 N2 和 N4 的流量。

接口	定义
N2	基站与AMF之间
N3	基站与UPF之间
N4	UPF与SMF之间
N9	UPF到UPF

图3-21　5G承载网的VLAN子接口应用（2）

任务习题

1. 一个 VLAN 是一个（　　）。
   A. 路由域　　　　　　　　　B. 广播域
   C. 逻辑域　　　　　　　　　D. 冲突域
2. 在 VLAN Tag 中，VLAN ID 占（　　）比特。
   A. 4　　　　　　　　　　　　B. 8
   C. 12　　　　　　　　　　　D. 20

3.2.4　实训单元——VLAN 子接口配置

实训目的

掌握 VLAN 子接口的配置方法。

实训内容

1. 搭建实验拓扑环境。
2. 配置设备的 VLAN 子接口。

实训准备

1. 实训环境准备
   （1）硬件：6 个承载网设备组成核心、汇聚、接入层；一台二层交换机；网络管理服务器主机、客户端主机。
   （2）软件：实训系统仿真软件或网络管理系统软件。
2. 相关知识点要求
   （1）5G 承载网的网元板卡、连接光纤的配置规则。
   （2）VLAN 子接口的定义和作用。

实训步骤

1. 根据实验拓扑要求，配置网元、连线。
2. 在设备的 VLAN 子接口上配置 VLAN ID 和 IP。

3. 通过 Ping 命令测试设备之间的 VLAN 子接口 IP 通信是否正常。

评定标准 ▶▶ ● ● ●

VLAN ID 配置正确，设备之间的 VLAN 子接口 IP 可以互相 Ping 通。

实训小结 ▶▶ ● ● ●

实训中的问题：_____

_____

_____

问题分析：_____

_____

_____

问题解决方案：_____

_____

_____

思考与拓展 ▶▶ ● ● ●

如果需要在两个承载网设备之间配置 3 个互连网段，有几种实现方法？

任务3 灵活以太网（FlexE）技术

【任务前言】

灵活以太网技术（FlexE）是在以太网技术的基础上，为满足高速传送、灵活的带宽配置等需求而发展的技术。那么 FlexE 技术是如何实现的？在实际工程中如何应用？带着这些问题，我们进入本任务的学习。

【任务描述】

本任务主要介绍 5G 承载网的 FlexE 技术原理以及相关配置步骤，使学员了解承载网带宽切片的配置方法。

【任务目标】

- 能够理解 FlexE 技术的基本概念。
- 能够理解承载网带宽切片的实现方式。
- 能够完成 FlexE 切片的创建。
- 能够完成 FlexE 切片的带宽调整。

 知识储备

3.3.1 FlexE 的起源及发展

近年来，光技术受新工艺的成熟度和标准化影响，发展速度不能满足经典的摩尔定律要求，即 18 个月性能翻倍。为了使光电子发展更快，人们除了引入硅光技术等新的工艺技术，还考虑利用电的技术加速光技术的发展，例如四电平脉冲幅度调制（PAM4，Pulse Amplitude Modulation 4）技术。采用 PAM4 技术可有效降低光模块的成本，因此基于 PAM4 技术的 400GE、200GE 和 50GE 新接口应运而生。

与前几代移动网络相比，5G 网络的能力有了大幅提升。例如，下行峰值数据速率可达 20Gbit/s，而上行峰值数据速率可能超过 10Gbit/s。因此在 5G 承载网的基础设施方面，运营商逐渐引入了 50GE、100GE、200GE 等速率的接口。但是运营商的收入依然低速增长，两者的剪刀差越来越大。在移动承载网设备的成本构成中，光模块成本占比越来越大，如果可以有效降低光模块的成本，无疑会对降低整网设备的成本起到至关重要的作用。

但是高速率光模块的价格依然很高，行业需要寻找更低成本的解决方案。例如，1 个 400Gbit/s 光模块的价格比 4 个 100Gbit/s 光模块价格加起来还高。是否可以通过多端口绑定技术实现低成本的大带宽？但是我们常见的 LAG 捆绑技术存在因 Hash 算法导致成员端口之间带宽分配不均匀的缺点，因此需要以太网支持物理层的捆绑技术。

此外，底层光传输链路接口和模块是固定的，以太网接口的 MAC（指数据链路层使用以太网封装的帧）速率和物理层（PHY，Physical）的速率几乎是一致的，MAC 与 PHY 是一一对应的。随着业务与应用场景的多样化，业界希望以太网接口可提供更加灵活的带宽颗粒度或可变速率的链路，而不必受制于 IEEE 802.3 标准所确定的 10-25-40-50-100-200-400GE 的阶梯型速率体系。例如，一个 PHY 可以承载 3 条拥有独立 MAC 的业务，其速率分别是 10Gbit/s、20Gbit/s、30Gbit/s。

灵活以太网（FlexE，Flexible Ethernet）提供一个支持多种以太网 MAC 速率的机制，MAC 速率可以匹配或者不匹配 PHY 的速率。通过端口间的 Bonding（捆绑），可以用低成本的光电子器件实现高带宽的 MAC 层接口，摆脱对同等速率 PHY 器件的依赖。例如，4 路 100GE PHY（物理接口）提供一个逻辑通道，实现 400Gbit/s 业务速率，或者在 100G PHY 上承载 10Gbit/s、40Gbit/s、50Gbit/s 的 3 路 MAC 数据流，又或者 2 路 100G PHY 复用承载 125Gbit/s 的 MAC 数据流。

如图 3-22 所示，FlexE 标准于 2015 年年初在光互联网论坛（OIF，Optical Interworking Forum）启动，并于 2016 年发布了 FlexE IA 1.0 标准。该标准定义了对 100GE PHY 的支持，是业界关于 FlexE 的首个标准。

图3-22 FlexE标准的发展

FlexE IA 2.0 的标准于 2018 年发布，相对于 FlexE IA 1.0 版本，增加了对 200GE/400GE PHY 的支持，保持了与 FlexE IA 1.0 相兼容的复用帧格式以及 100GE/200 GE /400GE PHY 速率适配的 Pad（填充）机制，并且基于移动回传应用场景增加了对 IEEE 1588V2 时间同步的支持。此后，2019 年通过的 FlexE IA 2.1 标准增加了对 50GE PHY 的支持。

OIF 定义的 FlexE 是一种接口技术，通过物理接口捆绑，以及对带宽进行时隙化的处理，可以实现类似于时分复用（TDM，Time-Division Multiplexing）的带宽硬管道、业务的硬隔离。

5G 接入网和核心网率先提出切片的概念和相关技术应用。作为两者之间的重要传输通道的承载网，是否也能提供物理资源的切片呢？FlexE 被引入 5G 承载网中，提供灵活的带宽切片和低成本的带宽扩容方案。

同时，为了充分利用 5G 承载网的接入覆盖和带宽资源，5G 承载网也承载政企专线业务。金融类的专线业务一般要求独享资源、低时延和高可靠性，这需要承载网可提供端到端的硬管道。因此，经过中国移动研究院的扩展，FlexE 从接口技术发展到交换技术，通过节省中间节点的转发时延、不可抢占的带宽和 1ms 内的故障恢复时间，为政企客户提供高价值、低时延和高可靠的带宽专线。

3.3.2 FlexE 切片原理

FlexE 技术通过在 IEEE 802.3 基础上引入 FlexE Shim（垫片）层，实现了 MAC 与 PHY 层解耦（如图 3-23 所示），从而实现了灵活的速率匹配。

图3-23　FlexE Shim子层在物理层中的位置

PHY 可继续细分为多个子层。

（1）PCS：物理编码子层，是物理层的核心，主要完成 64/66B 编解码，以及码块的分发重组。

（2）PMA：物理介质连接子层，实现串并 / 并串转换。

（3）PMD：物理介质相关子层，将串行信号转换到特定的介质（比如光纤）上。

FlexE 基于 Client/Group 架构定义，可以支持任意多个 FlexE Client 在任意一组 FlexE PHY 组成的 FlexE Group 上的映射和传输，从而实现捆绑、通道化及子速率业务等。

如图 3-24 所示，FlexE 的关键术语如下。

图3-24　FlexE PHY、FlexE Group和FlexE Client

（1）FlexE PHY：简称 PHY，是支持 FlexE 功能的物理接口，一般为 IEEE 802.3 标准定义的以太网接口。带宽是固定的（速率支持 50/100/200/400Gbit/s）。FlexE PHY 可工作在标准以太网和 FlexE 两种模式中，一般默认为 FlexE 模式，并可手工切换到标准以太网模式。

（2）FlexE Group：简称 Group，是将一路或者多路同速率 PHY 绑定形成的组，Group 的总带宽等于绑定的 PHY 带宽之和，Group 通过端口绑定技术形成逻辑上的超大带宽传输接口。

（3）FlexE Client：简称 Client，FlexE 的客户，客户业务（可认为是 MAC）对应的虚拟逻辑接口拥有独立的 MAC，带宽灵活可配，其带宽 = 单个时隙带宽 × 时隙数量。FlexE Client 可根据带宽需求灵活配置，可配置为 10、40 或者 $m \times 25$Gbit/s，并通过 64/66B 的编码方式将数据流传递至 FlexE Shim 层。

（4）FlexE Shim：垫层，简称 Shim，作为插入传统以太网架构的 MAC 与 PHY（PCS 子层）中间的一个额外逻辑层，基于 Calendar（时隙配置）的 Slot（时隙）分发机制，将多个 FlexE Client 接口的数据按照时隙方式调度并分发至多个 PHY 接口。

FlexE 的核心功能通过 FlexE Shim 层实现，FlexE Shim 把 FlexE Group 中的每个 100GE PHY 划分为 20 个 Slot 的数据承载通道，每个 PHY 所对应的这一组 Slot 被称为一个 Sub-Calendar（子时隙配置），其中每个 Slot 所对应的带宽为 5Gbit/s。

每一个时隙都有自己特定的时隙编号及位置，不同客户的业务占用的时隙数量及编号不一致。通过速率适配，FlexE Client 的数据流被装载到其中的 k 个 5G 时隙（$k \leqslant$ FlexE Group 的总时隙数）。

在图 3-25 中，2 个 100GE 的 PHY 组成 1 个 FlexE Group，PHY 1 和 PHY 2 的时隙编号均为 0 ～ 19，加起来共 40 个时隙，形成一个 Calendar。

由于每个 Slot 的带宽为 5Gbit/s，FlexE Client 理论上也可以按照 5Gbit/s 速率的颗粒度配置带宽。例如，FlexE Client 1 需要 30Gbit/s 的带宽，分配 6 个时隙。同理，FlexE Client 2 需要 25Gbit/s 的带宽，分配 5 个时隙；FlexE Client 3 需要 30Gbit/s 的带宽，分配 6 个时隙。

如果未来某个 FlexE Client 需要升级带宽，新增 2 个时隙，只要 Calendar 中剩余的时隙个数大于或等于 2 就可以满足。FlexE Group 中的 PHY 的个数也可以新增，比如原有 1 个 PHY，未来可新增至 2 个甚至更多的 PHY，相当于扩充了带宽资源池。

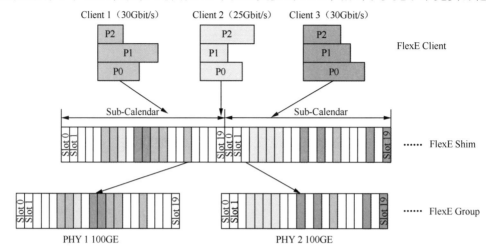

图3-25　FlexE Client到FlexE Group的复用

FlexE 按照每个 FlexE Client 数据流所需带宽以及 Shim 中对应每个 PHY 的 5G 颗粒度 Slot 的分布情况，计算、分配 FlexE Group 中可用的 Slot，形成 FlexE Client 到一个或多个 Slot 的映射，再结合 Calendar 机制实现一个或多个 FlexE Client 数据流在 Group 中的承载，这是 FlexE 的复用过程。到达对端设备后，要进行 FlexE 的解复用，解析出 FlexE Client 承载的数据流。在 5G 承载网中，各 FlexE Client 的时隙在 Calendar 的位置可通过网络管理系统自动分配或手工配置指定，同一个 FlexE Client 占用的时隙编号可以连续也可以不连续。例如，FlexE Client 1 的 6 个时隙，有 5 个在 PHY 1 的 Sub-Calendar 中，还有 1 个在 PHY 2 的 Sub-Calendar 中。

随着通信终端的 IP 化，FlexE Client 主要承载 IP 业务流量，IP 业务流量具有突发性，因此其实时的流速是变化的。在上个例子中，FlexE Client 1 被分配了 6 个时隙，如果当前时刻的实际业务流速只有 25Gbit/s，只占用了 5 个时隙，则空闲的 1 个时隙的带宽也不会被其他 FlexE Client 和非 FlexE Client 的业务占用。也就是说，FlexE Client 1 申请的是带宽独享的硬管道，通过 FlexE 可以实现带宽的硬切片，一个 FlexE Client 实际就是一个硬切片。

如图 3-26 所示，在使用 FlexE 的链路上，可以将实际拓扑转换成等效拓扑。在等效拓扑的基础上，业务按需分配带宽，通过时分复用实现硬隔离，形成切片拓扑。两端设备之间有 2 条 100GE 的 PHY 链路，这是实际拓扑。FlexE PHY 到 FlexE Group 的捆绑，形成了一个 200Gbit/s 的带宽通道，这是等效拓扑。通过按需的切片，两端设备之间形成了 3 条逻辑链路，每条逻辑链路对应一个 FlexE Client，这是切片拓扑。

在 5G 承载网中，从接入层到核心层，若为 5G 业务提供带宽硬切片，就需要在每两个 5G 承载网设备之间的互联链路上配置 FlexE。每经过一台中间设备，在入接口要进行 FlexE 的解复用，经过解封装后，查转发表项，调度到出接口，重新进行

FlexE 的复用，因此，OIF 定义的 FlexE 实际是一种接口技术。

图3-26　FlexE切片等效拓扑

　　值得注意的是，同一 FlexE Client 内的不同业务的带宽具有统计复用的性质（如图 3-27 所示），但是 FlexE Client 之间的业务是硬隔离的。比如，在两个承载设备之间建立一个 5G 业务的切片，该切片内有前面提到的 N2、N3、N9 等逻辑接口的流量，这些流量在切片内是统计复用的，共享 FlexE Client 定制的带宽。

接口	定义
N2	基站与AMF之间
N3	基站与UPF之间
N4	UPF与SMF之间

图3-27　FlexE Client内统计复用

　　根据 Client 与 Group 的映射关系，FlexE 可提供 3 种主要功能。

　　（1）捆绑（Bonding）：支持多路以太网 PHY 的绑定，提升传输带宽。例如，通过绑定两个 100GE PHY 来支持一路 200GE MAC 速率。Bonding 相当于 L1 LAG（物理层的链路聚合）功能（如图 3-28 所示）。

图3-28　FlexE的捆绑功能示意

　　（2）子速率（Sub-Rate）：支持子速率业务，提高传输效率。例如，通过 100GE PHY 的通道化来支持一路 50GE MAC 速率（如图 3-29 所示）。

　　（3）通道化（Channelization）：多个 FlexE Client 通过时分复用的方式共享 FlexE 物理接口。多路低速率 MAC 数据流共享一路或者多路 PHY。例如，两路 100GE PHY 共承载 150Gbit/s、25Gbit/s、25Gbit/s 的 3 条 MAC 数据流（如图 3-30 所示）。

图3-29　FlexE的子速率功能示意

图3-30　FlexE的通道化功能示意

从微观层面看，每个 64/66B 原子数据块（Block）承载在一个 Slot 中。以 100GE 为例，FlexE 在 Calendar 机制中，将"20 Block"（对应 Slot 0 ～ Slot 19）作为一个逻辑单元，并进一步将 1023 个"20 Block"作为 Calendar 组件。Calendar 组件循环往复（如图 3-31 所示），最终形成了以 5G 为颗粒度的数据承载通道。

图3-31　Calendar组件循环往复

FlexE Shim 层通过开销（Overhead）提供带内管理通道。Overhead 实现在对接的两个 FlexE 接口之间传递配置（FlexE Group 配置、Client 与 Group 的 Slot 映射关系等）、管理、同步信息，实现链路的自动协商建立。

图 3-31 和图 3-32 所示的深灰色色块即为 Overhead 码块（Overhead Slot）。以 100GE PHY 为例，每隔 1023 × 20 个 Block 插入一个 Overhead 码块。

将上面连续的 8 个 Overhead 码块组成 1 个完整的开销帧，32 个开销帧构成 1 个复帧。如图 3-32 所示。

虽然，每隔 1023 个"20 Block"出现一次 Overhead 码块，但每个 Overhead 码块中所包含的字段是不同的。第一个 Overhead 码块中包含"10"（SH 字段即同步头）、"0x4B"（控制字符）、"0x5"（O Code）这 3 个字段信息，用于定义此帧为开销首帧，

FlexE 解复用端据此锁定开销帧。在未实现 FlexE 开销帧锁定的情况下，不能进行 FlexE 开销处理。如果同步头、控制字符或 O Code 在预期位置出现 5 次不匹配，将出现 FlexE 帧失步，设备上报 "FLEXE_LOF 告警"。

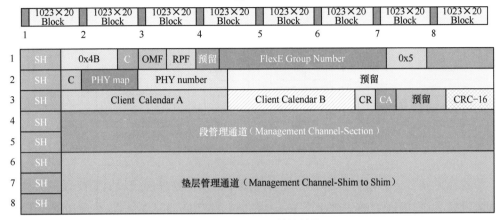

图3-32　FlexE开销帧结构

如果 FlexE Group 的某物理成员接口检测到本端的 PHY 故障，则将第一个 Overhead 码块的远端故障指示（RPF）比特置位，从而将本端的故障通知给远端（对端），远端设备上报 "FLEXE_RPF 告警"。

3.3.3　FlexE 在承载网中的应用

在 5G 承载网中，FlexE 有以下应用。

① FlexE 接口技术实现低成本的带宽扩容

比如，接入层当前使用 50Gbit/s 的带宽便能满足 5G 初期的业务发展需求，但随着 5G 的快速发展，带宽需扩大到 100Gbit/s。通过 FlexE Bonding 功能，只需要在原 FlexE Group 中新增一个 50GE 端口即可。或者，如果核心层的带宽需求是 400Gbit/s，而 400GE 光模块成本居高不下，此时，将两个 200GE 的 PHY 组成一个 FlexE Group 即可。

② FlexE 接口技术为承载网提供带宽切片

目前，在运营商的现网中，70% 或 80% 的线路带宽用于 5G 业务，剩余的线路带宽再划分给政企专线和其他业务。因此，可以分别配置 5G 业务的 FlexE Client、政企专线的 FlexE Client 或其他业务的 FlexE Client。

③ FlexE 交换技术实现高价值、低时延、高可靠的带宽专线

在 3G、4G 的移动承载网中，一般用 MPLS VPN 方式承载无线业务流。对于某中间节点，在入口收到业务报文后，要对报文进行解封装操作，从物理层的比特流中恢复出以太网数据帧，然后再送到 MPLS 层处理，完成标签交换后，在出口处对

业务进行封装处理。这样，节点时延一般为几十微秒，如图 3-33 所示。

图3-33　FlexE交换示意

若在中间节点不进行解封装和查表的操作，仅在物理层通过时隙交叉的方式实现流量从入口 FlexE Client 到出口 FlexE Client 的调度（FlexE 交换），则可有效降低节点的转发时延（可降低至 1 ～ 10μs）。此外业务流经过的各条链路均配置了 FlexE 的带宽切片。通过扩展的 FlexE 操作、管理、维护（OAM，Operation Administration and Maintenance）和 FlexE 1+1 保护技术，故障后的业务恢复时间可低至 1ms。因此，FlexE 交换技术可实现高价值、低时延、高可靠的带宽专线。

1. FlexE 的核心功能由（　　）实现。
   A. FlexE PHY　　　　　　　　　B. FlexE Client
   C. FlexE Group　　　　　　　　D. FlexE Shim
2. 根据 OIF 标准，FlexE 的时隙颗粒度是（　　）。
   A. 1Gbit/s　　　　　　　　　　B. 5Gbit/s
   C. 10Gbit/s　　　　　　　　　 D. 40Gbit/s

3.3.4　实训单元——FlexE 切片创建

掌握创建 FlexE 切片的方法。

实训内容　▶▶

根据带宽需求，完成 FlexE 切片的创建。

实训准备

1. 实训环境准备
   （1）硬件：6 个承载网设备组成核心、汇聚、接入层；一台二层交换机；网络管理服务器主机、客户端主机。
   （2）软件：实训系统仿真软件或网络管理系统软件。
2. 相关知识点要求
   （1）FlexE 技术原理及相关概念。
   （2）仿真软件界面的基础操作。

实训步骤

1. 检查物理接口连接。
2. 配置 FlexE Group。
3. 配置 FlexE Client。

评定标准

根据带宽要求，成功配置 FlexE Group 和 FlexE Client，并且成功激活。

实训小结

实训中的问题：_____

_____

_____

问题分析：_____

_____

_____

问题解决方案：_____

_____

_____

思考与拓展

创建 FlexE 切片时，需要配置 FlexE Shim 吗？

3.3.5　实训单元——FlexE 切片带宽调整

掌握调整 FlexE 切片带宽的方法。

完成 FlexE 切片的带宽调整。

实训准备

1. 实训环境准备
   （1）硬件：6 个承载网设备组成核心、汇聚、接入层；一台二层交换机；网络管理服务器主机、客户端主机。
   （2）软件：实训系统仿真软件或网络管理系统软件。
2. 相关知识点要求
   （1）FlexE 技术原理及相关概念。
   （2）仿真软件界面的基础操作。

实训步骤

1. 找到已配置的 FlexE Client。
2. 调整时隙个数。
3. 激活 FlexE Client。

评定标准

根据带宽要求，成功修改 FlexE Client 的带宽，并且成功激活。

实训小结

实训中的问题：_____
_____
_____

问题分析:＿＿＿＿＿＿＿＿＿＿＿＿＿＿＿＿＿＿＿＿＿＿＿＿

＿＿＿＿＿＿＿＿＿＿＿＿＿＿＿＿＿＿＿＿＿＿＿＿＿＿＿＿＿＿＿

＿＿＿＿＿＿＿＿＿＿＿＿＿＿＿＿＿＿＿＿＿＿＿＿＿＿＿＿＿＿＿

问题解决方案:＿＿＿＿＿＿＿＿＿＿＿＿＿＿＿＿＿＿＿＿＿＿＿

＿＿＿＿＿＿＿＿＿＿＿＿＿＿＿＿＿＿＿＿＿＿＿＿＿＿＿＿＿＿＿

＿＿＿＿＿＿＿＿＿＿＿＿＿＿＿＿＿＿＿＿＿＿＿＿＿＿＿＿＿＿＿

如果 FlexE Group 的剩余时隙不足，无法满足 FlexE Client 的带宽调整需求，该怎么解决？

3.3.6　实训单元——FlexE 交换配置

通过配置 FlexE 交换，掌握高价值、低时延的带宽专线的配置方法。

实训内容 ▶▶

完成 FlexE 交换的配置，并验证配置的正确性。

实训准备 ▶▶

1. 实训环境准备
   （1）硬件：6 个承载网设备组成核心、汇聚、接入层；一台二层交换机；网络管理服务器主机、客户端主机。
   （2）软件：实训系统仿真软件或网络管理系统软件。
2. 相关知识点要求
   （1）FlexE 技术原理及相关概念。
   （2）仿真软件界面的基础操作。

实训步骤 ▶▶ ···

1. 配置 FlexE 交换。
2. 配置 UNI。
3. 配置业务。

评定标准 ▶▶ ···

根据带宽要求，成功配置以 FlexE 交换为转发模式的高价值、低时延的带宽专线。

实训小结 ▶▶ ···

实训中的问题：_____

_____

_____

问题分析：_____

_____

_____

问题解决方案：_____

_____

_____

思考与拓展 ▶▶ ···

如何在中间节点上查看 FlexE 交换的配置结果？

项目解析 ▶▶ ···

项目 4

5G 承载网中的 IP 路由技术

项目简介

本项目内容包括 IP 基础知识、IP 路由基础及 IS-IS 路由协议。通过本项目的学习，学员可以根据相关的技术原理部署 5G 承载网需要使用的 IP 路由协议，为后续的网络部署工作奠定坚实的基础。

- 能够掌握 IP 的基础知识。
- 能够掌握使用 DHCP 为基站分配 IP 地址的方法。
- 能够掌握 IP 路由分类及路由表各字段的含义。
- 能够掌握 IS-IS 路由协议的基本概念及工作原理。
- 能够完成 IS-IS 路由协议在 5G 承载网控制面的部署。

项目目标

项目导图

任务1　IP 基础知识

【任务前言】

在 TCP/IP 模型中，网络层最重要的功能就是寻址和路由，进而为数据分组提供转发服务，其中寻址和路由是基于 IP 地址的。IP 地址是什么，分为几类，有哪些表示方法？在具体的网络中，又如何使用和分配 IP 呢？子网又是什么，如何将一个大的网络划分成若干个小网络？带着这些问题，我们进入本任务的学习。

【任务描述】

本任务主要介绍 IPv4 地址的基础知识、子网划分及路由聚合的基本概念、ICMPv4 协议的典型应用和 DHCP 的工作原理，使学员对 IP 相关的基础知识有一个基本的认识，为 5G 承载网的部署和维护打下坚实的基础。

【任务目标】

- 能够掌握 IP 的基础知识。
- 能够完成 IP 的子网划分和路由聚合。
- 能够采用 DHCP 为基站分配 IP 地址。

 知识储备

4.1.1　IPv4 地址

对于不同网络之间的互联通信，我们通常使用网络层地址——IP 地址来通信，以提供更高的灵活性。

❶ IPv4 地址表示方式

IPv4 地址是由 4 字节、32 位组成的，可使用下面 3 种方法描述，常用的是"点分十进制"表示法。

（1）点分十进制，如 172.16.30.56。

（2）二进制，如 10101100.00010000.00011110.001110000。

（3）十六进制，如 AC.10.lE.38。

② IPv4 地址层次化

在 RFC 791 规范中规定了 IP 地址的结构，即一个 IP 地址包括网络部分与主机部分。

网络部分被称为网络地址，网络地址用于标识一个网段，同一网段中的网络设备有相同的网络地址。主机部分被称为主机地址，主机地址用于标识同一网段内的不同网络设备。例如，在 IP 地址 172.16.30.56/16 中，网络部分为 172.16，主机部分为 30.56。

③ IP 地址的分类

根据网络规模的大小，我们把 IP 地址分为 A、B、C、D、E 5 类，如图 4-1 所示。即将 IP 地址空间分解为数量有限的特大型网络（A 类）、数量较多的中等网络（B 类）和数量非常多的小型网络（C 类）。另外，还定义了特殊的地址类，包括 D 类（用于多播传送）和 E 类（保留用于试验或研究）。我们将按照这种方式划分的 IP 地址称为有类 IP 地址。

图4-1　IP地址分类

（1）私有 IP 地址空间

在 IP 编址方案中还规定了私有 IP 地址。这些地址可用于私有网络，只在内部网络中使用，不可直接与公网中的 IP 地址通信。设计私有地址的目的旨在提供一种有效的安全措施，也可节省宝贵的公有 IP 地址空间。

保留的私有 IP 地址空间如下。

① A 类：10.0.0.0 ～ 10.255.255.255。

② B 类：172.16.0.0 ～ 172.31.255.255。

③ C 类：192.168.0.0 ～ 192.168.255.255。

（2）特殊 IP 地址

IP 地址用于唯一标识一台网络设备，但一些特殊的 IP 地址有特殊的用途，不能用于标识网络设备，如表 4-1 所示。

表 4-1　特殊 IP 地址

网络部分	主机部分	地址类型	用途
任意	全 "0"	网络地址	代表一个网段
任意	全 "1"	广播地址	特定网段的所有节点
127	任意	环回地址	环回测试
全 "0"		所有网络	代表默认路由
全 "1"		广播地址	本网络内的所有节点

对于主机部分全为 "0" 的 IP 地址，称为网络地址，用来标识一个网段。例如，A 类地址 1.0.0.0，私有地址 10.0.0.0、192.168.1.0 等。

对于主机部分全为 "1" 的 IP 地址，称为该网段的广播地址，用于标识一个网络的所有主机。例如，10.255.255.255、192.168.1.255 等。广播地址用于向本网段的所有节点发送数据分组。

对于网络部分为 127 的 IP 地址，例如 127.0.0.1，主要用于环路测试。

全 "0" 的 IP 地址 0.0.0.0 代表所有的主机，在路由器上用 0.0.0.0 地址表示默认路由。

全 "1" 的 IP 地址 255.255.255.255，也是广播地址，但 255.255.255.255 代表所有主机，用于向网络的所有节点发送数据分组，路由器不转发目的地址为广播地址的数据分组。

（3）计算某网段内可用 IP 地址数量

从前面我们可知，每一个网段会有一些 IP 地址不能用作主机 IP 地址，是作为特殊用途的保留地址。接下来，让我们来计算一下某个网段内可用的 IP 地址。

B 类地址的网段为 172.16.0.0，有 16 个主机位，因此有 2^{16} 个 IP 地址，网络地址 172.16.0.0 和广播地址 172.16.255.255 不能用来标识主机，那么共有 $2^{16}-2$ 个可用地址（一般称为主机地址），如图 4-2 所示。

图 4-2　可用主机地址数量计算

C 类地址网段 192.168.1.0，有 8 个主机位，共有 $2^8=256$ 个 IP 地址，除去网络地址 192.168.1.0 及广播地址 192.168.1.255，共有 254（256-2）个可用主机地址。

因此，我们可以这样计算每一个网段的主机地址数量：假定这个网段的主机部分位数为 n，那么可用的主机地址个数为 2^n-2。

④ IP 路由方式

（1）单播

单播是指目的地址为单一目标的一种传输方式，即用单播可将数据分组传输到特定主机，如图 4-3 所示。单播也属于"一对一"的传输方式，是当前网络应用最为广泛的数据传输方式。

图4-3　单播的"一对一"传输

（2）广播

广播分为二层（数据链路层或 MAC 层）广播和三层（IP 层）广播，这里指的是三层广播。广播是将数据分组发送给广播域中的所有主机，其目标地址的主机位都为 1。例如，如图 4-4 所示，对于网络地址 192.168.1.0，其广播地址为 192.168.1.255（所有主机位都为 1）。广播也可以发送给所有网络中的所有主机，例如 255.255.255.255。广播的应用非常广泛，比如 ARP 发送广播报文查找子网内某 IP 对应的 MAC 地址。

图4-4　广播的传输方式

（3）多播

多播与其他通信类型完全不同，它让加入到同一多播组的多个主机都能接收到相同的数据分组，而不是将数据分组发给广播域中的所有主机，如图 4-5 所示。我们用多播地址来代表具体的多播组，多播地址的范围为 224.0.0.0 ～ 239.255.255.255，属于 D 类 IP 地址空间。多播属于"一对多"的传输方式，现网中高带宽的业务（如 IPTV 视频业务）常采用这种路由方式，可以大大节省网络流量。

图4-5 多播的"一对多"传输

4.1.2 子网划分与路由聚合

① 子网划分与 VLSM

（1）子网划分

子网划分实际上就是将原来的两级 IP 地址转变为三级 IP 地址，原来的主机位又被细分为子网位与主机位，表示如下。

IP 地址 = {< 网络位 >，< 子网位 >，< 主机位 >}

子网的概念可以理解为：将一个大的网段划分成几个小的子网。例如，我们将一个 B 类地址（172.16.×.×）划分给了某公司，该公司内部对其进行子网划分，如图 4-6 所示。

图4-6 带子网划分的编址示例

（2）子网掩码

子网掩码是一个 32 位地址，是与 IP 地址结合使用的一种技术，主要用于区分一个 IP 地址的网络位和主机位。

子网掩码使用与 IP 地址一样的格式，是由"连 1"的二进制码和"连 0"的二进制码组成的，其中，"连 1"对应 IP 地址的网络位，"连 0"对应 IP 地址的主机位，如图 4-7 所示。子网掩码的表示方法通常有以下两种格式。

① 与 IP 地址格式相同的点分十进制。如：255.0.0.0 或 255.255.255.128。

② 在 IP 地址后加上"/"符号以及 1 ～ 32 的数字，其中 1 ～ 32 的数字表示子网掩码中"1"码的位数。如：192.168.1.1/24 的子网掩码等同于 255.255.255.0。

图 4-7　子网掩码

默认状态下，如果没有进行子网划分，A 类网络的子网掩码为 255.0.0.0，用 /8 表示；B 类网络的子网掩码为 255.255.0.0，用 /16 表示；C 类网络子网掩码为 255.255.255.0，用 /24 表示。

下面我们来看看子网掩码的应用，即判断 IP 地址属于哪一个子网。

我们可以通过子网掩码来判断两个 IP 地址是否属于同一网段，其方法是：分别将两个十进制的 IP 地址和其子网掩码转换为二进制的形式，然后二者进行二进制"与"计算（全 1 则为 1，不全 1 则为 0），如果得出的结果是相同的，那么这两台计算机就属于同一网段。

下面给出一个计算的实例：给定 IP 地址和子网掩码，要求计算该 IP 地址所处的子网的网络地址、子网的广播地址及可用 IP 地址范围，如图 4-8 所示。

图 4-8　地址计算示例

步骤 1：将 IP 地址转换为二进制表示。

步骤 2：将子网掩码也转换成二进制表示。

步骤 3：在子网掩码的 1 与 0 之间划一条竖线，竖线左边即为网络位（包括子网位）竖线右边为主机位。

步骤 4：将主机位全部置 0，网络位不变，就是子网的网络地址。

步骤 5：将主机位全部置 1，网络位不变，就是子网的广播地址。

步骤 6 ~ 7：介于子网的网络地址与广播地址之间的地址空间即为子网内可用 IP 地址范围。

步骤 8 ~ 9：将子网网络地址写全，最后转换成十进制表示形式，即 172.16.2.160/26 的子网地址为 172.16.2.128/26。

（3）VLSM

可变长子网掩码（VLSM，Variable Length Subnet Masking）由 RFC 1878 定义。VLSM 规定了如何将一个标准的网络划分为多个子网，适用于不同规模的网络需要不同大小的子网的情况。

VLSM 是在标准分类的 IP 地址的基础上，从主机号借出几位来作为网络位，也就是增加网络位的位数。各类网络可以用来再划分子网的位数为：A 类有 24 位可借，B 类有 16 位可借，C 类有 8 位可借。但实际可借的位数为：A 类有 22 位可借，B 类有 14 位可借，C 类有 6 位可借，因为 IP 地址中必须要有主机位的部分，一个子网中至少有两个可用的 IP 地址，且一般情况下主机位部分剩下 1 位是没有意义的，所以主机位占位数至少为 2。

至于借多少位合适，具体根据实际子网的需求来确定。对主机数较多的子网采用较短的子网掩码，可划分的子网数较少，但子网内可分配的 IP 地址较多；对于主机数较少的子网采用较长的子网掩码，可划分的子网数较多，但子网上可分配的 IP 地址较少。

因此，VLSM 技术的价值在于：在保证每个子网上保留足够的主机数的同时，把一个子网进一步分成多个小子网时有更高的灵活性。如果没有 VLSM，一个子网只能提供给一个网络，如果实际上网络内的主机数小于甚至远小于该子网的可用主机数，则会造成 IP 地址的浪费。另外，VLSM 是基于比特位的，而标准类的网络是基于 8 位组（1 字节）的。

下面我们来看看 VLSM 的应用，即使用 VLSM 进行子网的划分。

例如，某公司准备用 C 类网络地址 192.168.1.0/24 进行 IP 地址的子网规划。这个公司共购置了 5 台路由器，一台路由器作为企业网的网关路由器接入当地互联网服务提供商（ISP，Internet Service Provider），其他 4 台路由器连接 4 个办公点，每个办公点有 20 台主机。

从图 4-9 可以看出，需要划分 8 个子网，即 4 个办公点子网和 4 个办公点路由器与网关路由器相连的子网。其中，每个办公点网段需要 21 个 IP 地址（包括一个路由器接口），每个办公点路由器与网关路由器相连的网段需要 2 个 IP 地址，各网段内 IP 地址数目差异较大，可以采用 VLSM 技术。4 个办公点网段采用子网掩码

255.255.255.224，划出 3 个子网位，共有 5 个主机位，可以容纳最多 $2^5-2=30$ 台主机。对于 4 个办公点路由器与网关路由器相连网段，划出 6 个子网位，2 个主机位，最多有 2 个可用的 IP 地址。

图4-9   VLSM应用

2 路由聚合与 CIDR

（1）路由聚合

路由聚合也被称为路由汇聚，它是把一组路由汇聚为单条路由进行发布。其中，聚合后的路由被称为聚合路由，聚合前的路由被称为明细路由。

路由聚合的主要作用：① 可减少路由器的路由条目数，提高网络转发效率；② 当网络内部拓扑结构发生变化时，可减少任何不必要的路由更新，进而提高网络的稳定性。如果一台路由器仅向下一跳路由器发送聚合路由，那么，它就不会发布汇聚范围内所包含的具体子网的有关变化。例如，假如路由器 A 已向路由器 B 发布聚合路由 172.16.0.0/16，后来，路由器 A 检测到其中一条明细路由 172.16.1.0/24 故障，由于剩下的明细路由被聚合的结果依然为 172.16.0.0/16，因此，路由器 B 感知不到 172.16.1.0/24 网段的故障。

（2）CIDR

无类别域间路由（CIDR，Classless Inter-Domain Routing）也被称为无分类编址，由 RFC 1817 定义。CIDR 突破了传统 IP 地址的分类边界，将路由表中的若干条路由汇聚为一条路由，减少了路由表的规模，从而减少了路由器的资源占用。

下面我们来看看 CIDR 的应用，即使用 CIDR 进行路由聚合。

如图 4-10 所示，一个 ISP 被分配了一些 C 类网段，198.168.0.0 ～ 198.168.255.0。该 ISP 准备把这些 C 类网段分配给各个用户群，目前已经分配了 3 个 C 类网段给用户。如果不采用 CIDR 技术，ISP 的路由器的路由表中会有 3 条下连网段的路由条目，并且会把它们通告给互联网上的路由器。如果采用 CIDR 技术，可在 ISP 的路由器上把 3 个网段 198.168.1.0、198.168.2.0、198.168.3.0 汇聚成一条路由 198.168.0.0/16。这样 ISP 路由器只需要向互联网通告 198.168.0.0/16 这一条路由，大大减少了路由表的数目。

图4-10　CIDR应用

下面我们来看看网段的方法。

路由聚合实际上比较简单，可利用与子网划分完全相同的方法（只是方向恰好相反）将多个小网段聚合为一个大网段。

路由聚合的计算步骤如下。

步骤1：将各子网地址的网段转换成二进制。

步骤2：比较二进制位，即从第 1 位开始进行比较，将从开始不相同的位到末尾位填充为 0。由此得到的地址为聚合后的网段的网络地址，其网络位为连续的、相同的比特位数。

例如，我们需要将以下 4 个网络进行路由聚合。

172.18.129.0/24

172.18.130.0/24

172.18.132.0/24

172.18.133.0/24

将上述 4 个网络的网段地址改写成二进制并进行比较，如图 4-11 所示。这 4 组数的前 21（8+8+5）位相同，则网络位为 21。而 10000000 的十进制数是 128，所以聚合路由为 172.18.128.0/21。

```
172.18.129.0/24=10101100 00010010 10000 001 00000000
172.18.130.0/24=10101100 00010010 10000 010 00000000
172.18.132.0/24=10101100 00010010 10000 100 00000000
172.18.133.0/24=10101100 00010010 10000 101 00000000
               10101100 00010010 10000 000 0000000=172.18.128.0 （地址）
               11111111 11111111 11111 000 0000000=255.255.248.0 （掩码）
```

图4-11　路由聚合的计算方法

4.1.3 ICMPv4 的应用

网络控制报文协议（ICMPv4，Internet Control Message Protocol Version 4）由 RFC 7922 定义，用来在 IPv4 网络设备间传递发送控制报文，传递差错、查询等信息。它对收集各种网络信息、诊断和排除网络故障具有至关重要的作用。

1 ICMPv4 报文结构及分类

ICMPv4 属于网络层的协议，其报文结构如图 4-12 所示。

从图 4-12 可以看到，ICMPv4 消息封装在 IP 报文中。当 IP 报头中的协议字段值为 1 时，就说明这是一个 ICMPv4 报文。

ICMP 的报文可以分为两类：错误通知报文和信息查询报文。

图 4-12　ICMPv4报文结构

（1）错误通知报文：这类报文用于向发送方设备反馈所发生的错误信息。错误报文通常与数据分组的结构或内容有关，或者与数据分组选择路由过程中网络遇到的问题有关。

（2）信息查询报文：这是一些用来支持设备之间交换信息，实现特定 IP 相关特性及执行测试的报文。这类报文不用来指示错误，一般也不会因响应常规数据的传输而被发送，它们之所以产生有可能是因为受到了应用程序的调用，也可能是因为需要定期向其他设备提供信息。

所有 ICMPv4 报文都是由 Type(类型)和 Code(代码)的组合来表示的。RFC 定义了 15 种类型。ICMPv4 报文由 Type 来表达它的大概意义，需要传递细小的信息时由 Code 来分类，表 4-2 中列举了常见的 ICMPv4 报文。

表 4-2　常见的 ICMPv4 报文类型

类型	代码	描述	种类
0	0	回显应答（Ping 应答），与回送请求成对被 Ping 命令使用	信息查询
3	0	网络不可达	错误通知
	1	主机不可达	
	2	协议不可达	
	3	端口不可达	
	4	需要分片，但设置了不分片比特	
5	1	对主机重定向	错误通知
8	0	请求回显（Ping 请求），与回显应答成对被 Ping 命令使用	信息查询
11	0	传输期间生存时间（TTL）变为 0，被 Traceroute 命令利用	错误通知

❷ ICMPv4 典型应用

ICMPv4 协议应用有很多，包含路径 MTU 探索、改变路由、源点抑制、Ping 命令、Traceroute 命令、端口扫描等，下面介绍常见的 ICMPv4 典型应用。

（1）Ping 命令

Ping 命令用来测试与指定机器是否连通，以及测试数据分组往复所需要的时间。为了实现这个功能，Ping 命令使用了两种 ICMPv4 报文，如图 4-13 所示。

图4-13　Ping命令执行原理

① 计算机 A 向目标服务器发送"请求回显"。

计算机 A 向目标服务器发出"请求回显"的 ICMPv4 报文（类型是 8，代码是 0）。报文中的标识符和序号用来唯一识别各个 ICMPv4 报文，选项用来调整 Ping 数据分组的大小。

② 目标服务器向计算机 A 发送"回显应答"。

目标服务器收到计算机 A 发送的"请求回显"后，会向其发送"回显应答"的 ICMPv4 报文（类型是 0，代码是 0）。

③ 计算机 A 根据测试情况，显示测试结果。

计算机 A 可通过是否收到"回显应答"报文来确认与目标服务器的通信状态。进一步地，记住发送"请求回显"报文的时间，与接收到"回显应答"报文的时间进行比较，就能计算出报文往返所需要的时间。进而将目标服务器的 IP 地址、数据分组大小、往复的时间显示到屏幕上。

（2）Traceroute 命令

为了测试到通信服务器的具体路径信息，使用 Traceroute 命令。Traceroute 命令执行原理如图 4-14 所示。

① 计算机向目标服务器发送"请求回显"。在计算机上执行 Traceroute 命令后，计算机会向目的服务器发送"请求回显"的 ICMPv4 报文（类型是 8，代码是 0），

与 Ping 发出的报文类似。但不同的是，会将 IP 首部的 TTL（生存时间）字段设为 1。

图 4-14　Traceroute 命令执行原理

② 途经路由器用超时报文来通知计算机。路由器每转发一次数据分组就将 TTL 的值减 1。当数据分组达到路由器 A 时，TTL 变为 0，因此，路由器会丢弃这个数据分组，并向计算机发送 ICMPv4 超时报文（类型是 11，代码是 0）。

③ 计算机收到针对第一个数据分组的 ICMPv4 超时报文后，再次发送"请求回显"的 ICMPv4 报文，该报文中 TTL 加 1（TTL=2）。第二次发出的"请求回显"报文通过路由器 A 后，TTL 变为 1，到达路由器 B 时 TTL 变为 0，路由器 B 也会将该分组丢弃，并返回 ICMPv4 超时报文。

④ 之后，计算机收到 ICMPv4 超时报文后，再次将 ICMPv4 请求报文的 TTL 加 1 并发出，重复同样的工作。

⑤ 目标服务器回应。如此逐次增加 TTL 的值，某个时候 ICMPv4"请求回显"报文将到达最终的目标服务器。这时，目标服务器与途经的路由器不同，不返回 ICMPv4 超时报文，而是返回 ICMPv4"回显应答"报文（类型是 0，代码是 0）。此时，计算机知道测试工作已经执行到了目标服务器，就结束了 Traceroute 命令的执行。这样，通过列出途经路由器返回的错误，就能知道构成到目标服务器途经的所有路由器的信息了。

4.1.4　ARP 工作原理

在以太网中，当一台设备要向另一台设备发送数据时，需要知道对方的 IP 地址。但仅知道 IP 地址是不够的，还需要将 IP 报文封装成帧才可以通过物理网络进行数据发送。而数据帧又需要知道 MAC 地址，所以还需要获取对端设备的 MAC 地址。这里通过已知的 IP 地址获取 MAC 地址的工作是由 ARP 来完成的。地址解析协议（ARP，Address Resolution Protocol）是在 RFC 826 中定义的。

① ARP 映射方式

ARP 映射是指 IP 地址和 MAC 地址的对应关系，一般以 ARP 缓存表的形式存储在设备中。当知道某设备的 IP 地址但不知道其 MAC 地址时，就可以通过查 ARP 表找出对应的 MAC 地址。根据 ARP 缓存表形成的方式不同，我们将 ARP 映射分为静态映射和动态映射。

（1）静态映射

静态映射即通过手动建立 IP 地址和 MAC 地址的映射关系，该映射关系不会被老化，也不会被动态映射覆盖。

（2）动态映射

动态映射指设备自动获取某 IP 地址和物理 MAC 地址的映射关系，该映射关系有一定的生命周期，会被老化。

② ARP 动态映射流程

ARP 动态映射能够通过目的 IP 地址自动发现其对应的 MAC 地址，在这个过程中，会用到 ARP 请求和 ARP 响应两种报文。

（1）ARP 请求

任何时候，当计算机需要找出这个网络中的另一个计算机的物理地址时，它就可以发送一个 ARP 请求报文，这个报文包含了发送方的 MAC 地址和 IP 地址以及接收方的 IP 地址。因为发送方不知道接收方的物理地址，所以这个请求报文的目的 MAC 地址为广播地址，以广播的方式被交换机转发，如图 4-15 所示。

图4-15 ARP请求（广播）

（2）ARP 响应

局域网中的每一台计算机都会接收并处理 ARP 请求报文，然后进行验证，查看接收方的 IP 地址是不是自己的地址，只有验证成功的计算机才会返回一个 ARP 响应报文，这个响应报文包含接收方的 IP 地址和 MAC 地址。响应方利用收到的 ARP 请求报文中的请求方 MAC 地址，以单播的方式直接发送给 ARP 请求报文的请求方，如图 4-16 所示。

图4-16　ARP响应（单播）

4.1.5　DHCP 工作原理

随着网络规模的不断扩大和网络复杂度的提高，计算机的数量经常超过可供分配的 IP 地址数量。同时随着便携计算机及无线网络的广泛使用，计算机的位置也经常发生变化，相应的 IP 地址也必须经常更新，从而导致网络配置越来越复杂。动态主机配置协议（DHCP，Dynamic Host Configuration Protocol）就是为解决这些问题而发展起来的。

DHCP 采用客户端 / 服务器的通信模式，由客户端向服务器提出申请，服务器返回为客户端分配的 IP 地址等相应的配置信息，以实现 IP 地址等信息的动态配置。

在 DHCP 的典型应用中，一般包含一台 DHCP 服务器和多台客户端（如 PC 便携机），如图 4-17 所示。

图4-17　DHCP应用场景

当 DHCP 客户端和 DHCP 服务器处于不同网段时，客户端可以通过 DHCP 中继（DHCP Relay）与服务器通信，获取 IP 地址及其他配置信息，如图 4-18 所示。

图4-18　DHCP中继应用场景

① **DHCP 报文种类**

DHCP 包含 8 种报文，分别是 DHCP-DISCOVER、DHCP-OFFER、DHCP-REQUEST、DHCP-ACK、DHCP-NAK、DHCP-RELEASE、DHCP-DECLINE 和 DHCP-INFORM，具体含义如表 4-3 所示。

表 4-3　DHCP 8 种报文类型

报文类型	主要功能
DHCP-DISCOVER	由 DHCP 客户端以广播方式发送，用来查找网络中可用的 DHCP 服务器
DHCP-OFFER	DHCP 服务器用来响应客户端的 DHCP-DISCOVER 请求，并为客户端指定相应的配置参数
DHCP-REQUEST	DHCP 客户端以广播方式发送给 DHCP 服务器，用来请求配置参数或续借租期
DHCP-ACK	DHCP 服务器通知客户端可以使用分配的 IP 地址和配置参数
DHCP-NAK	DHCP 服务器通知客户端地址请求不正确或者租期已过，续租失败
DHCP-RELEASE	DHCP 客户端主动向 DHCP 服务器发送，告知服务器该客户端不再需要分配 IP 地址
DHCP-DECLINE	DHCP 客户端如果发现地址冲突或由于其他原因导致地址不能使用，则发送 DHCP-DECLINE 报文，通知服务器所分配的 IP 地址不可用
DHCP-INFORM	DHCP 客户端已有 IP 地址，用它来向服务器请求其他配置参数

② **DHCP 的 IP 地址分配**

（1）IP 地址分配策略

针对客户端的不同需求，DHCP 提供以下 3 种 IP 地址分配策略。

① 手工分配地址：由管理员为少数特定客户端静态绑定。将客户端的 MAC 地址与某个 IP 地址绑定。服务器根据客户端 MAC 地址寻找到对应的固定 IP 地址分配给客户端。

② 自动分配地址：为首次连接到网络的某些主机分配固定 IP 地址，该地址将长期由该主机使用。

③ 动态分配地址：以"租借"的方式将某个 IP 地址分配给客户端主机，到达使用期限后，客户端需要重新申请地址。绝大多数客户端主机得到的是这种动态分配

的地址。

（2）IP 地址动态分配过程

如图 4-19 所示，DHCP 客户端从 DHCP 服务器动态获取 IP 地址，主要通过以下 4 个阶段进行。

图4-19　DHCP动态分配IP地址过程

① 发现阶段，即 DHCP 客户端寻找 DHCP 服务器的阶段。客户端以广播方式发送 DHCP-DISCOVER 报文。

② 提供阶段，即 DHCP 服务器提供 IP 地址的阶段。DHCP 服务器接收到客户端的 DHCP-DISCOVER 报文后，根据 IP 地址分配的优先次序选出一个 IP 地址，与其他参数一起通过 DHCP-OFFER 报文发送给客户端。

③ 选择阶段，即 DHCP 客户端选择 IP 地址的阶段。如果有多台 DHCP 服务器向该客户端发来 DHCP-OFFER 报文，客户端只接受第一个收到的 DHCP-OFFER 报文，然后以广播方式发送 DHCP-REQUEST 报文，该报文中包含 DHCP 服务器在 DHCP-OFFER 报文中分配的 IP 地址。

④ 确认阶段，即 DHCP 服务器确认 IP 地址的阶段。DHCP 服务器收到 DHCP 客户端发来的 DHCP-REQUEST 报文后会进行如下操作：如果确认将地址分配给该客户端，则返回 DHCP-ACK 报文；否则返回 DHCP-NAK 报文，表明地址不能分配给该客户端。

客户端收到服务器返回的 DHCP-ACK 确认报文后，会以广播的方式发送免费 ARP 报文，探测是否有主机使用服务器分配的 IP 地址，如果在规定的时间内没有收到回应，客户端才使用此地址；否则，客户端会发送 DHCP-DECLINE 报文给 DHCP 服务器，并重新申请 IP 地址。

❸ DHCP Relay 介绍

在 DHCP Relay 的应用中，DHCP Relay 设备会代理 DHCP 客户端和 DHCP 服务器之间的 DHCP 报文交互。其报文交互过程如图 4-20 所示。

图4-20　DHCP Relay原理

① 发现阶段，DHCP 客户端以广播方式发送 DHCP-DISCOVER 报文来寻找 DHCP 服务器，因本地网络中没有 DHCP 服务器，故与本地网络相连的具有 DHCP Relay 功能的网络设备收到广播报文后，将其修改为转发给指定 DHCP 服务器的单播报文。

② 提供阶段，DHCP 服务器接收到 DHCP Relay 转发过来的单播 DHCP-DISCOVER 报文后，从 IP 地址池中挑选一个尚未分配的 IP 地址，并将 DHCP-OFFER 单播报文发送给 DHCP Relay 设备。DHCP Relay 设备将该 DHCP-OFFER 单播报文修改为广播报文发送到本地网络中，进而 DHCP 客户端可以收到 DHCP-OFFER 报文。

③ 选择阶段，DHCP 客户端以广播方式向 DHCP 服务器回应 DHCP-REQUEST 报文，中间再次经过 DHCP Relay 设备将该报文转为单播报文，发送给指定的 DHCP 服务器。

④ 确认阶段，DHCP 服务器回应 DHCP-ACK 确认报文，单播发给 DHCP Relay，DHCP Relay 设备再将其修改为广播报文发送到本地网络中，DHCP 客户端收到后便可获得 IP 地址。

4.1.6　IPv6 地址

随着互联网、物联网技术的快速发展，越来越多的终端需要接入网络，但现行 IPv4 协议地址资源的有限性，严重制约了互联网的应用和发展。IPv6（Internet Protocol Version 6）是 IETF 设计的用于替代 IPv4 协议的下一代 IP（网际互连协议），IPv6 有 2^{128} 个地址。使用 IPv6 几乎可以为全世界的每一粒沙子编址。

相比 IPv4，IPv6 不仅地址充足，在管理上也更加方便，同时不容易被截获和篡改，更具安全性，能适应万物互联时代的网络需求。因此，IPv4 向 IPv6 升级势在必行。

原来的 IPv4 使用点分十进制来表示，而 IPv6 由于地址太长，后来采用十六进制来表示。

IPv6 将整个地址分为 8 段，每段之间用冒号"："隔开，每段的长度为 16 位，表示如下。

XXXX：XXXX：XXXX：XXXXX：XXXXX：XXXXX：XXXXX：XXXXX。

我们有以下 2 种 IPv6 地址的表示方法。

（1）完整格式

完整格式的表示方法就是将 IPv6 地址中 32 个字符（一个字符是一个十六进制数）完整地写出来，比如下面就是一些 IPv6 地址的完整格式的表示形式。

2001:0410:0000:1234:FB00:1400:5000:45FF

3ffe:0000:0000:1010:2a2a:0000:0000:0001

从上面 IPv6 地址的完整格式表示中可以看出，每一个地址都将 32 个字符全部写了出来，即使地址中有多个 0，或有多个 F，也不能省略。

（2）压缩格式

一个完整的 IPv6 地址中会经常性地出现多个 0。而我们知道，许多时候，0 是毫无意义的，那么就考虑能否将不影响地址结果的 0 省略不写，这样就可以大大节省时间，也方便人们阅读和书写。这种将地址省略 0 的表示方法被称为压缩格式。压缩格式的表示分 3 种情况。

第一种情况。

在 IPv6 中，地址分为 8 段，每段共 4 个字符，但是一个完整的 IPv6 地址会经常发生整个段 4 个字符全部都为 0 的情况，所以我们将其用双冒号 "::" 来表示。如果连续多个段全都为 0，那么也可以将多个段都使用双冒号 "::" 来表示。

例 1：压缩前：0000:0000:0000:0000:0000:0000:0000:0000

　　　压缩后：::

当计算机收到这个压缩后的地址，发现比正常的 128 位少了 128 位，计算机就会试图在 "::" 的地方补上缺少的 128 个 0（32 个十六进制数）。

例 2：压缩前：0000:0000:0000:0000:0000:0000:0000:0001

　　　压缩后：::0001

当计算机收到这个压缩后的地址，发现比正常的 128 位少了 112 位，计算机就会试图在 "::" 的地方补上缺少的 112 个 0（28 个十六进制数）。

例 3：压缩前：3ffe:0000:0000:0000:1010:2a2a:0000:0001

　　　压缩后：3ffe::1010:2a2a::0001

当计算机收到这个压缩后的地址，发现比正常的 128 位少了 64 位，计算机就会试图在 "::" 的地方补上缺少的 64 个 0，但是我们可以看到，压缩后的地址有两个 "::"，而计算机要补上 64 个 0，所以这时补充的结果很可能是以下几种。

3ffe:0000:1010:2a2a: 0000:0000:0000:0001

3ffe:0000:00001010:2a2a::0000:0000:0001

3ffe:0000:0000:0000:1010:2a2a:0000:0001

从上面的例子可以发现，一个 IPv6 地址被压缩后，如果地址中出现两个或多个“::”，计算机在将地址还原成完整格式时，就可能出现多种情况，这将导致计算机还原后的地址不是压缩之前的地址，将导致地址错误，最终通信失败。所以在例 3 中，压缩格式是不正确的。

因此，在压缩 IPv6 地址时，一个地址中只能出现一个“::”。在例 3 中，正确的压缩格式为“3ffe::1010:2a2a:0000:0001”或“3ffe:0000:0000:0000:1010:2a2a::1”。

第二种情况。

在表示 IPv6 地址时，允许将一个段中前导部分的 0 省略不写，因为不影响结果。但是需要注意的是，如果 0 不是前导 0，比如 2001，我们就不能省略 0 写成 21，因为 21 不等于 2001，所以不能省略中间的 0，只能省略最前面的 0。

例 4：压缩前：2001:0410:0000:1234:FB00:1400:5000:45FF

压缩后：2001:410:0:1234:FB00:1400:5000:45FF

第三种情况。

在前面两种压缩表示方法中，第一种是在整段 4 个字符全为 0 时，才将其压缩后写为“::”，而第二种是将无意义的 0 省略不写，可以发现两种方法都能节省时间，方便阅读。第三种压缩方法就是结合前两种方法，既将整段 4 个字符全为 0 的部分写成“::”，又将无意义的 0 省略不写，就可以出现以下一些最方便的表示方法。

例 5：压缩前：2001:0410:0000:0000:FB00:1400:5000:45FF

压缩后：2001:410:: FB00:1400:5000:45FF

可以看到，结合了两种压缩格式的方法更为简便。

1. IP 地址和电话号码相比有何异同？
2. 在给定 192.168.4.0/24 中划分 5 个子网，如何配置子网掩码？每个子网最多能容纳多少台主机？

4.1.7　实训单元——网络侧的 IP 地址规划

掌握承载网的 IP 地址划分方法。

实训内容 ▶▶ ⋯⋯

1. 完成各设备 Loopback 0 接口的 IP 地址规划，要求全局唯一。
2. 完成各设备互连接口的 IP 地址规划，要求全局唯一。

实训准备 ▶▶ ⋯⋯

1. 实训环境准备
   （1）硬件：具备登录实训系统仿真软件或网络管理系统软件的计算机终端。
   （2）软件：实训系统仿真软件或网络管理系统软件。
2. 相关知识点要求
   （1）IP 地址、子网划分及子网掩码的概念。
   （2）VLSM 的概念，以及如何使用 VLSM 进行子网划分。

实训步骤 ▶▶ ⋯⋯

1. 各设备 Loopback 0 接口的 IP 地址规划。
2. 各设备互连接口的 IP 地址规划。

评定标准 ▶▶ ⋯⋯

1. 针对各设备 Loopback 0 接口的 IP 地址规划，其评定标准如下。
   （1）子网掩码满足要求。
   （2）IP 地址连续，且从核心设备开始分配。
2. 针对各设备互连接口的 IP 地址规划，其评定标准如下。
   （1）子网掩码满足要求。
   （2）两两互连的接口需要在同一网段内。
   （3）不同链路需要在不同的网段内。

实训小结 ▶▶ ⋯⋯

实训中的问题：_____

_____

_____

问题分析：＿＿＿＿＿＿＿＿＿＿＿＿＿＿＿＿＿＿＿＿＿＿＿＿＿＿＿＿＿＿

＿＿＿＿＿＿＿＿＿＿＿＿＿＿＿＿＿＿＿＿＿＿＿＿＿＿＿＿＿＿＿＿＿＿＿＿

＿＿＿＿＿＿＿＿＿＿＿＿＿＿＿＿＿＿＿＿＿＿＿＿＿＿＿＿＿＿＿＿＿＿＿＿

问题解决方案：＿＿＿＿＿＿＿＿＿＿＿＿＿＿＿＿＿＿＿＿＿＿＿＿＿＿＿＿

＿＿＿＿＿＿＿＿＿＿＿＿＿＿＿＿＿＿＿＿＿＿＿＿＿＿＿＿＿＿＿＿＿＿＿＿

＿＿＿＿＿＿＿＿＿＿＿＿＿＿＿＿＿＿＿＿＿＿＿＿＿＿＿＿＿＿＿＿＿＿＿＿

思考与拓展

1. IP 子网划分的意义是什么？
2. 10.0.0.0/24 与 10.0.0.0/25 的区别是什么？

4.1.8 实训单元——网络侧的 IP 地址配置

实训目的

掌握 Loopback 0 接口和 NNI 的 IP 地址配置方法。

实训内容

1. 完成设备 Loopback 0 接口的 IP 配置。
2. 完成 NNI 的 IP 配置。

实训准备

1. 实训环境准备
   （1）硬件：6 个承载网设备组成核心、汇聚、接入层；一台二层交换机；网络管理服务器主机、客户端主机。
   （2）软件：实训系统仿真软件或网络管理系统软件。
2. 相关知识点要求
   （1）Loopback 0 接口的 IP 配置方法及流程。
   （2）NNI 的概念、配置方法及流程。

实训步骤 ▶▶ ● ● ●

1. 设备 Loopback 0 接口的 IP 配置。
   （1）配置设备 Loopback 0 接口。
   （2）激活配置生效。
2. 基于 NNI 的 IP 配置。
   （1）配置设备互联的 NNI IP。
   （2）激活配置生效。

评定标准 ▶▶ ● ● ●

1. 针对设备 Loopback 0 的 IP 配置，其评定标准如下。
   （1）子网掩码满足要求。
   （2）IP 地址连续，且从核心设备开始分配。
2. 针对 NNI 的 IP 配置，其评定标准如下。
   （1）子网掩码满足要求。
   （2）两两互联的接口需要在同一网段内。
   （3）不同链路需要在不同的网段内。
   （4）对互联的 NNI IP 进行 Ping 测试，测试结果正常。

实训小结 ▶▶ ● ● ● :

实训中的问题：＿＿＿＿＿＿＿＿＿＿＿＿＿＿＿＿＿＿＿＿＿＿＿＿＿＿
＿＿＿＿＿＿＿＿＿＿＿＿＿＿＿＿＿＿＿＿＿＿＿＿＿＿＿＿＿＿＿＿＿＿
＿＿＿＿＿＿＿＿＿＿＿＿＿＿＿＿＿＿＿＿＿＿＿＿＿＿＿＿＿＿＿＿＿＿

问题分析：＿＿＿＿＿＿＿＿＿＿＿＿＿＿＿＿＿＿＿＿＿＿＿＿＿＿＿＿＿
＿＿＿＿＿＿＿＿＿＿＿＿＿＿＿＿＿＿＿＿＿＿＿＿＿＿＿＿＿＿＿＿＿＿
＿＿＿＿＿＿＿＿＿＿＿＿＿＿＿＿＿＿＿＿＿＿＿＿＿＿＿＿＿＿＿＿＿＿

问题解决方案：＿＿＿＿＿＿＿＿＿＿＿＿＿＿＿＿＿＿＿＿＿＿＿＿＿＿＿
＿＿＿＿＿＿＿＿＿＿＿＿＿＿＿＿＿＿＿＿＿＿＿＿＿＿＿＿＿＿＿＿＿＿
＿＿＿＿＿＿＿＿＿＿＿＿＿＿＿＿＿＿＿＿＿＿＿＿＿＿＿＿＿＿＿＿＿＿

思考与拓展 ▶▶ ···

1. 除了 Loopback 0 接口之外，还可配置其他 Loopback 接口吗？
2. 如果将不同链路的接口 IP 配置在同一网段，会造成什么影响？

4.1.9 实训单元——使用 DHCP 为基站分配 IP 地址

实训目的 ▶▶ ···

掌握 DHCP 动态分配 IP 地址的方法。

实训内容 ▶▶ ···

1. 搭建 DHCP 服务器。
2. 采用 DHCP 为下挂基站分配 IP 地址。

实训准备 ▶▶ ···

1. 实训环境准备
   （1）硬件：6 个承载网设备组成核心、汇聚、接入层；一台二层交换机；网络管理服务器主机、客户端主机。
   （2）软件：实训系统仿真软件或网络管理系统软件。
2. 相关知识点要求
   （1）DHCP 的工作原理。
   （2）DHCP Relay 的应用。

实训步骤 ▶▶ ···

1. 搭建 DHCP 服务器。
   （1）配置 DHCP 服务器的 IP 地址池。
   （2）将 DHCP 地址池绑定 VLAN 接口，并启动 DHCP 服务。
2. 采用 DHCP 为下挂基站分配 IP 地址。
   （1）DHCP 全局配置。
   （2）DHCP Relay 配置。

评定标准

1. 搭建 DHCP 服务器，其评定标准如下。

   （1）DHCP 地址池包含 IP 地址段、网关、DNS、租赁期信息。

   （2）DHCP 服务器能为下挂同一局域网的 DHCP 客户端分配 IP 地址。

2. 采用 DHCP 为下挂基站分配 IP 地址，其评定标准如下。

   （1）DHCP 全局配置及 DHCP IPv4 配置完成。

   （2）下挂基站可以通过 DHCP 获取到 IP 地址。

实训小结

实训中的问题：_____

_____

_____

问题分析：_____

_____

_____

问题解决方案：_____

_____

_____

思考与拓展

1. DHCP 与 DHCP Relay 有什么异同？

2. 基站无法通过 DHCP 获取 IP 地址，可能有哪些原因？

任务 2 IP 路由基础

【任务前言】

通过学习前面的内容，我们已经了解了 IP 地址的基本知识，那么 IP 数据分组如何从源端到达目的端？用到哪些路由？路由是什么？路由表又是什么？带着这些问题，我们进入本任务的学习。

【任务描述】

为了使 5G 承载网控制面互通，在 5G 承载网中需要部署路由协议。部署路由协议前需要了解其基础知识。通过学习本任务，学员能够掌握路由分类，了解路由表相关字段含义及最优路由的选择原则。

【任务目标】

- 能够掌握路由的分类。
- 能够理解路由表各字段的含义。
- 能够掌握最优路由的选择原则。
- 能够完成 5G 承载网控制面的路由互通。

 知识储备

4.2.1 路由分类

简单地说，路由就是报文从源端到目的端的整条传输路径。根据路由的来源不同，可把路由分为三大类。

（1）直连路由：通过链路层协议发现的路由被称为直连路由（Connected 或 Direct），不需要配置。直连路由来自路由器的本地接口。当路由器接口处于活动状态，并且配置了 IP 地址时，路由器就会自动生成一条直连路由条目。

（2）静态路由：通过网络管理员手动配置的路由被称为静态路由（Static）。静态路由没有自己的路由算法，不能自动生成，纯粹依靠管理员为它们一级一级地指明下一跳路径。它不能自动适应网络拓扑的变化（不具有自动修改目的地址或下一跳路径的功能，即无法自动收敛），需要人工干预。

（3）动态路由：通过动态路由协议发现的路由被称为动态路由。每台路由器运行路由协议，这个路由协议会通过协议报文与其他路由器进行路由信息的交换，生成并维护相关的路由表。动态路由无须管理员手工对路由器上的路由表进行维护。

根据作用范围及使用的路由算法不同可对动态路由进行进一步分类，具体如下。

根据作用范围的不同，动态路由协议可分为两种，如图 4-21 所示。

（1）内部网关协议（IGP，Interior Gateway Protocol）：在一个自治系统（AS，Autonomous System）内部运行。常见的 IGP 包括路由信息协议（RIP，Routing Information Protocol）、开放式最短路径优先（OSPF，Open Shortest Path First）和 IS-IS。

（2）外部网关协议（EGP，Exterior Gateway Protocol）：运行于不同 AS 之间。目前常用的 EGP 就是边界网关协议（BGP，Border Gateway Protocol）。

AS 是一组有统一路由策略，且属于同一个组织机构（例如，各级运营商）的路由器集合。同一个 AS 的路由器可运行相同的 IGP（含静态路由），也可以运行不同 IGP（含静态路由）。一个 AS 用一个 AS ID 来标识。

图4-21　IGP路由与EGP路由说明

根据使用的路由算法不同，动态路由协议可分为以下两种。

（1）距离矢量协议（Distance-Vector Protocol）：包括 RIP 和 BGP。

（2）链路状态协议（Link-State Protocol）：包括 OSPF 和 IS-IS。

4.2.2　IP 路由转发原理

路由器转发数据分组的关键是 IP 路由表。每个路由器中都保存着路由表，表中每条路由项都指明了发送数据分组到某子网或某主机应通过路由器的哪个端口，然后就可到达该路径的下一个路由器，或者不再经过其他路由器而传送到直接相连的网络中的目的主机。

一条路由包含哪些元素呢？如图 4-22 所示。

113

```
router#show route

*** PUBLIC NET ***
[ IPV4 ROUTE TABLE ]
Codes: L - Local, C - connected, S - static, R - RIP, B - BGP
O - OSPF, IA - OSPF intra area, IE - OSPF inter area
N1 - OSPF NSSA external type 1, N2 - OSPF NSSA external type 2
E1 - OSPF external type 1, E2 - OSPF external type 2
i - IS-IS, Li1 - IS-IS level-1 internal, Li2 - IS-IS level-2 internal
Le1 - IS-IS level-1 external, Le2 - IS-IS level-2 external
un - unknown, * - candidate default, ^ - best.
--------  -------------       ----  -----   --------        ----------        ------------
P         D                   AD    COST    NH-VRF          NH-ADDR           INTF
--------  -------------       ----  -----   --------        ----------        ------------
i Li2^    10.45.1.0/24        115   2240    -               100.3.14.2        flexe-tunnel1
L^        100.2.1.1/32        0     10      -               0.0.0.0           loopback0
i Li2^    100.2.1.6/32        115   2231    -               100.3.14.2        flexe-tunnel1
i Li2^    100.2.1.6/32        115   0       -               100.3.12.2        flexe-tunnel2
C^        100.3.12.0/30       0     10      -               0.0.0.0           flexe-tunnel2
L^        100.3.12.1/32       0     10      -               0.0.0.0           flexe-tunnel2
C^        100.3.14.0/30       0     10      -               0.0.0.0           flexe-tunnel1
L^        100.3.14.1/32       0     10      -               0.0.0.0           flexe-tunnel1
i Li2^    100.3.23.0/30       115   40      -               100.3.12.2        flexe-tunnel2
```

图4-22 IP路由表示例

（1）目的地址（含掩码）：又被称为目的网段，表示此路由的目的地址。用来标识 IP 数据分组的目的地址或目的网络，如图 4-22 所示的 "10.45.1.0/24"。

（2）路由协议类型：表示此条路由的来源，例如静态路由、直连路由和各种动态路由协议等。如图 4-22 所示，"c" 是 connected 的缩写，代表直连路由；"i" 为 IS-IS 的缩写。注意，"l" 是 "local" 的缩写，但不是一种路由类型，此处仅表示本地接口 IP 地址。

（3）管理距离（AD，Administrative Distance）：标识路由来源（路由协议类型）的可信度，AD 值越低表示路由条目越可信。如图 4-22 所示，IS-IS 的 AD 值为 115，直连路由的 AD 值为 0。

（4）开销（Cost）：又被称为度量值（Metric），当到达同一目的地的多条路由具有相同的管理距离时，开销值最小的将成为当前的最优路由。不同的路由协议使用不同的开销，如距离矢量类协议用 "距离"（跳数）作为度量，而链路状态类协议的开销，一般与链路带宽成反比。

（5）下一跳地址：表示此路由的下一跳 IP 地址。指明转发路径中的下一个三层设备。

（6）出接口：表示本设备将从这个接口转发出 IP 数据分组，出接口可以是物理接口，也可以是逻辑接口（如图 4-22 所示的 flexe-tunnel 和 loopback 0 接口）。

图 4-22 中，第一条路由的目的地址为 "10.45.1.0/24"，协议类型为 "IS-IS"，管理距离为 "115"，度量值为 "2240"，下一跳地址为 "100.3.14.2"，出接口为 "flexe-tunnel1"。

从图 4-22 可以发现，路由表中包含多种元素，那么当有多条路由到达同一目的地时，路由器需要选择最优路由进行数据转发。对于最优路由的选择，应基于哪些准则呢？

（1）最长匹配原则

当数据分组到达路由器，路由器在查询 IP 路由表时，会依据最长匹配的原则进行匹配。如图 4-23 所示，目的 IP 地址为 "10.45.1.3" 的数据分组经过该路由器时，这两条路由都可以匹配到，但是路由器会以第二条作为最优路由。因为第二条路由条目的掩码更长，表明该路由条目更精确。

```
router#show route

*** PUBLIC NET ***

[ IPV4 ROUTE TABLE ]
Codes: L - Local, C - connected, S - static, R - RIP, B - BGP
O - OSPF, IA - OSPF intra area, IE - OSPF inter area
N1 - OSPF NSSA external type 1, N2 - OSPF NSSA external type 2
E1 - OSPF external type 1, E2 - OSPF external type 2
i - IS-IS, Li1 - IS-IS level-1 internal, Li2 - IS-IS level-2 internal
Le1 - IS-IS level-1 external, Le2 - IS-IS level-2 external
un - unknown, * - candidate default, ^ - best.
--------------------------------------------------------------------------------------------------
P      D             AD    COST    NH-VRF          NH-ADDR            INTF
i Li2^  10.45.1.0/24  115   2240    -               100.3.14.2         flexe-tunnel1
O IE    10.45.1.0/29  110   10      -               100.3.24.2         flexe-tunnel2
```

图4-23　掩码最长原则

（2）路由的管理距离

如图 4-24 所示，R1 到 R6 有两条路径：第一条路径为 R1 → R2 → R3 → R6，配置 IS-IS 路由协议；第二路径为 R1 → R4 → R5 → R3 → R6，配置静态路由协议。虽然上面的路径经过的节点数更少，但是因为 IS-IS 的管理距离大于静态路由，所以 R1 路由器会选择下面这条路径，将 R4 作为去往 R6 的下一跳。

图4-24　路由的管理距离

（3）路由的度量值

如果全网采用同一种路由协议，或者路由器无法通过管理距离来判断最优路由，那么，路由器就会使用开销来计算最优路由。对于链路状态协议，路由表里的开销等于各链路（接口）开销之和。接口开销采用默认值，或通过带宽自动计算的数值，或由人工指定的数值。

如图 4-25 所示，路由器 R1 到达 10.10.1.0/24 网段有两条路径，即两条路由，假设其管理距离相同。每条路径的开销是各段链路的 Metric 之和，R1 → R2 → R4 的开销为 5，而 R1 → R3 → R4 的开销为 10。开销越小，路由越优，所以路由器 R1 会选 R1 → R2 → R4 为最优路由。

图4-25　路由的度量值

1. 路由器工作在 OSI 模型的哪一层？

2. 关于静态路由以下说法不正确的是（　　）。

　　A. 静态路由通过手工配置，没有复杂的路由协议。

　　B. 静态路由不需要路由器之间交互协议报文，不会占用带宽，安全性也比较高。

　　C. 静态路由协议不能适应拓扑的变化，在链路中断时，需要手工重新配置路由条目。

　　D. 静态路由对路由器 CPU 和内存资源占用较少，在复杂的大规模网络中要尽可能地使用静态路由。

4.2.3　实训单元——控制器的静态路由配置

通过配置静态路由深入理解 IP 路由的基础知识，并掌握在控制器上配置静态路由的方法。

1. 分析并配置控制器到各承载网网元的静态路由。

2. 验证路由的正确性。

1. 实训环境准备

　　（1）硬件：6 个承载网设备组成核心、汇聚、接入层；一台二层交换机；网络管理服务器主机、客户端主机。

　　（2）软件：实训系统仿真软件或网络管理系统软件。

2. 相关知识点要求

　　（1）IP 地址、子网划分及子网掩码的概念。

　　（2）路由的分类。

　　（3）静态路由及路由表的相关知识。

实训步骤 ▶▶ ···

1. 了解实验环境。
2. 查询、整理相关 IP，分析静态路由。
3. 在控制器上，利用 Windows 命令行添加静态路由。
4. 检查控制器路由表。
5. 通过 Ping 命令检查控制器与直连网元的连接结果。

评定标准 ▶▶ ···

控制器可 Ping 通直连设备 Loopback 0 IP，但还无法 Ping 通非直连的网元。并且控制器路由表中的静态路由正确、完整。

实训小结 ▶▶ ···

实训中的问题：_____

_____

_____

问题分析：_____

_____

_____

问题解决方案：_____

_____

_____

思考与拓展 ▶▶ ···

为什么控制器只能 Ping 通直连设备，而无法 Ping 通其他网元？

4.2.4 实训单元——网元的静态路由配置

掌握在网元设备上配置静态路由的方法。

1. 分析并配置各网元到控制器的静态路由。
2. 验证路由配置的正确性。

实训准备

1. 实训环境准备
   （1）硬件：6 个承载网设备组成核心、汇聚、接入层；一台二层交换机；网络管理服务器主机、客户端主机。
   （2）软件：实训系统仿真软件或网络管理系统软件。
2. 相关知识点要求
   （1）IP 地址、子网划分及子网掩码的概念。
   （2）路由的分类。
   （3）静态路由及路由表的相关知识。

实训步骤

1. 了解实验环境。
2. 在网元上配置静态路由。
3. 检查网元的 IP 路由表。
4. 通过 Ping 命令检查控制器与各网元的连通性。

评定标准

完成静态路由配置，控制器可以 Ping 通所有网元的 Loopback 0 IP。

实训小结 ▶▶

实训中的问题：_____

_____

_____

问题分析：_____

_____

_____

问题解决方案：_____

_____

_____

思考与拓展 ▶▶

如图 4-26 所示，如何在 NE2 上配置静态路由，使 NE2 在访问控制器时选择路径 NE2 → NE1 → NE3？

图4-26　NE2静态路由配置

任务 3　IS-IS 路由协议

【任务前言】

通过前面的学习，我们知道"动态路由"比"静态路由"更灵活，更适合复杂的网络。在 5G 承载网中，我们选择 IS-IS 作为控制面的路由协议。那么 IS-IS 协议如何计算路由并得到路由表？在 5G 承载网中，如何部署 IS-IS 协议？带着这些问题，我们进入本任务的学习。

【任务描述】

通过学习 IS-IS 路由协议的基本概念和工作原理，掌握 IS-IS 路由协议的特点。根据 5G 承载网的需求和规划，合理部署 IS-IS 协议。

【任务目标】

- 能够掌握 IS-IS 协议的区域、进程等基本概念。
- 能够理解 IS-IS 协议的工作原理。
- 能够掌握 5G 承载网中 IS-IS 协议的部署方案。

 知识储备

4.3.1　IS-IS 的基本概念

❶ IS-IS 的基本术语

中间系统到中间系统（IS-IS，Intermediate System-to-Intermediate System）最初是 ISO 为 OSI 网络中的无连接网络协议（CLNP，Connection Less Network Protocol）设计的一种动态路由协议。随着 TCP/IP 的流行，为了提供对 IP 路由的支持，IETF 在 RFC 1195 中对 IS-IS 进行了扩充和修改，使其能够同时应用在 TCP/IP 和 OSI 的网络环境中。

按照前面介经过的动态路由协议分类，IS-IS 属于链路状态路由协议，也属于 IGP。

要理解 IS-IS 协议的工作原理，首先要理解以下几个基本术语。

（1）中间系统（IS，Intermediate System）：IS 是指运行 IS-IS 协议的路由器设备。

（2）路由域：运行 IS-IS 协议的路由器的集合。

（3）区域（Area）：Area 是 IS-IS 路由域的细分单元，是由一组连续的路由器和连接它们的链路组成的实体。IS-IS 允许将整个路由域划分为多个区域，不同区域使用 Area ID 标识。Area ID 相同的路由器一般在物理位置上是连续的，因此可以认为 Area ID 是 IS 的物理位置的标识。

（4）链路状态 PDU（LSP，Link State PDU）：用于交换链路状态信息。网络中每台路由器都会产生带有自己 System ID 的 LSP 报文，通过泛洪（Flooding）机制扩散自己的 LSP。

（5）泛洪（Flooding）：LSP 报文的"泛洪"是指一个路由器向相邻路由器报告自己的 LSP 后，相邻路由器再将同样的 LSP 报文传送到除发送该 LSP 的路由器外的其他邻居，并这样逐级将 LSP 传送到整个层次内（解释见后面的内容）的一种方式。

（6）链路状态数据库（LSDB，Link State DataBase）：通过这种"泛洪"，整个层次（解释见后面的内容）内的每一个路由器就都可以拥有相同的 LSP 信息，并保持 LSDB 的同步。IS-IS 路由器根据各个区域的 LSDB，通过最短路径优先（SPF，Shortest Path First）算法计算生成自己的 IS-IS 路由表。

（7）网络类型：IS-IS 支持两种类型的网络，根据链路封装的链路层协议的不同可分为广播链路（Broadcast），如 Ethernet、Token-Ring 等；点到点链路（P2P，Point to Point），如 PPP、HDLC 等。网络类型不同，IS-IS 路由器建立邻居关系和扩散 LSP 的方式也不同。

（8）TLV（Type/Length/Value）：IS-IS 是一个高度可扩展的协议，它使用 TLV 编址的形式来通告信息。只需要增加新的 TLV 类型，就可以为 IS-IS 添加新特性，这也是 5G 承载网选择 IS-IS 路由协议的一个重要原因。TLV 由 3 个部分组成。Type，类型字段，表示 PDU 类型，不同的 IS-IS PDU 使用不同的类型；Length，长度字段，表示 Value 字段的长度；Value，数值字段，表示实际承载的 PDU 内容。

② IS-IS 区域划分

为了支持大规模的路由网络，IS-IS 在自治系统内采用骨干区域与非骨干区域的两级分层结构。非骨干区域只能与骨干区域直接互连，非骨干区域之间不能直接连接，骨干区域不能被分割。值得注意的是，在一个 IS-IS 路由域中，可以有多个非骨干区域，不同非骨干区域的 Area ID 不同，即一个非骨干区域是一个物理区域，但是只能有一个骨干区域，内部路由器的 Area ID 可能不同。

因此，按照分层结构，区域分为两层：Level-1 区域为非骨干区域，Level-2 为骨干区域。

IS-IS 路由器被分成了 3 类：Level-1（简称 L1，第一层路由器）、Level-2（简称 L2，第二层路由器）和 Level-1/2（简称 L1/2，两种类型）。Level-1/2 路由器同时具有 Level-1 和 Level-2 的功能。一般来说，将 Level-1 路由器部署在非骨干区域内，Level-2 路由器部署在骨干区域（非骨干区域之间），Level-1/2 路由器部署在 Level-1 和 Level-2 路由器的中间。

一个 Level-1 区域由 Area ID 相同、物理上连续的 Level-1 和 Level-1/2 路由器组成。Level-2 区域由物理上连续的 Level-1/2 和 Level-2 路由器组成。

如图 4-27 所示，整个 IS-IS 路由域包含 4 个物理区域，其 Area ID 分别为 49.0001、49.0002、49.0003 及 49.0004。整个 Level-2 区域不仅包括 49.0004 区域内的所有 L2 路由器，还包括其他区域的 Level-1/2 路由器。49.0001、49.0002、49.0003 由 L1 和 L1/2 路由器组成。图 4-27 中虚线圈出的"Backbone"即骨干区域，也就是 Level-2 区域，实线圈出的为 Level-1 区域。

图4-27　IS-IS拓扑结构（1）

图 4-28 所示为 IS-IS 的另外一种拓扑结构图。在这个拓扑中，L2 路由器分属不同区域，其 Area ID 分别为 49.0002 和 49.0004。此时 IS-IS 的 Level-2 区域由所有物理连续的 L1/2 路由器和 L2 路由器构成。

通过以上两种拓扑结构，我们可以发现在 IS-IS 协议中，每个路由器都只属于一个区域，区域的边界是链路，而不是路由器。另外，如果只有单个区域，则没有骨干与非骨干的分层概念。

图4-28 IS-IS拓扑结构（2）

❸ IS-IS 路由器类型

在 IS-IS 拓扑结构中，我们提到了 L1、L2 及 L1/2 路由器的定义，接下来介绍这 3 种 IS-IS 路由器的特性。

L1 路由器负责区域内的路由，L1 路由器只能与属于同一区域的 L1 和 L1/2 路由器建立 L1 邻接关系，交换链路状态信息，并维护和管理 L1 的 LSDB。L1 路由器的邻居都在同一个区域中，其 LSDB 包含本区域的其他路由器的 LSP。L1 路由器只能计算出本区域内的路由，而通过默认路由访问其他区域，将到达其他区域的报文转发到距离它最近，且在同一区域的 L1/2 路由器。

L2 路由器负责区域间的路由，可与本区域及其他区域的 L2 或 L1/2 路由器建立 L2 邻接关系，交换链路状态信息，维护一个 L2 的 LSDB，该 LSDB 包含骨干区域和非骨干区域的路由信息。所有 L2 和 L1/2 路由器组成路由域的骨干区域，负责在不同区域间进行通信。骨干区域必须是连续的。

L1/2 路由器用于区域间的连接。L1/2 路由器既可以与同一区域的 L1 路由器及其他 L1/2 路由器建立 L1 邻接关系，又可以与 L2 路由器及其他 L1/2 路由器建立 L2 邻接关系。L1 路由器必须通过 L1/2 路由器才能与其他区域的路由器通信。L1/2 路由器维护以下两个 LSDB：L1 LSDB 用于区域内路由，L2 LSDB 用于区域间路由。L1/2 路由器通常位于区域边界上，将 L1 LSDB 的内容转换到 L2 LSDB。

❹ IS-IS 的地址格式

在 IP 网络的 IS-IS 协议中，用网络实体名称（NET，Network Entity Title）地址唯一地标识一台 IS-IS 路由器。NET 地址的长度是可变的，8 ～ 20 字节，由 3 部分组成，如图 4-29 所示。

（1）区域地址（Area Address）

Area Address 是整个地址的最高字节序列，长度为 1 ～ 13 字节，即前面提到的

"Area ID"。在一个 IS-IS 路由域中，不同的区域的 Area Address 不同。Area Address
一般由运营商规划，以区分运营商、城域网和骨干网等，一般配置为 xx.yyyy 的格式，
例如 69.0001。

图4-29　IS-IS地址格式

（2）系统 ID（System ID）

System ID 是"Area Address"字段后的 6 字节。System ID 必须在整个 IS-IS 路
由域中唯一。在现网应用中，System ID 一般根据 Loopback 0 接口的 IP 地址转换得
到（只是工程建议，不是强制的）。举例如下。

Loopback 0 的 IP：192.31.231.16

将每个十进制数都扩展为 3 位。若不足 3 位，则在前面补 0，得到 192.031.231.016。
然后将扩展后的地址分为 3 个部分，每部分由 4 个字符（十六进制）组成，得到
1920.3123.1016。System ID 为 1920.3123.1016。

（3）网络选择器（NSEL，Network Selector）

NSEL 在"System ID"字段之后的 1 字节，在 IP 网络中，其值固定为"00"。根据
上述例子，我们将 3 个部分合并起来，那么 NET 表示为 69.0001.1920.3123.1016.00。

4.3.2　IS-IS 的工作原理

1 IS-IS 的邻居建立

IS-IS 是一种链路状态路由协议，邻居设备间交换的是链路状态信息。

相邻的 IS-IS 路由器首先要建立邻居关系。IS-IS 路由器周期性地向邻居路由器
（物理上直连、接口使能 IS-IS 的路由器）发送 Hello 报文来建立和维持邻居关系。

Hello 报文也被称为 IIH（IS-to-IS Hello）PDU。广播网中的 Level-1 路由器使用
Level-1 LAN IIH；广播网中的 Level-2 路由器使用 Level-2 LAN IIH；非广播网络中
则使用 P2P IIH。它们的报文格式有所不同。

按如下原则建立邻居关系。

（1）只有同一层次的相邻路由器才有可能成为邻居。

（2）对于 L1 路由器来说，区域号必须一致。

（3）链路两端 IS-IS 接口的网络类型必须一致（点对点或广播）。

（4）在同一网段（广播网络）。

❷ IS-IS 的 LSP 交互

LSP PDU 即链路状态信息 PDU，用于与其他 IS-IS 路由器交换链路状态信息。IS-IS 路由域内的所有路由器都会产生自己的 LSP，当发生以下事件时，会触发 LSP 刷新。

（1）邻居 Up 或 Down。

（2）IS-IS 相关接口 Up 或 Down。

（3）引入的 IP 路由发生变化。

（4）区域间的 IP 路由发生变化。

（5）接口被赋予新的 Metric 值。

（6）周期性更新。

在收到邻居发来的新的 LSP 后，将新的 LSP 存储到自己的 LSDB 中，并标记为 Flooding；再以泛洪的方式发送，新的 LSP 到除发送该 LSP 的邻居之外的邻居；邻居收到新的 LSP 后，再扩散到它们的邻居。最终，同一非骨干区域或者骨干区域内的路由器的 LSDB 达到同步（存储的 LSP 数量及内容一致）。

LSP 分为两种：Level-1 LSP 和 Level-2 LSP。Level-1 LSP 由 Level-1 路由器传送，Level-2 LSP 由 Level-2 路由器传送，Level-1/2 路由器则可传送以上两种 LSP。

在 LSDB 的同步过程中，还需要全时序报文（CSNP，Complete Sequence Number PDU）和部分时序报文（PSNP, Partial Sequence Number PDU）两种报文配合。

CSNP 包括 LSDB 中所有 LSP 的摘要信息，从而可以在相邻路由器间保持 LSDB 的同步。在广播网络上，由 DIS（Designated Intermediate System）定期发送 CSNP；在点到点链路上，只在第一次建立邻接关系时发送 CSNP。CSNP 分为两种：Level-1 CSNP 和 Level-2 CSNP。

因此，在广播网络中，需要在网段内选一台路由器作为 DIS。DIS 优先级数值越高，被选中的可能性就越大。如果优先级最高的路由器有多台，则其中 MAC 地址最大的路由器会被选中。DIS 的优先级有默认的数值，可人为修改。Level-1 和 Level-2 的 DIS 是分别选取的。

以广播网络为例说明 LSDB 的同步过程，如图 4-30 所示。

图4-30　广播链路的LSDB同步

如图 4-30 所示，建立起来邻居关系后，IS-IS 路由器 A 将自己的 LSP 发往多播地址（Level-1：01-80-C2-00-00-14；Level-2：01-80-C2-00-00-15）。该网段中的 DIS 会把路由器 A 的 LSP 加入 LSDB 中，并等待 CSNP 报文定时器超时并发送 CSNP 报文。该网段的某 IS-IS 路由器（路由器 A 或路由器 B）接收到 DIS 发送的 CSNP 报文后，对比自己的 LSDB 数据库，如果发现自己缺少某些 LSP，就发送 PSNP 报文向 DIS 请求缺少的 LSP。DIS 收到该 PSNP 报文请求后，发送对应的 LSP 进行 LSDB 的同步。

由此可见，PSNP 包含部分 LSDB 中的部分 LSP 的摘要信息，用于对 LSP 进行请求和确认。PSNP 分为两种：Level-1 PSNP 和 Level-2 PSNP。

❸ IS-IS 的路由计算

IS-IS 路由器将 LSDB 转换成一张带权重（开销）的有向图，这张图便是整个网络拓扑结构的真实反映。在同一个 Level-1 或 Level-2 区域内，各个路由器得到的有向图是完全相同的，如图 4-31 所示。

图4-31　带权有向图

各路由器根据带权重的有向图，用 SPF 算法计算出一棵以自己为根的最短路径树，这棵树给出了到同一层级区域内各节点的路由，从而得到本路由器的 IS-IS 协议路由表，如图 4-32 所示。"最短"指的是总开销最短，即所经过链路的开销之和加起来最小。

以路由器 A 为例，在 IS-IS 路由表中，我们列举了 4 条路由。第 1 条是路由器 A 到自己环回口 IP 地址的直连路由（1.1.1.1/32），其余 3 条是到路由器 B、路由器 C 和路由器 D 的环回口 IP 地址的 IS-IS 路由。在 IS-IS 协议中，Loopback 接口的开销默认值为 10。

目的地址	下一跳	协议	开销
1.1.1.1/32	/	直连	0
2.2.2.2/32	10.1.1.2	IS-IS	50
3.3.3.3/32	10.2.2.2	IS-IS	30
4.4.4.4/32	10.2.2.2	IS-IS	60

图4-32　SPF路由计算

4.3.3　IS-IS 的应用

1　IS-IS 的多进程

在 IS-IS 中，划分区域可以实现路由隔离，配置 IS-IS 的多进程也可以实现路由隔离，一个进程就是一个路由域。不同进程维护不同的 LSDB，彼此之间不交换路由信息，故彼此之间的网络不能互通。

以图 4-33 为例，路由器 R1、R2 和 R3 均运行 IS-IS 协议，在 R2 上配置进程 10 和进程 20。R1 连接的 192.168.1.0/24 网段不能与 R3 连接的 192.168.4.0/24 网段互通。R2 通过 GE0/2 接口学习到 192.168.1.0/24 的 IS-IS 路由后，不会将该路由通告给路由器 R3。同理，R2 通过 GE0/1 接口学习到 192.168.4.0/24 的 IS-IS 路由后，不会将该路由通告给路由器 R1。

图4-33　IS-IS多进程

路由进程号仅对本地路由器有意义，相邻路由器的进程号可以不同。在图 4-33 中，路由器 R1 的进程号可以是 10，也可以是其他数值，不需要与 R2 的进程号相同。

在 5G 承载网中，为了隔离故障、提高路由收敛速度、降低网络对设备的要求，IGP 采用分进程的部署方案。在骨干汇聚节点上配置 IGP 多进程，进程之间的路由完全隔离，互不引入，使网络被分成多个路由隔离的 IGP 网络。

如图 4-34 所示，骨干汇聚层以上的所有网元都被划分到 IS-IS 进程 1，将同一汇聚环及下带的接入环划分到同一个 IS-IS 进程，将不同汇聚环及下带的接入环部署到不同的 IS-IS 进程，进程号从 2 开始连续分配。

图4-34　IS-IS多进程应用

由于分进程已经发挥了在大规模网络中进行路由隔离的作用，因此在 5G 承载网中，所有的承载网设备均为 Level-2 路由器。

② 路由引入

路由引入又被称为路由重分发。一般情况下，不同路由协议之间不能共享各自的路由信息，当需要通过其他途径学习路由信息时，需要配置路由引入。

学习路由信息一般有 3 种途径：直连网段、静态配置和路由协议。我们可以把通过这 3 种途径学习到的路由信息引入路由协议中。例如，把直连网段引入 OSPF 中，叫作"引入直连"，把静态路由引入 OSPF 中，叫作"引入静态路由"，把 IS-IS 引入 OSPF 中，叫作"引入 IS-IS"。此外，不同的 IS-IS 进程之间也可以通过配置路由引入来共享路由。在把这些路由信息引入路由协议进程以后，这些路由信息就可以在该路由协议进程中的路由器之间进行通告了。

我们用一个简单的例子来理解"路由引入"的应用。图 4-35 所示为 5G 承载网的实训环境，各网元通过 Loopback 0 接口 IP 与管控平台通信。NE3 通过二层交换机与管控平台直连，其余设备以 NE3 为出口访问管控平台。承载网内使用 IS-IS 作为 IGP，所有网元在同一个 IS-IS 进程内。

为实现管控平台与各网元的通信，我们需要进行如下配置。

（1）在管控平台上配置静态路由，目的网段为各网元的 Loopback 0 接口 IP 的聚合路由"1.1.1.0/24"，下一跳为"10.45.1.2"。

（2）在 NE3 上，将通向管控平台的直连路由"10.45.1.0/24"引入 IS-IS 进程。随后，"10.45.1.0/24"被封装在 NE3 的 LSP 中，通过泛洪机制扩散到其余的网元。通过 LSDB 的同步和 SPF 算法，NE3 以外的网元均可以访问管控平台。

图4-35　IS-IS引入外部路由

任务习题 ▶▶

1. 如果 Loopback 0 的 IP 为 10.18.2.1，那么建议将 IS-IS 地址中的 System ID 配置为（　　）。

   A. 1000.1800.0201　　　　　　B. 0100.1800.2001

　　C. 0100.0180.2010　　　　D. 0010.0018.0021

2. 关于 L1 路由器的说法，正确的是（　　）。

　　A. L1 路由器是一个 IS-IS 骨干区域内部的路由器。

　　B. L1 路由器可以与不同区域的 L1 路由器建立邻接关系。

　　C. L1 路由器只能与属于同一区域的 L1 和 L1/2 路由器建立 L1 邻接关系。

　　D. L1 路由器能与属于同一区域的 L1、L1/2 和 L2 路由器建立 L1 或者 L2 邻接关系。

4.3.4　实训单元——IS-IS 路由配置

　　掌握 IS-IS 路由协议的配置流程和方法，掌握检测 5G 承载网 IS-IS 路由连通性的方法。

　　1. 了解 IS-IS 的部署规划。

　　2. 配置 IS-IS 路由协议。

　　3. 验证路由配置的正确性。

　　1. 实训环境准备

　　　　（1）硬件：6 个承载网设备组成核心、汇聚、接入层；一台二层交换机；网络管理服务器主机、客户端主机。

　　　　（2）软件：实训系统仿真软件或网络管理系统软件。

　　2. 相关知识点要求

　　　　（1）路由的基础知识。

　　　　（2）IS-IS 的基本概念。

　　1. 了解实训拓扑结构和整体规划。

2. 进行 IS-IS 协议配置。

3. 进行 IS-IS 接口配置。

评定标准 ▶▶ ────── •••

IS-IS 路由协议参数设置正确，任意两网元之间控制面的 IP 可以互相 Ping 通。

实训小结 ▶▶ ────── •••

实训中的问题：_____

_____

_____

问题分析：_____

_____

_____

问题解决方案：_____

_____

_____

思考与拓展 ▶▶ ────── •••

该实训完成后，控制器是否可以 Ping 通任意网元的控制平面 IP，为什么？

4.3.5　实训单元——路由重分发配置

实训目的 ▶▶ ────── •••

通过实训理解路由重分发的概念，掌握 IS-IS 路由重分发的配置方法。

实训内容 ▶▶ ────── •••

1. 配置 IS-IS 路由重分发。

2. 验证路由的正确性。

1. 实训环境准备

（1）硬件：6 个承载网设备组成核心、汇聚、接入层；一台二层交换机；网络管理服务器主机、客户端主机。

（2）软件：实训系统仿真软件或网络管理系统软件。

2. 相关知识点要求

（1）IS-IS 路由协议基础知识。

（2）IS-IS 引入外部路由的概念。

1. 了解实训拓扑结构。

2. 了解需要引入的路由信息。

3. 配置路由引入。

IS-IS 路由协议参数配置正确，控制器可以 Ping 通任意网元的 Loopback 0 接口 IP。

实训中的问题：_____

_____

_____

问题分析：_____

_____

_____

问题解决方案：_____

_____

_____

在图 4-36 所示的案例中，NE3 应该重分发什么类型的路由到 IS-IS 进程？

图4-36　路由重分发

项目5 | 5G 承载网中的隧道技术

项目简介

在承载网中，采用隧道技术完成数据分组的转发，以保证数据转发的效率和可靠性。本项目介绍 MPLS 隧道技术及 SR 隧道技术。

- 掌握 MPLS 的基本概念和原理。
- 掌握 SR 技术的基本概念及应用。
- 能够完成 PCEP 的配置。
- 能够完成 SR–TP 隧道的配置。

项目目标

项目导图

任务1 MPLS 隧道技术

【任务前言】

在前面的项目中，我们学习了 IP 的相关知识，掌握了基于 IP 路由的数据转发原理。为什么 MPLS 隧道技术会应运而生，并且被全世界的运营商广泛应用呢？MPLS 的转发机制又有什么独特之处？带着这些问题，我们进入本任务的学习。

【任务描述】

本任务主要介绍 MPLS 的基本概念和基本工作原理，使学员对隧道技术有基本的认识，为学习 SR 技术打下基础。

【任务目标】

- 能够理解 MPLS 技术的基本概念。
- 能够描述 MPLS 技术的工作原理。

 知识储备

5.1.1 MPLS 的基本概念

多协议标签交换（MPLS，Multi-Protocol Label Switching）技术最初是为了提高路由器的转发速度而提出的。因为当时的 IP 转发大多基于软件实现，在转发的每一跳都要进行一次最长匹配，导致转发速度比较慢。于是，有些厂商考虑了一种结合 IP 和 ATM 两者优势的新技术——MPLS，以采用标签交换的方式取代 IP 路由方式，提高报文转发的速率。

与传统 IP 路由方式相比，MPLS 技术在数据转发时，只有网络边缘的路由器分析 IP 报文头，而不用在每一跳都分析 IP 报文头，节省了处理时间。后来，随着 IP 转发领域技术的发展，如网络处理器和硬件转发的出现，路由查找速度已经不是阻碍网络发展的瓶颈，这使得 MPLS 在提高转发速度方面不再具备明显的优势。

但是 MPLS 支持多层标签嵌套，可灵活扩展，因此，它在虚拟专用网（VPN，Virtual Private Network）、流量工程（TE，Traffic Engineering）等方面得到广泛应用，成为近年来网络技术的热点。

MPLS 中的"Multi-Protocol"指的就是支持多种网络协议，如 IPv4、IPv6、IPX 等。"Label Switching"指的是标签交换，是以标签交换的方式替代 IP 路由转发。

值得注意的是，MPLS 并不是一种业务或者应用，而是一种隧道技术。

如图 5-1 所示，MPLS 网络又被称为 MPLS 域，由彼此相邻的、支持 MPLS 功能的路由器组成。支持 MPLS 功能的路由器被称为标签交换路由器（LSR，Label Switching Router）。图 5-1 中的所有路由器均为 LSR。

图5-1　MPLS网络典型结构

位于 MPLS 域边缘、连接其他网络的 LSR 被称为标签边缘路由器（LER，Label Edge Router）。在图 5-1 中，LSR A 和 LSR C 连接着非 MPLS 网络（如仅支持 IP 转发的网络、ATM 网络等），因此 LSR A 和 LSR C 均为 LER。

将数据分组在 MPLS 网络中经过的路径称为标签交换路径（LSP，Label Switched Path）。LSP 是一个单向路径，与数据流的方向一致。同时，LSP 也是一条隧道，在 MPLS 网络中透明传输数据分组。在图 5-1 中，数据流从 LSR A 进入 MPLS 网络，经过 LSR B 到达 LSR C，最后离开 MPLS 网络，这条路径就是一条 LSP（LSR A → LSR B → LSR C）。

虽然同样是 LER，但是 LSR A 和 LSR C 的分工不同。LSR A 作为 Ingress LER（入口 LER），是这条 LSP 的起始节点。Ingress LER 的主要功能是给报文压入标签，将原报文封装成 MPLS 报文进行转发。LSR C 作为 Egress LER（出口 LER），是这条 LSP 的末节点。Egress LER 的主要功能是弹出标签，恢复成原来的报文进行相应的转发。LSR B 是这条 LSP 的 Transit 节点（中间节点）。Transit 的主要功能是查找标签转发表，通过标签交换完成 MPLS 报文的转发。

一条 LSP 只能有一个 Ingress LER，也只能有一个 Egress LER，但是可能有 0 个、

1 个或多个 Transit 节点。在图 5-1 中，对于 LSP(LSR A → LSR D → LSR B → LSR E → LSR C)，LSR D、LSR B、LSR E 均为 Transit 节点。

为了解释 MPLS 的标签转发原理，接下来将介绍一些基本术语。

（1）FEC（Forwarding Equivalence Class）：转发等价类。FEC 是在转发过程中以等价的方式处理一组数据分组，例如目的地址前缀相同的数据分组被划分为一个 FEC。系统为每个 FEC 分配一组特定的标签，数据分组在不同的节点被赋予确定的标签，节点按照这些标签进行数据转发。在标签转发表中，FEC 表示为目的网段。

（2）上游：以指定的路由器为视角，根据数据传送的方向，所有向本路由器发送 MPLS 数据分组的路由器都可以被称为上游节点。在图 5-1 中，对于 LSP(LSR A → LSR B → LSR C)来说，LSR A 就是 LSR B 的上游节点，LSR B 就是 LSR C 的上游节点。

（3）下游：以指定的路由器为视角，根据数据传送的方向，本路由器将 MPLS 数据分组发送给下一跳路由器，下一跳路由器为下游节点。在图 5-1 中，对于 LSP(LSR A → LSR B → LSR C)，LSR B 就是 LSR A 的下游节点，LSR C 就是 LSR B 的下游节点。由上文可见，不同的 LSR 路由器对于标签的处理方式是不同的，具体有 3 种标签操作。

（4）Push：压入。当数据分组进入 MPLS 域时，Ingress LER 在报文的二层头部和三层头部（IP 头部）之间压入标签。

（5）Swap：交换。当报文在 MPLS 域内转发时，Transit 节点根据标签转发表，替换报文的标签。

（6）Pop：弹出。当报文离开 MPLS 域时，Egress LER 将报文的标签删除（或者倒数第二跳节点将 MPLS 报文的标签删除）。

5.1.2 MPLS 的头部结构

如图 5-2 所示，MPLS 标签位于 MPLS Header(MPLS 头部)中，而 MPLS Header 封装在 L2 Header（二层头部，即数据链路层头部）和 L3 Header（三层头部，即网络层头部）之间，所以 MPLS 通常被认为是 2.5 层的协议。同时，MPLS 可支持多种链路层协议，如点对点协议（PPP，Point-to-Point Protocol）、以太网、ATM 以及帧中继（FR，Frame Relay）等。

值得注意的是，在 L2 Header 和 L3 Header 之间可以插入多层 MPLS Header，因此 MPLS 报文支持携带多层标签（Label）。图 5-2 的左边仅给出了一层 MPLS Header 的例子。

如图 5-2 所示，MPLS Header 占 4 字节，可分为 4 个字段。

图5-2　MPLS帧结构

（1）标签值（Label）：占 20 比特。预留取值为 0 ～ 15 的标签，作为特殊用途。标签是只具有本地意义的标识符，用于唯一标识一个数据分组所属的 FEC。在一台路由器上，一个标签只能代表一个 FEC。

（2）业务流类型（TC，Traffic Class）：用于服务质量（QoS，Quality of Service），占 3 比特。

（3）栈底标识（S）：占 1 比特。MPLS 支持多层标签，即标签嵌套。当 S 值为"1"时，表明该层 MPLS 头部的标签为栈底标签。

（4）生存时间（TTL）：占 8 比特，和 IP 分组中的生存时间意义相同。TTL 的取值表示报文能经过的路由器的最大跳数。每经过一个路由器，TTL 值会减 1，当 TTL 为 0 时，路由器会丢弃该报文。

如图 5-2 右边所示，解封装时，先处理的是 L2 Header，随后是 MPLS Header，最后是 L3 Header。封装时，先处理的是 L3 Header，随后是 MPLS Header，最后是 L2 Header。因为每层 MPLS Header 都携带一个标签，可以认为标签以堆栈的形式排列在标签栈（Label Stack）中。

换句话说，标签栈是指标签的排序集合。最靠近 L2 Header 的标签被称为栈顶标签，对应的 S 取值为 0；最靠近 L3 Header 的标签称为栈底标签，对应的 S 取值为 1。其他 MPLS Header 中的 S 取值也为 0，即栈底标签有且仅有一个。

值得注意的是，当只有一层 MPLS Header 时，其标签即为栈底标签。

标签栈按后进先出（Last In First Out）的方式组织标签，LSR 执行标签交换时总是基于栈顶标签。每个标签都包含在完整的 32 比特组成的 MPLS Header 中。

理论上，MPLS 标签可以无限嵌套。MPLS 标签栈有着非常广泛的应用，例如利用两层标签实现 MPLS VPN 技术。内层标签用来标识 VPN（L2 VPN 或 L3 VPN），用来区分不同的客户侧业务，指示数据分组离开 MPLS 网络后所对应的客户侧设备；外层标签用来标识 LSP，指示数据分组在 M6PLS 网络内所经过的路径。

5.1.3　MPLS 的标签交换

当 LSP 沿途的路由器上都已建立了标签转发表时，标签转发表中包含 FEC 和入标签、出标签的对应关系。各节点的标签首尾相接，即组合成一条完整的 LSP。

接下来我们看数据分组是如何在 MPLS 网络中转发的（如图 5-3 所示）。

图5-3　MPLS标签交换组网示例

在图 5-3 中，LSR A、LSR B 和 LSR C 组成一个简单的 MPLS 网络。路由器 E、路由器 F 分别代表两端不支持 MPLS 的 IP 网络。路由器 E 的 "100.1.1.1" 要访问路由器 F 的 "100.2.2.2"，数据分组要经过中间的 MPLS 网络。因此，MPLS 网络为该数据分组构建一条 FEC 为 "100.2.2.2/32"，且经过 LSR A、LSR B、LSR C 的 LSP。

具体的转发过程如下。

① Ingress LER 压入标签

如图 5-4 所示，当目的 IP 为 "100.2.2.2" 的数据分组进入 MPLS 域时，Ingress 节点 LSR A 将解析数据分组的目的 IP 地址，因其所属的 FEC 为 "100.2.2.2"，所以根据标签转发表中相应的信息，在数据分组的头部压入出标签值 "1030"，然后将数据分组通过 GE0/1 接口转发到 Transit 节点 LSR B。

图5-4　Ingress LER压入标签

② Transit LSR 节点交换标签

如图 5-5 所示，Transit 节点 LSR B 接收数据分组后，将解析数据分组所携带的标签，并根据解析出来的标签查询标签转发表，根据匹配的条目进行转发。例如，查询到报文头部的标签值为"1030"，然后根据标签转发表中的相应条目（入标签为"1030"时，对应的出标签为"1031"）将数据分组头部的标签值"1030"替换为"1031"，然后将数据分组通过 GE0/1 转发到 Egress 节点 LSR C。

图5-5   Transit LSR交换标签

❸ Egress LER 节点弹出标签

Egress 节点 LSR C 收到数据分组后，将解析出标签值为"1031"，然后根据标签转发表中相应的条目（入标签为"1031"，对应的出标签为"Null"）将该标签弹出。LSR C 继续分析 IP 头部的目的 IP（100.2.2.2），在 IP 路由表中查询可匹配的目的网段，根据路由表中相应的出接口和下一跳信息将数据分组转发到路由器 F，如图 5-6 所示。如果原 MPLS 数据分组有多层标签，则 Egress 节点根据下一层标签转发数据分组。

图5-6   Egress LER弹出标签

通过上述分析可知，在 Egress 节点，标签已经没有使用价值了。在这种情况下，可以利用倒数第二跳弹出（PHP，Penultimate Hop Popping）特性，在倒数第二跳节点处将标签弹出，减轻最后一跳的负担。当倒数第二跳节点得知标签转发表中某入标签对应的出标签为"3"时，直接弹出入标签，将 MPLS 报文还原成 IP 报文。标签值"3"表示隐式空标签（Implicit-null），这个值不会出现在标签栈中，如图 5-7 所示。Egress LSR 节点直接进行 IP 转发或根据下一层标签转发。一般 LSR 默认开启 PHP 功能。

图5-7　倒数第二跳节点弹出标签

5.1.4 MPLS LSP 的建立

在 MPLS 网络中，需要先建立 LSP 隧道，这样数据分组就可以沿着隧道进行转发了。那么，LSP 隧道是如何建立的呢？LSP 隧道分为静态和动态两种类型，下面分别进行说明。

（1）静态 LSP：手工配置的 LSP，即操作人员手工为各个 FEC 分配标签而建立 LSP。手工分配标签需要遵循的原则是，前一节点出标签的值就是下一个节点入标签的值。

（2）动态 LSP：由信令协议动态分配标签从而建立的 LSP。常用的信令协议有标签分配协议（LDP，Label Distribution Protocol）、基于流量工程扩展的资源预留协议（RSVP-TE，Resource Reservation Protocol-Traffic Engineering）、BGP-4 的多协议扩展（MP-BGP，Multi-Protocol Extensions for BGP-4）等。它们负责 FEC 的分类、标签的分发，以及 LSP 的建立和维护等一系列操作。

采用动态方式建立的 LSP，标签是由下游节点分配给上游节点，且标签分配的方向与 LSP 的走向是相反的。如图 5-8 所示，对于去往目的地"100.2.2.2"的 LSP，由 LSR C 给 LSR B 分配标签，由 LSR B 给 LSR A 分配标签。

我们以 LDP 为例，了解动态 LSP 的建立过程。LDP 采用逐跳的方式建立 LSP，利用沿途各 LSR 的 IP 路由表来确定 FEC、下一跳和出接口。LDP 并不直接和各种路由协议（含静态路由）关联，只是间接使用 IP 路由表的信息。下面，我们分步骤了解 LDP 的标签分配过程。

图5-8　动态LSP的标签分配过程

如图 5-9 所示，各 LSR 运行路由协议（含静态路由），生成最优的 IP 转发路径，并将其存储于 IP 路由表中，这其中就有目的网段"100.2.2.2/32"。此处仅列出目的网段为"100.2.2.2/32"的简要路由条目。

图5-9　各LSR的IP路由表

接着各路由器运行 LDP，与相邻的 LSR 建立 LDP 的邻居关系，然后开始分配标签。各 LSR 将 IP 路由表中的目的网段、下一跳和出接口信息复制到标签转发表，其中目的网段对应 FEC。由下游 LSR 给各 FEC 分配标签，再将分配结果通知给上游 LSR。

以非 PHP 的场景为例，解释标签分配的具体过程。如图 5-10 所示，对于目的地址为"100.2.2.2/32"的 FEC，LSR C 作为 MPLS 域的 Egress LER 节点，从标签空间内随机分配一个标签（图例中为"1031"），并主动将标签和 FEC 的对应关系通过标签映射消息发给上游的 LSR B。LSR B 将标签"1031"作为标签转发表中"100.2.2.2/32"的 FEC 的出标签。LSR C 将标签"1031"作为标签转发表中"100.2.2.2/32"的 FEC 的入标签。

图5-10　标签分配过程

对于更加复杂的组网，下游为 IP 路由表中出接口所连接的 LSR，上游为非出接口方向、有 LDP 邻居关系的 LSR。对于同样的 FEC，LSR B 从标签空间内随机分配一个标签（图例中为"1030"），并主动将标签和 FEC 的对应关系通过标签映射消息发给上游 LSR A。LSR A 将标签"1030"作为标签转发表中"100.2.2.2/32"的 FEC 的出标签。LSR B 将标签"1030"作为标签转发表中"100.2.2.2/32"的 FEC 的入标签。

值得注意的是，每一个 LSR 为不同的 FEC 分配的标签也不同（不包含标签"3"的场景）。

如图 5-11 所示，对于同一个 FEC，在 LSR A → LSR B → LSR C 这条路径的沿途，由于出标签、入标签首尾相连，一条完整的 LSP 就形成了。待 LSR A 收到发送给"100.2.2.2/32"的数据分组，即可按照标签转发表的指示操作和转发标签。

图5-11　各LSR的标签转发表

1. 对于一台设备的标签转发表来说，FEC 不同，但下一跳相同，出标签（　　）。
   A. 一定不同　　　　　　　　　　　B. 一定相同
   C. 可能相同　　　　　　　　　　　D. 无法判断
2. 对于一个 MPLS 网络，只能有一个 Ingress LER 和一个 Egress LER。这个判断是（　　）。
   A. 正确的　　　　　　　　　　　　B. 错误的

5.1.5　实训单元——MPLS LSP 配置

实训目的 ▶▶

掌握 MPLS LSP 的配置方法，从而深刻理解 MPLS 标签交换的工作过程。

实训内容 ▶▶

配置 MPLS LSP，并验证配置的正确性。

实训准备 ▶▶

1. 实训环境准备
   （1）硬件：6 个承载网设备组成核心、汇聚、接入层；一台二层交换机；网络管理服务器主机、客户端主机。
   （2）软件：实训系统仿真软件或网络管理系统软件。
2. 相关知识点要求
   （1）MPLS 的基本概念。
   （2）MPLS 标签交换的技术原理。

实训步骤 ▶▶

1. 了解实训拓扑结构。
2. 配置 MPLS LSP。
3. 验证配置的正确性。

根据规划要求，完成 MPLS LSP 的配置，形成正确的标签转发表。

实训中的问题：_____

_____

_____

问题分析：_____

_____

_____

问题解决方案：_____

_____

_____

在 MPLS LSP 的配置中，入标签和出标签可否一致？

任务 2　**SR 隧道技术**

【任务前言】

　　5G 承载网采用 SR 技术建立 LSP 隧道。分段路由（SR，Segment Routing）隧道技术可基于 MPLS 的转发面，也可基于 IPv6 的转发面。本任务将介绍基于 MPLS 转发面的 SR 技术，即 SR MPLS。SR 隧道技术是什么？它是怎样转发数据分组的？相对于 MPLS 技术，SR 隧道技术又有哪些优势？带着这些问题，我们进入本任务的学习。

【任务描述】

　　本任务主要介绍承载网的 SR 隧道技术的基本概念、工作原理和配置方法，使学员了解 SR 隧道的工作过程，掌握在网络管理系统上创建 SR 隧道的方法。

【任务目标】

- 能够理解 SR 的基本概念。
- 能够理解 SR MPLS 的工作原理。
- 能够完成 SR-TP 隧道的配置。

 知识储备

5.2.1　SR MPLS 的基本概念

　　3G、4G 的移动承载网采用静态或动态的方式构建 LSP，形成数据分组的转发路径。静态 LSP 的优点是原理简单，但是须对转发路径上的所有节点下发配置，因此隧道建立和下发的效率低，路径调整须手工完成。动态 LSP 的优点是可扩展性强，但是需要先配置 IGP 或静态路由以生成 FEC、下一跳或出接口等信息，然后配置信令协议来分配标签。因此，以往的 MPLS 技术存在协议复杂、可扩展性差、部署效率低、管理困难等问题，无法满足新一代业务对网络的灵活调度、可扩展等方面的要求。

SR 隧道技术正是在此背景下产生的。SR 采用源路由机制，预先在源节点封装好一系列段标识（SID，Segment Identifier），这些 SID 指示了隧道所经过的路径。当报文经过其他节点时，这些节点根据报文的 SID 进行转发。除源节点外，其他节点无须维护路径状态。此外，SID 可以由控制器下发，也可以由扩展后的 IS-IS、OSPF 等 IGP 自动分配，这样便无须再配置 LDP、RSVP-TE 等信令协议。

因此 SR 隧道技术自诞生起，便引发了业界的广泛关注。国内外大型运营商的骨干网开始逐步引入 SR 替代 LDP、RSVP-TE 等信令协议建立 LSP。为满足 5G 灵活调度的需求，承载网引入集中控制的 SDN 控制器，由控制器收集网络拓扑、带宽利用率、时延等信息，并计算标签转发路径。

SDN 诞生十余年，其完美的理念受到信息通信技术（ICT，Information Communication Technologies）行业的追捧。其因最初的南向协议 OpenFlow 的转发流表不易扩展支持同步、QoS、保护等技术，故对于时延、可靠性和服务质量要求较高的移动承载网，SDN 是不适用的。此外，大量在网的 3G、4G 移动承载网设备不支持 SDN 的硬件或软件，且有的已经部署了分布式的控制面协议（如 IS-IS、LDP 等）。若引入 SDN，对承载网的改造成本、运维方式的转变而言，代价都是巨大的。

SR 的出现，使得 SDN 控制器在移动承载网中有了用武之地。SDN 控制器根据业务需求变化、网络资源现状，计算或调整业务的转发路径，将含路径信息的 SR 标签列表下发给源节点。

为何起名为分段路由？我们需要理解什么是段。网络拓扑由若干节点和连接这些节点的链路构成，SR 就是将网络拓扑分成许多段，这些段既可以是节点，又可以是链路。在 SR 的技术架构中，链路也被称为邻接。SR MPLS 网络上的段包括 Prefix Segment（前缀段）、Node Segment（节点段）和 Adjacency Segment（邻接段）。

Prefix Segment 用于标识网络中的某个目的地址前缀。Node Segment 是特殊的 Prefix Segment，用于标识特定的节点。Adjacency Segment 用于标识网络中的某条链路。在 SR 隧道技术的现网应用中，目前只涉及 Node Segment 和 Adjacency Segment。后面提到的 Node Segment 在支持 SR 隧道技术的路由协议报文中实际以 Prefix Segment 的形式呈现。为方便理解，后面仅出现 Node Segment 的概念，而不再出现 Prefix Segment。

SID 用来标识唯一的段。SR 可以使用 IPv6 和 MPLS 数据平面。在 SR MPLS 中，段标识映射为 MPLS 标签值。相应地，SID 也包括 Node SID（节点段标签）和 Adjacency SID（邻接段标签）。在 SR IPv6（通常被称为 SRv6）数据平面中，段标识映射为 IPv6 地址。本书仅介绍 SR MPLS。

Node SID 通常为手工配置。Node SID 通过 IGP 扩散到其他网元，全局可见，全局有效，且要求全局唯一。Node SID 在 Loopback 0 接口下配置。例如图 5-12 中的"84001""84002"分别为节点 A、节点 D 的 Node SID。所以，Node SID 代表节点的 Loopback 0 接口的 IP 地址。

图5-12　SR的Segment分类示例

段路由全局块（SRGB ，Segment Routing Global Block）表示 SR MPLS 的全局标签的范围。在实际应用中，Node SID 的值必须在 SRGB 范围内。各个节点的 SRGB 值可以相同，也可以不同，但是建议在工程中采用相同配置。

Node SID 有两种配置方式：绝对标签和相对标签。

（1）绝对标签：Node SID 值为设定的绝对标签值。如图 5-12 所示，如果在节点 A 的 Loopback 0 接口下配置绝对标签为"84001"，则在访问该接口 IP 的报文中，实际携带的 Node SID 即为"84001"。

（2）相对标签：Node SID 值为偏移量，代表 SRGB 中的唯一索引，报文中实际携带的 Node SID 为 SRGB 的起始值和配置的 Node SID 值之和。例如，如果在节点 A 的 Loopback 0 接口下配置相对标签为"100"，同时配置 SRGB 为"80001 ～ 81000"，则在访问该接口 IP 的报文中实际携带的 Node SID 即为 80001+100，即"80101"。

Adjacency SID，可由人工在控制器上静态配置，也可以由控制器或支持 SR 功能的动态路由协议自动分配，其值只在本地有效。Adjacency SID 代表本节点的某个出接口。如图 5-12 所示，节点 F 有两条邻接，Adjacency SID 分别为"16""17"，即分别代表连接节点 A、节点 G 的出接口。

在实际的承载网中，Node SID、Adjacency SID 可以单独使用，也可以组合使用。

Segment List 是段序列，是对段的有序排列，用于指示报文转发。在 SR MPLS 中，段序列是多层标签栈；在 SR IPv6 中，段序列是 IPv6 地址的堆栈。

开启 SR MPLS 功能的被称为 SR 节点，通过段序列构建的网络路径即为 LSP。其中，LSP 路径的起始节点被称为源节点，负责为进入 SR MPLS 网络的报文添加标签栈，其他节点根据栈顶标签进行转发、解封装。

5.2.2 SR MPLS 的工作原理

基于 SR 隧道技术的标签转发路径（SR LSP，Segment Routing Label Switching Path）以 SID 编码为标签，用于指导 SR 节点转发数据分组。SR LSP 包括 3 种：SR-TE、SR-TP 和 SR-BE。

① SR–TE

段路由流量工程（SR-TE，Segment Routing Traffic Engineering）主要使用 Adjacency SID，也可以使用 Node SID。在 5G 承载网的应用中，仅用到 Adjacency SID。

配置 SR-TE 隧道时，需要指定源节点和宿节点，创建 Tunnel（隧道）接口，由人工指定或控制器算出显示路径（指定路径经过的部分节点或全部节点）。SR-TE 隧道具有端到端属性。

如图 5-13 所示，控制器根据 SR-TE 隧道所经过的路径，以及路径上的邻接段标签信息，将段标签进行有序排列，组合成标签栈，下发给 SR-TE 隧道的源节点（如图 5-13 中的节点 A），就能在网络中指定一条显示路径。源节点将标签栈封装进数据分组进行转发，后续节点根据收到数据分组的栈顶邻接段标签，找到对应的出接口，然后转发数据分组。

图5–13 SR–TE工作原理

如图 5-13 所示，SR-TE 路径上的每一个节点在收到数据分组后，对段序列进行解析，删除栈顶的邻接标签，并根据该邻接标签值，将数据分组转发到相应的下一跳节点。例如节点 A，从控制器收到的标签栈是 {18，17，17}，栈顶标签是 18，18 是去往节点 F 的出接口对应的邻接标签，于是弹出标签 18，并将标签栈为 {17，17} 的数据分组发送给节点 F。

节点 F 收到数据分组后，发现栈顶标签为 17，17 是去往节点 G 的出接口对应的邻接栈标签，于是弹出标签 17，并将标签栈为 {17} 的数据分组发送给节点 G。以此类推，节点 G 发送给节点 E（宿节点）的数据分组已不含标签。虽然报文能成功到达宿节点，但是 SR-TE 的 LSP 端到端的隧道特性在 G 和 E 之间无法保留。

❷ SR-TP

段路由传输模板（SR-TP，Segment Routing Transport Profile）是在 SR-TE 的基础上增加了传输特性的分段路由技术。

与 SR-TE 不同的是，SR-TP 隧道不仅使用 Adjacency SID，还使用 Path SID。在 SR-TP 隧道中，控制器在下发给源节点的标签栈底层增加了一层 Path SID 标签，如图 5-14 所示。这样，最后一跳节点收到的数据分组有一层 Path SID 标签，使得 SR-TP 隧道是端到端、面向连接的路径，有利于部署 QoS、OAM 等功能。

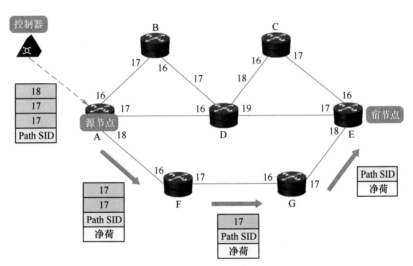

图5-14　SR-TP工作原理

SR-TP 隧道标签栈的深度受限于业界的芯片水平，当 SR-TP 隧道经过的链路过多时，可通过标签 Binding（粘连）机制减小标签栈的深度。此时，可人工配置 Binding 节点并分配 Binding 标签，并将相关配置下发给源节点和 Binding 节点。

如图 5-15 所示，源节点生成 SR-TP 隧道标签转发路径时，仅需压入源节点至 Binding 节点的邻接段标签栈和 Binding 标签。数据分组转发到达 Binding 节点时，通过识别 Binding 标签翻译出 Binding 节点至宿节点之间的标签栈。在图 5-15 中，节点 D 为 Binding 节点，如果发现收到数据分组的栈顶标签为 Binding 标签（此处不详细地给出具体取值），则将 Binding 标签翻译成标签栈 {18，17}。节点 D 按照新的标签栈封装数据分组，由于栈顶标签 18 对应的是连接节点 C 的出接口，于是弹出标签 18，将数据分组转发给节点 C。

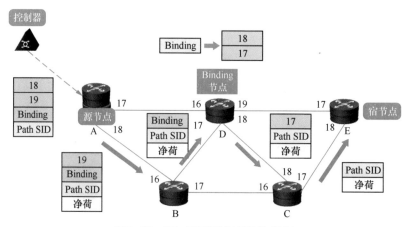

图5-15　SR-TP隧道标签粘连机制

　　SR-TP 隧道和 SR-TE 隧道一样具有端到端的属性，因此为了保证数据转发的可靠性，我们在创建 SR-TP 隧道时，通常会部署 SR-TP 1∶1 保护。SR-TP 1∶1 保护是一种网内的、同源同宿的隧道保护技术。SR-TP OAM 提供 SR-TP 隧道连通性检测和性能监控功能，在检测到缺陷或故障时迅速触发 SR-TP 1∶1 保护倒换。

　　如图 5-16 所示，在节点 A 和节点 F 之间配置带 SR-TP 1∶1 保护的隧道。隧道是在指定的源节点和宿节点之间透明传输数据流的逻辑通道。在 MPLS 的数据平面中，隧道由源节点和宿节点之间正、反方向的 LSP 组成。A→B→C→F 为 SR-TP 的主用路径（正方向、反方向各有一条 LSP），A→D→E→F 为 SR-TP 的备用路径（正方向、反方向各有一条 LSP）。

图5-16　SR-TP 1∶1保护

　　节点 A 和节点 F 向彼此周期性地发送连续性检测 / 连通性校验（CC/CV，Continuity Check/ Connectivity Verification）OAM。当主用路径上有中间节点或中间链路故障时，节点 A 和节点 F 由于收不到对方发送的 CC/CV OAM，因此能判断主用路径出现故障，上报虚通道连接确认信号丢失（VP_LOC，Virtual Path_ Lost of Connectivity）告警，并在备用路径上发送自动保护倒换（APS，Automatic Protection Switching）OAM 给对端，协商双向倒换，即节点 A 和节点 F 都将业务流量切换到备用路径。

③ SR–BE

段路由尽力而为（SR-BE，Segment Routing Best Effort）隧道是基于 Node SID 生成的、使用 IGP 动态建立的、通过 SPF 算法计算得到的 LSP。OSPF 和 IS-IS 协议经过扩展均能支持 SR。在 IGP 的配置中完成 SRGB、Node SID 等参数的配置。

各节点运行 IGP，通过 IGP 将设备的节点标签（Node SID）、SRGB 等信息扩散到 SR 域内的其他节点。此后各节点使用 IGP 收集的拓扑信息，根据最短路径算法计算标签转发路径，并将计算的下一跳及出标签信息下发到标签转发表，指导数据分组的转发。

可见，SR-BE LSP 的创建过程和数据转发方式与 LDP LSP 类似。这种 LSP 不存在隧道接口，因此不具备端到端的属性。

源节点根据目的地址，为数据分组添加一层指向目的节点的节点标签，根据最优路由对数据分组进行转发。

如图 5-17 所示，SR-BE 路径上的每一个节点在收到数据分组后，对段序列进行解析，根据节点标签值，查找标签转发表，将数据分组转发到相应的下一跳节点。数据分组在到达目的地后，其头部封装的节点标签值被删除。节点 A 根据 IGP 的链路开销值之和最小的原则，计算出到节点 E 的最优路径为 A → F → G → E。

图5-17　SR–BE工作原理

5.2.3　PCEP 原理及应用

设备采用路径计算单元通信协议（PCEP，Path Computation Element Communication Protocol）向控制器请求 SR-TP/SR-TE 隧道算路，控制器将集中计算的 SR-TP/SR-TE 隧道算路结果通过 PCEP 下发给设备。

PCEP 采用服务器 / 客户端的架构。其中，PCE 是路径计算单元，是 PCEP 的

Server（服务器）端。PCE 能够基于网络拓扑、带宽资源等信息计算网络路径。PCE 是控制器的一个软件功能。

路径计算客户端（PCC）是 PCEP 的客户（Client）端。PCC 是向 PCE 请求路径计算的客户端或应用程序。在承载网中，PCC 为每一条 SR-TP 隧道的源节点设备。承载网中的每个设备都有可能成为 SR-TP 隧道的源节点，因此在实际部署中，每个设备都配置为 PCC。

PCC 通过 Loopback 0 接口的 IP 地址与 PCE 进行通信。PCE 通过管控平台的控制面网卡的 IP 地址与 PCC 进行通信。

PCEP 交互包括 PCC 向 PCE 发送 LSP 状态报告（PCRpt 消息），以及 PCE 向 PCC 发送 LSP 更新请求（PCRud 消息）。

PCEP 面向连接、效率高，所有需要部署 SR-TP 的设备均要与控制器建立 PCEP 连接，如图 5-18 所示。

图5-18　PCEP连接

5.2.4　SR MPLS 的应用场景

在 5G 承载网中，SR-TP 隧道用于承载 5G 的南北向（基站与核心网之间）业务，SR-TP 隧道需启用 OAM 检测并配置 SR-TP 1∶1 保护。Path SID 和邻接段标签由控制器自动分配。如图 5-19 所示，接入点与骨干汇聚节点之间建立 SR-TP 隧道，骨干汇聚节点与核心节点之间建立 SR-TP 隧道。

SR-TP 的显示路径可以由人工配置，也可以由控制器根据拓扑、带宽、时延等资源信息通过 PCEP 计算出来。对于第一种情况，PCEP 仅用于下发标签栈。对于第二种情况，PCEP 既用于算路，又用于下发标签栈，控制器是如何了解承载网的这些资源信息的呢？ BGP-LS 协议解答了这个问题。

图5-19　5G承载网SR隧道应用

BGP 链路状态（BGP-LS, Border Gateway Protocol Link-State）是对 BGP 的扩展，用于将 IGP 收集的链路状态信息上报给 SDN 控制器。在承载网中，选择骨干汇聚节点、核心节点与控制器建立 BGP-LS 的逻辑连接。

SR-BE 隧道用于承载 5G 东西向（基站到基站之间）业务。在全网各网元使能 IS-IS 协议和拓扑无关无环路备份（TI-LFA, Topology-Independent Loop-free Alternate）保护后，同一个 IS-IS 域内的各节点之间通过扩展的 IS-IS 协议自动生成 SR-BE 隧道。各节点的 SRGB 一致，采用相对标签的方式配置 Node SID, Node SID 的取值在省内或地市范围内唯一。在 5G 承载网设备上使能了 TI-LFA 功能后，SR-BE 隧道自动生成 TI-LFA 备份路径，当某处链路或节点故障时，流量会快速切换到备份路径继续转发，从而最大限度避免流量的丢失。

SR-TP 隧道在 SR-TE 隧道基础上增加一层（　　）实现端到端的隧道标识，实现 OAM。

　　A. Path SID
　　B. Binding SID
　　C. Node SID
　　D. Adjacency SID

5.2.5　实训单元——PCEP 配置

理解 PCEP 的功能，掌握 PCEP 的配置方法。

在网元上配置 PCEP，使网元和控制器能建立 PCEP 会话。

1. 实训环境准备
   （1）硬件：6 个承载网设备组成核心、汇聚、接入层；一台二层交换机；网络管理服务器主机、客户端主机。
   （2）软件：实训系统仿真软件或网络管理系统软件。
2. 相关知识点要求
   路由协议基础知识、PECP 的基本原理、SR-TP 隧道的工作原理。

1. 配置 PCE 的 IP。
2. 配置 PCC 的 IP。
3. 打通 PCE 与 PCC 的路由。
4. 验证 PCEP 状态。

PCEP 配置完成，通过底层命令查看状态，PCEP 会话的状态是正常的。

实训中的问题：_____

_____

_____

问题分析：_____

_____

_____

问题解决方案：_____

1. PCEP 正常通信的前提是什么？
2. 建立 SR-BE 隧道是否需要部署 PCEP？

5.2.6　实训单元——SR MPLS 隧道配置

实训目的 ▶▶

掌握 SR MPLS 隧道的配置方法，从而深刻理解 SR 的技术理念。

实训内容 ▶▶

配置 SR MPLS 隧道，并验证配置的正确性。

实训准备 ▶▶

1. 实训环境准备
   （1）硬件：具备登录实训系统仿真软件的计算机终端。
   （2）软件：实训系统仿真软件。
2. 相关知识点要求
   （1）SR MPLS 的段标签的概念。
   （2）SR MPLS 各种场景的工作原理。

实训步骤 ▶▶

1. 配置段标签。
2. 配置 SR MPLS 隧道。
3. 验证配置的正确性。

评定标准 ▶▶

1. 能显示出段标签值。

2. 能 Ping 通配置的 SR MPLS 隧道。

实训小结 ▶▶ ────── •••

实训中的问题 :＿＿＿＿＿＿＿＿＿＿＿＿＿＿＿＿＿＿＿＿＿
＿＿＿＿＿＿＿＿＿＿＿＿＿＿＿＿＿＿＿＿＿＿＿＿＿＿＿＿＿
＿＿＿＿＿＿＿＿＿＿＿＿＿＿＿＿＿＿＿＿＿＿＿＿＿＿＿＿＿

问题分析 :＿＿＿＿＿＿＿＿＿＿＿＿＿＿＿＿＿＿＿＿＿＿＿＿
＿＿＿＿＿＿＿＿＿＿＿＿＿＿＿＿＿＿＿＿＿＿＿＿＿＿＿＿＿
＿＿＿＿＿＿＿＿＿＿＿＿＿＿＿＿＿＿＿＿＿＿＿＿＿＿＿＿＿

问题解决方案 :＿＿＿＿＿＿＿＿＿＿＿＿＿＿＿＿＿＿＿＿＿＿
＿＿＿＿＿＿＿＿＿＿＿＿＿＿＿＿＿＿＿＿＿＿＿＿＿＿＿＿＿
＿＿＿＿＿＿＿＿＿＿＿＿＿＿＿＿＿＿＿＿＿＿＿＿＿＿＿＿＿

思考与拓展 ▶▶ ────── •••

SR MPLS 隧道的配置与 MPLS LSP 的配置有什么不同？

项目解析 ▶▶ ────── •••

项目6　　5G 承载网中的 VPN 技术

项目简介

　　MPLS 诞生之后，基于 MPLS 实现的 VPN 技术在全球运营商中得到广泛应用，从为企业内部机构互联、跨区域的自营业务提供跨专网、专线服务到移动业务的承载，从城域网到骨干网，MPLS VPN 成为承载高价值业务的首选解决方案。本项目将详细介绍 VPN 的基本原理及在承载网中的应用。

- 掌握承载网中 VPN 的相关概念。
- 掌握承载网中 VPN 的技术实现。
- 掌握承载网中 VPN 的相关应用。
- 掌握承载网中 VPN 的配置方法。

项目目标

项目导图

任务 1　MPLS VPN 技术

【任务前言】

什么是 VPN ？ VPN 能解决什么问题？ MPLS VPN 又有哪些优点？带着这些问题，我们进入本任务的学习。

【任务描述】

本任务主要介绍 VPN 的基本概念、MPLS VPN 产生的背景及组网架构，使学员对 MPLS VPN 的概念有较清晰的认知，为后续任务的学习作理论铺垫。

【任务目标】

- 能够理解 VPN 的基本概念。
- 能够理解 MPLS VPN 的组网架构。

 知识储备

6.1.1　VPN 技术概述

如图 6-1 所示，虚拟专用网（VPN，Virtual Private Network）是一种逻辑上的专用网络，通过在现有 IP 网络上模拟传统专网，提供企业办事处与总部之间、办事处之间、出差员工与总部之间等场景的通信功能，满足企业对网络的灵活性、安全性、经济性、扩展性等方面的需求。

图6-1　VPN概述

VPN 具备以下两个基本特征。

（1）专用（Private）。通常情况下，VPN 资源只被网络中该 VPN 的用户所使用，非该 VPN 的用户不会占用 VPN 资源。另外，VPN 能够提供足够的安全保护，保证 VPN 的内部信息不受外部侵扰。

（2）虚拟（Virtual）。VPN 内部用户之间的通信通道是构筑于公用网络中的逻辑隧道，所以实质上，VPN 内部用户之间还是通过公用网络进行通信的，而这个公用网络的资源也可以被其他非 VPN 用户所使用，所以 VPN 用户获得的只是一个逻辑意义上的专用网络。这里的公用网络也被称为 VPN 骨干网（VPN Backbone），主要由运营商建立。

VPN 的基本原理是利用隧道技术把 VPN 报文封装在隧道中，利用 VPN 骨干网建立专用的数据传输通道，实现报文的透明传输。VPN 的隧道可以是 MPLS 的 LSP，也可以由通用路由封装（GRE，Generic Routing Encapsulaion）等协议构建。

6.1.2　MPLS VPN 概述

传统的基于 ATM 或帧中继（Frame Relay）的 VPN 技术应用随着 IP 网络的大规模部署及 ATM 的衰落已逐渐退出舞台，而在 IP 网络上实现 VPN 业务被认为是一种经济高效的方式，并且随着 MPLS 技术的出现，基于 MPLS 的 VPN 技术发展迅速，在解决企业互联和提供各种新业务方面，MPLS VPN 越来越被运营商看好，当前已成为运营商在 IP 网络中提供增值业务的重要手段。

在 MPLS VPN 中，网络设备被划分为 CE、PE、P 这 3 个角色，如图 6-2 所示。

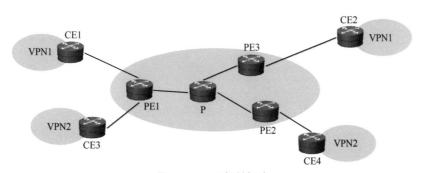

图6-2　VPN相关概念

（1）用户网络边缘（CE，Customer Edge）设备：接口直接与 ISP 相连。CE 可以是路由器或交换机，也可以是一台主机。CE "感知"不到 VPN 的存在，也不必支持 MPLS。

（2）服务提供商边缘（PE，Provider Edge）路由器：与用户的 CE 设备直接相连。在 MPLS VPN 中，对 VPN 的所有处理都发生在 PE 上。

（3）服务提供商（P，Provider）路由器：P 路由器不与 CE 设备直接相连，且只需要具备基本的 MPLS 转发能力。

MPLS VPN 根据 PE 设备是否参与 VPN 的路由处理又细分为 MPLS L2VPN 和 MPLS L3VPN。

对于 MPLS L2VPN 方案，运营商的 PE 设备和 CE 设备之间不进行路由交换。从用户的角度看，运营商提供了一个简单的二层连接，即 MPLS L2VPN 用于处于同一网段 CE 设备间的通信。

MPLS L3VPN 使用类似传统路由的方式进行 IP 数据分组的转发，在 PE 路由器接收到 IP 数据分组以后，通过在 VPN 路由表中基于 IP 数据分组的目的地址去匹配对应的转发表项，然后使用预先建立的 LSP 进行 IP 数据分组跨 VPN 骨干网的传送。从客户的角度看，运营商提供了一个三层网络，即 MPLS L3VPN 用于处于不同网段 CE 设备间的通信。

任务习题 ▶▶ ────── • • •

1. 解释 MPLS VPN 网络架构中的 3 个角色。
2. 解释 MPLS L2VPN 和 MPLS L3VPN 的区别。

任务 2　MPLS L2VPN 技术

【任务前言】

对于承载网中的 MPLS L2VPN 技术，主要应用有哪些？实现方式又有哪些？带着这些问题，我们进入本任务的学习。

【任务描述】

本任务主要介绍承载网中 MPLS L2VPN 技术的概念、优势及应用，使学员熟悉 MPLS L2VPN 的相关知识，并具备基本的部署能力。

【任务目标】

- 能够描述 MPLS L2VPN 的基本概念。
- 能够描述 MPLS L2VPN 的实现方式。
- 能够描述 MPLS L2VPN 的报文转发。
- 能够描述 MPLS L2VPN 的相关应用。
- 能够完成 MPLS L2VPN 的业务配置。

 知识储备

6.2.1　MPLS L2VPN 的基本架构

MPLS L2VPN（Layer 2 Virtual Private Network）即在 MPLS 网络上透明传输用户二层数据，从用户的角度来看，MPLS L2VPN 是一个二层交换网络，可以在不同节点间建立二层连接。

MPLS L2VPN 的基本架构可以分为 AC、PW 和 Tunnel 3 个部分，如图 6-3 所示。

（1）接入电路（AC，Attachment Circuit）。AC 是一条连接 CE 和 PE 的独立的链路。AC 接口可以是物理接口或逻辑接口。AC 属性包括封装类型、最大传输单元（MTU，Maximum Transmission Unit）及特定链路类型的接口参数。

图6-3　MPLS L2VPN基本架构

（2）伪线（PW，Pseudo Wire）：又被称为虚电路（VC，Virtual Circuit）。这里指在两个 PE 节点之间的一种逻辑连接，且 PW 与 AC 接口有绑定关系。

（3）隧道（Tunnel）。隧道用于标记业务转发路径，透明传送用户数据。

6.2.2　MPLS L2VPN 的报文转发

MPLS L2VPN 通过标签栈实现用户报文在 MPLS 网络中的透明传送。标签栈内各标签的含义如下。

（1）外层标签（称为 Tunnel 标签）：用于将报文从一个 PE 传递到另一个 PE。

（2）内层标签（称为 PW 标签）：用于区分不同 VPN 中的不同连接，接收方 PE 根据 PW 标签决定将报文转发给哪个 CE。

MPLS L2VPN 转发过程中的报文标签栈变化如图 6-4 所示。

图6-4　MPLS L2VPN报文转发

基本数据流走向（以 CE1 到 CE2 为例，CE3 到 CE4 与之相似）如下。

（1）CE1 上送用户的二层报文，通过 AC 链路接入 PE1。

（2）PE1 接收到 CE1 发送的二层用户报文后，根据 PE1 与 CE1 之间的 AC 所绑定的 PW 为报文封装 PW 标签（PW_1），并查找对应的公网隧道，再为其封装 Tunnel 标签（T_1）后将报文转发给 P 设备。

（3）P 设备根据外层的 Tunnel 标签（T_1），查找标签转发表，将 T_1 替换为 T_2，再将报文转发给 PE2。

（4）PE2 从公网隧道接收到报文后，根据 PW 标签（PW_1）判断报文所属的 PW。PE2 弹出 Tunnel 标签（T_2）和 PW 标签（PW_1），还原二层用户报文后，将其转发给与该 PW 绑定的 AC，即转发给 CE2。

6.2.3　MPLS L2VPN 的分类

L2VPN 标准主要来自 IETF 的 L2VPN 工作组，主要集中在虚拟专线业务（VPWS, Virtual Private Wire Service）和虚拟专网业务（VPLS, Virtual Private LAN Service）两方面。

VPWS 向用户提供私有的虚拟二层链路，能够支持几乎所有的链路层协议，主要用于接入层和汇聚层。使用 VPWS，用户的 CE 设备之间看起来就像是通过一个 P2P 的二层线路直接互连，如图 6-5 所示。PE 根据 UNI 端口与 PW 的对应关系完成数据帧从 UNI 向 NNI 或从 NNI 向 UNI 的转发，从而实现 CE1 和 CE2 之间的数据转发。

图6-5　P2P业务模型

VPLS 本质上是一种基于 IP/MPLS 和以太网技术的 L2VPN 技术，通过 MPLS 网络提供透明传输的 LAN 服务，实现广域（WAN）范围的多点到多点（MP2MP, Multi-Point to Multi-Point）的 LAN 互联，即局域网仿真（Emulated LAN）。在 VPLS 中，MPLS 骨干网被模拟成一个 Ethernet 交换机。这样尽管各个 CE 设备看起来可能相隔了几百甚至几千千米，但是都像是接入了一个巨大的交换机。而每个 PE 面向 CE 的接口，就像是一个交换机的端口，如图 6-6 所示。PE 学习数据帧的源 MAC 地址形成 VPLS 的 MAC 地址表，并基于目的 MAC 转发 CE 之间的数据帧。

将 VPWS 和 VPLS 结合使用，可以实现一点对多点（P2MP, Point to Multi-Point）的业务模型，如图 6-7 所示。配置 VPLS 的 PE（PE1）为根节点，配置 VPWS 的 PE（PE2 和 PE3）为叶子节点。根节点侧的 CE（CE1）可以和所有叶子节点侧的 CE（CE2 和 CE3）通信，但是叶子节点侧的 CE 之间的通信是被隔离的，即 CE2 不能和 CE3 通信，所以这是一点对多点的通信模型。根节点根据 MAC 地址和 VLAN

Tag（标签）转发 CE 之间的数据帧，而叶子节点仅根据 UNI 端口与 PW 的对应关系，完成数据帧从 UNI 向 NNI 或从 NNI 向 UNI 的转发。

图6-6　MP2MP业务模型

图6-7　P2MP业务模型

6.2.4　MPLS L2VPN 的业务应用

根据组网形式和业务类型，L2VPN 业务可分为以太网 E-Line、E-LAN、E-Tree 3 种业务模型。

① E-Line 业务

E-Line 业务是拓扑上点到点（P2P）的一种业务形态，属于 VPWS 方式的 MPLS L2VPN，提供虚拟的专线业务。

　　E-Line 业务的组网形式如图 6-8 所示，当 Site1 和 Site2 需要进行通信时，可以配置 PW1 承载的用户侧到网络侧的 E-line 业务。用户侧接入的业务被封装到 PW 中，然后由 Tunnel 承载（Tunnel 在图中省略）。在 PE1 和 PE2 上，由于 UNI 与 PW1 绑定，业务报文可以在 UNI 和 PW1 之间双向转发。

图6-8　E-Line业务的组网形式

❷ E-LAN 业务

　　E-LAN 业务是拓扑上多点到多点的一种业务形态，属于 VPLS 方式的 MPLS L2VPN。用户在设备上创建一个 E-LAN 业务后，设备就会为该 E-LAN 业务创建一个虚拟交换实例（VSI，Virtual Switch Instance）。通过 VSI，可以将接入电路（AC）映射到各条虚链路（PW）上。

　　E-LAN 业务可以分为以下两种，用户侧到用户侧的 E-LAN 业务和用户侧到网络侧的 E-LAN 业务。

　　（1）用户侧到用户侧的 E-LAN 业务

　　用户侧到用户侧的 E-LAN 业务的 VSI 叶子节点都是 UNI，在 PE 上创建用户侧到用户侧的 E-LAN 业务，实现 Site1 ～ Site3 的相互通信。如图 6-9 所示，PE1 的 3 个 UNI 均绑定了同一个 VSI（VSI 1）。这时，PE 设备上的 VSI 相当于一台二层交换机，实现对用户业务报文的转发。

　　PE1 解析报文的目的 MAC 地址和 VLAN Tag，查询 VSI（图 6-9 中的 VSI 1）的 MAC 地址表，将报文向 UNI 转发。

　　（2）用户侧到网络侧的 E-LAN 业务

图6-9　E-LAN业务应用（用户侧到用户侧）

　　用户侧到网络侧的 E-LAN 业务的组网形式如图 6-10 所示，分别在 PE1、PE2 和 PE3 上创建用户侧到网络侧的 E-LAN 业务，实现 Site1 ～ Site3 的相互通信。这时，PE1、PE2 和 PE3 设备上的 VSI 及网络侧通道相当于一台二层交换机，实现对用户业务报文的转发。

PE1、PE2 和 PE3 解析报文的目的 MAC 地址和 VLAN Tag，查询 VSI（图 6-9 中的 VSI 1）的 MAC 地址表，将报文向 UNI 或 PW 转发。

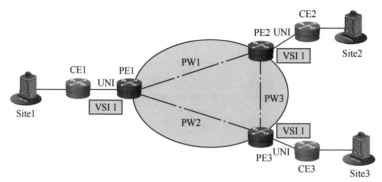

图6-10　E–LAN业务应用（用户侧到网络侧）

③ E–Tree 业务

E-Tree 业务是拓扑上一点到多点的一种业务形态，属于 VPLS 方式的 MPLS L2VPN。

E-Tree 业务与 E-LAN 业务的区别在于：

（1）E-LAN 业务组网中的各节点之间都能进行通信；

（2）E-Tree 业务组网包括一个根节点和若干个叶子节点，根节点和叶子节点之间可以通信，叶子节点之间不能通信。

E-Tree 业务的组网形式如图 6-11 所示，PE1 为根节点，PE2 与 PE3 为叶子节点。所以，Site1 可以与 Site2 通信、Site1 可以与 Site3 通信，Site2 与 Site3 之间不能通信。PE1 配置 VPLS，UNI 绑定 VSI。PE2 和 PE3 配置 VPWS。

PE1 解析报文的目的 MAC 地址和 VLAN Tag，查询 VSI（图 6-11 中的 VSI 1）的 MAC 地址表，将报文向 UNI 或 PW 转发。在 PE2 上，由于 UNI 与 PW1 绑定，业务报文可以在 UNI 和 PW1 之间双向转发。PE3 同理。

图6-11　E–Tree业务应用

1. MPLS L2VPN 的基本架构不包含（　　）。

   A. PW   B. Tunnel

   C. AC   D. P 节点

2. 解释 MPLS L2VPN 报文转发时标签的作用。

6.2.5　实训单元——P2P 的 MPLS L2VPN 配置

掌握 P2P 的 MPLS L2VPN 部署方法。

实训内容

通过配置 UNI、Tunnel、PW 和 L2VPN 业务等，完成 P2P 的 MPLS L2VPN 的配置。

实训准备

1. 实训环境准备

   （1）硬件：具备登录实训系统仿真软件或网络管理系统软件的计算机终端。

   （2）软件：实训系统仿真软件或网络管理系统软件。

2. 相关知识点要求

   （1）UNI 和 NNI 的相关概念。

   （2）Tunnel 和 PW 的相关概念。

   （3）3 种 L2VPN 业务模型的区别和应用。

实训步骤

1. 根据规划完成 UNI 配置。

2. 根据规划完成 Tunnel 配置。

3. 根据规划完成 L2VPN 业务配置。

按照规划要求，正确配置 P2P 的 MPLS L2VPN 的 UNI、内层标签、外层标签和业务路径，CE 能互相 Ping 通。

实训中的问题：_____

_____

_____

问题分析：_____

_____

_____

问题解决方案：_____

_____

_____

是否需要为 UNI 配置 IP 地址？

6.2.6　实训单元——MP2MP 的 MPLS L2VPN 配置

实训目的

掌握 MP2MP 的 MPLS L2VPN 部署方法。

实训内容

通过配置 UNI、Tunnel、PW 和 L2VPN 业务等，完成 MP2MP 的 MPLS L2VPN 的配置。

实训准备 ▶▶

1. 实训环境准备

　（1）硬件：具备登录实训系统仿真软件或网络管理系统软件的计算机终端。

　（2）软件：实训系统仿真软件或网络管理系统软件。

2. 相关知识点要求

　（1）UNI 和 NNI 的相关概念。

　（2）Tunnel 和 PW 的相关概念。

　（3）3 种 L2VPN 业务模型的区别及应用。

实训步骤 ▶▶

1. 根据规划完成 UNI 的配置。

2. 根据规划完成 Tunnel 的配置。

3. 根据规划完成 L2VPN 业务的配置。

评定标准 ▶▶

　按照规划要求，正确配置 MP2MP 的 MPLS L2VPN 的 UNI、内层标签、外层标签和业务路径，CE 能互相 Ping 通。

实训小结 ▶▶

实训中的问题：_____

　_____

　_____

问题分析：_____

　_____

　_____

问题解决方案：_____

　_____

　_____

用户侧到用户侧的 E-LAN 业务是否需要建立 Tunnel 和 PW？

6.2.7 实训单元——P2MP 的 MPLS L2VPN 配置

掌握 P2MP 的 MPLS L2VPN 部署方法。

通过配置 UNI、Tunnel、PW 和 L2VPN 业务等，完成 P2MP 的 MPLS L2VPN 的配置。

实训准备

1. 实训环境准备

（1）硬件：具备登录实训系统仿真软件或网络管理系统软件的计算机终端。

（2）软件：实训系统仿真软件或网络管理系统软件。

2. 相关知识点要求

（1）UNI 和 NNI 的相关概念。

（2）Tunnel 和 PW 的相关概念。

（3）3 种 L2VPN 业务模型的区别及应用。

实训步骤

1. 根据规划完成 UNI 的配置。

2. 根据规划完成 Tunnel 的配置。

3. 根据规划完成 L2VPN 业务的配置。

评定标准

按照规划要求，正确配置 P2MP 的 MPLS L2VPN 的 UNI、内层标签、外层标签和业务路径，CE 能互相 Ping 通。

实训小结 ▶▶ ────── ● ● ●

实训中的问题：_____

_____

_____

问题分析：_____

_____

_____

问题解决方案：_____

_____

_____

思考与拓展 ▶▶ ────── ● ● ●

P2MP 的配置与 MP2MP 的配置有什么不同？

任务 3　MPLS L3VPN 技术

【任务前言】

MPLS L3VPN 和 MPLS L2VPN 的业务转发方式有什么不同？带着这个问题，我们进入本任务的学习。

【任务描述】

本任务主要介绍 VPN 技术中的 MPLS L3VPN 基本概念及技术实现，使学员熟悉 MPLS L3VPN 的相关知识，具备基本的部署能力。

【任务目标】

- 能够描述 MPLS L3VPN 的基本概念。
- 能够描述 MPLS L3VPN 的报文转发。
- 能够描述 MPLS L3VPN 的路由通告。
- 能够完成 MPLS L3VPN 的业务配置。

 知识储备

6.3.1　MPLS L3VPN 的基本概念

MPLS L3VPN（Layer 3 Virtual Private Network）使用 BGP 在服务提供商骨干网上发布 VPN 路由，并使用 MPLS 转发 VPN 报文。

MPLS L3VPN 的组网方式灵活、可扩展性好，并能够方便地支持 MPLS QoS 和 MPLS TE（Traffic Engineering，流量工程），因此得到越来越多的应用。MPLS L3VPN 组网如图 6-12 所示。

VPN 实例（VPN-Instance）也被称为 VPN 路由转发表（VRF，VPN Routing and Forwarding Table）。在 MPLS VPN 中，不同 VPN 之间的路由隔离通过 VPN 实例实现。

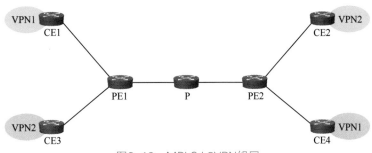

图6-12 MPLS L3VPN组网

　　PE 为每个直接相连的 CE 建立并维护专门的 VPN 实例。VPN 实例中包含对应 CE 的 VPN 成员关系和路由规则。如果一个 PE 上所连接的 CE 用户属于多个 VPN，则该 PE 的 VPN 实例中将包括所有这些 VPN 的信息。同时，PE 还包含公网路由表，也就是说，PE 上存在多个实例，包括一个公网实例和一个或多个 VPN 实例，如图6-13 所示。

图6-13 VPN实例

　　为保证 VPN 数据的独立性和安全性，PE 上每个 VPN 实例都有相对独立的路由表。VPN 实例的管理信息包括路由区分符（RD，Route Distinguisher）、路由过滤策略、成员接口列表等。

　　VPN 实例通过路由区分符实现地址空间独立，通过路由目标（RT，Route Target）属性实现 VPN 成员关系和路由规则的控制。

　　VPN 是一种私有网络，不同的 VPN 独立管理自己使用的地址范围，也将管理的地址范围称为地址空间（Address Space）。不同 VPN 的地址空间可能会在一定范围内重合，如图 6-14 所示，VPN A 和 VPN B 都使用了 10.1.5.0/24 网段的地址，发生了地址空间重叠。VPN 若采用普通地址结构，会因为地址空间的重叠导致路由接收过程出现混乱。例如，假设 VPNA（基站回传）和 VPNB（企业网）各自发布了一条去往此 10.1.5.0/24 网段的路由，因不同 VPN 的路由之间不进行负载分担，因此对端 PE 根据 BGP 选路规则只选择其中一条路由转发数据分组，从而导致去往另一个 VPN 的数据分组丢失。

图6-14　地址空间重叠

　　因此，VPN 路由需通过 RD 与 IP 地址一起构成唯一的 VPN-IPv4 地址结构来传递。RD 与 VPN 实例是一一对应的，每一个 VPN 实例都有自己的 RD，RD 在骨干网中保持唯一。PE 从 CE 接收到 IPv4 路由后，添加不同的 RD，之后转换为全局唯一的 VPN-IPv4 地址，并在公网上发布。

　　VPN-IPv4 地址结构如图 6-15 所示。

图6-15　VPN-IPv4地址结构

　　RD 有如表 6-1 所示的两种格式。

表 6-1　RD 的格式

类型	管理器子区域	分配数值字段
0	2 字节 AS 号	4 字节分配编号
1	4 字节 IP 地址	2 字节分配编号

　　（1）当 Type 为 0 时，格式为"16Bit 自治系统号 : 32Bit 用户自定义数字（例如 100 : 1）"。

　　（2）当 Type 为 1 时，格式为"32Bit IPv4 地址 : 16Bit 用户自定义数字（例如 172.1.1.1 : 1）"。

　　如图 6-16 所示，公司 A 总部用了 10.1.5.0/24 的地址段，但不能阻止公司 B 总部也用 10.1.5.0/24 地址段，此时必须使用 RD 以区分其 IP 来源。

　　使用 VPN-IPv4 地址解决了 VPN 路由在公共网络中传递时的地址空间冲突问题，但由于这已经不再是原有的 IP 地址族的地址结构，因此不能被普通的路由协议所承载。

　　MPLS L3VPN 选择通过 BGP 传递 VPN 路由。因为 BGP 与 IGP 不同，其着

眼点不在于发现和计算路由，而在于控制路由的传播和选择最佳路由。VPN 本身就是利用公共网络传递 VPN 数据，而公共网络通常已经应用 IGP 发现和计算自身的路由。构建 VPN 的关键在于控制 VPN 路由的传播，以及在两个 PE 之间选择最佳的路由。

图6-16   RD的应用

传统的 BGP-4 只能管理 IPv4 的路由信息，无法正确处理地址空间重叠的 VPN 路由。于是我们通过对 BGP 进行一定扩展，形成多协议边界网关协议（MP-BGP，Multi-Protocol BGP）。MP-BGP 向下兼容，既可以支持传统的 IPv4 地址族，又可以支持其他地址族（比如 VPN-IPv4 地址族）。使用 MP-BGP 来承载新的 VPN-IPv4 地址族，在 PE 路由器之间传播 VPN 组成信息和 VPN-IPv4 路由。MP-BGP 既确保了 VPN 的私网路由只在 VPN 内发布，又实现了 MPLS VPN 成员间的通信。

RT 属性是 BGP 的一种扩展团体属性，用来控制 VPN 路由信息的发布。

PE 路由器上的 VPN 实例有以下两类 RT 属性。

（1）Export Target：本地 PE 在将从与自己相连的 CE 学到的 VPN-IPv4 路由发布给其他 PE 之前，为这些路由设置 Export Target 属性。

（2）Import Target：PE 在接收到其他 PE 路由器发布的 VPN-IPv4 路由时，检查其 Export Target 属性，只有当此属性与 VPN 实例的 Import Target 属性匹配时，才把路由加入相应的 VPN 路由表中。

简单来说，RT 属性定义了 VPN-IPvP4 路由可以被哪些 PE 所接收，接收哪些 PE 传送来的路由。不同 PE 通过 VPN 实例里的 RT 属性实现互访与隔离。

RT 的数据格式与 RD 的数据格式相同，如表 6-1 所示。

（1）当 Type 为 0 时，格式为"16Bit 自治系统号：32Bit 用户自定义数字（例如 100：1）"。

（2）当 Type 为 1 时，格式为"32Bit IPv4 地址：16Bit 用户自定义数字（例如 172.1.1.1：1）"。

在两侧 PE 上，只有当同一个 VPN 的 VRF 实例中的 Import Target 和 Export Target 是交叉匹配的，才能学习到对端的路由。如图 6-17 所示，PE1 的 VPN1 的 Import Target（100 : 1）等于 PE2 的 VPN1 的 Export Target（100 : 1），PE1 的 VPN1 的 Export Target（100 : 2）等于 PE2 的 VPN1 的 Import Target（100 : 2），所以 CE1 和 CE4 能交换路由并相互通信。PE1 的 VPN2 的 Import Target（200 : 1）等于 PE2 的 VPN2 的 Export Target（200 : 1），PE1 的 VPN2 的 Export Target（200 : 2）等于 PE2 的 VPN2 的 Import Target（200 : 2），所以 CE2 和 CE3 能交换路由并相互通信。

图6-17　RT的应用

在每个 PE 上，因为 VPN1 和 VPN2 的 RT 配置不同，并且 VPN 实例与不同的 UNI 绑定，所以 VPN 间的路由能相互隔离。

6.3.2　MPLS L3VPN 的工作原理

在 MPLS L3VPN 应用中（不包括跨域的情况），VPN 报文转发采用两层标签。

（1）外层标签：在 MPLS L3VPN 中，一般是指 LSP（或 Tunnel）标签。数据在骨干网内部进行交换时，外层标签指示数据从本端 PE 到对端 PE 的一条 LSP 路径。VPN 报文可沿此 LSP 到达对端 PE。

（2）内层标签：在 MPLS L3VPN 中，指 VRF 标签。数据从对端 PE 到达 CE 时，内层标签指示报文应被送到哪个 CE 且可以找到转发报文的出接口。

报文的转发如图 6-18 所示。

（1）用户 A 发出一个目的地址为 1.1.1.2 的 IP 报文，由 CE1 将报文发送至 PE1。

（2）PE1 根据报文到达的接口及目的地址查找 VPN 路由表，匹配后将报文转发出去，同时打上内层标签（VRF 标签）和外层标签（LSP 标签 1）。

图6-18　MPLS L3VPN报文转发

（3）MPLS 网络的 P1 和 P2 节点利用报文的外层标签进行标签交换，将报文传送到 PE2。

（4）PE2 先剥离外层标签（LSP 标签 3），然后根据内层标签和目的地址查找 VPN 路由表，确定报文的出接口，最后剥掉内层标签后，将报文转发至 CE2。

（5）CE2 根据正常的 IP 转发过程将报文传送到目的地。

在基本 MPLS L3VPN 组网中，VPN 路由信息的发布涉及 CE 和 PE，P 设备只维护骨干网的路由，不需要了解任何 VPN 的路由信息。PE 设备一般只维护自身接入的 VPN 的路由信息，不维护所有 VPN 路由。PE 路由器通过 VPN 骨干网发布本地的 VPN 路由信息。发送端 PE 通过使用 MP-BGP 将 VPN 实例路由从本地发布出去（带有 Export-Target 属性）。接收端 PE 将路由引入所属的 VPN 实例中（有相匹配的 Import-Target 属性）。

VPN 路由信息的发布过程包括三部分：本地 CE 到入口 PE、入口 PE 到出口 PE、出口 PE 到远端 CE。完成这三部分后，本地 CE 与远端 CE 之间将建立可达路由，VPN 私网路由信息能够在骨干网上发布，如图 6-19 所示。

图6-19　MPLS L3VPN路由信息发布

① 本地 CE 到入口 PE 的路由信息交换

如图 6-20 所示，CE 与直接相连的 PE 建立邻接关系后，把本站点的 VPN 路由发布给 PE。CE 与 PE 之间可以使用静态路由、RIP、OSPF、IS-IS 或 EBGP。无论使用哪种路由协议，CE 发布给 PE 的都是标准的 IPv4 路由。

图6-20　本地CE到入口PE的路由信息交换

② 入口 PE 到出口 PE 的路由信息交换

PE 从 CE 学习 VPN 路由信息后，为这些标准 IPv4 路由增加 RD 和 RT 属性，形成 VPN-IPv4 路由，存放到 VPN 实例中。

如图 6-21 所示，出口 PE 根据 VPN-IPv4 路由的 Export Target 属性与自己维护的 VPN 实例的 Import Target 属性，决定是否将该路由加入 VPN 实例的路由表中。

图6-21　入口PE到出口PE的路由信息交换

③ 出口 PE 到远端 CE 的路由信息交换

远端 CE 有多种方式可以从出口 PE 学习 VPN 路由，包括静态路由、RIP、OSPF、IS-IS 和 EBGP，与本地 CE 到入口 PE 的路由信息交换相同。如图 6-22 所示，PE2 将接收到的属于 VPN A 的路由传给 CE3，CE3 将该路由存储到自己的 IP 路由表中。

图6-22　出口PE到远端CE的路由信息交换

6.3.3　VPN FRR 保护技术

VPN 快速重路由（FRR，Fast Reroute）是指在 PE 双归属的 VPN 网络环境中，当其中一个 PE 设备发生故障时，VPN 业务快速切换到另一个 PE 设备上。

VPN FRR 是基于 VPN 的私网路由快速切换技术，通过预先在远端 PE 中设置指向主用 PE 和备用 PE 的转发项，结合故障快速检测机制，在主用 PE 节点发生故障以及 VPN 路由收敛完成之前，将 VPN 流量切换到备用 PE 节点上，这就解决了PE 节点故障可能引起的业务中断的问题。

以图 6-23 为例，正常情况下 CE1 访问 CE2 的路径为 PE1 → PE2，当 PE2 发生故障时，CE1 访问 CE2 的路径倒换为 PE1 → PE3。

源节点	主用下一跳	备用下一跳
PE1	PE2	PE3

图6-23　VPN FRR典型组网

当 PE2 节点故障时，PE1 会通过双向转发检测（BFD，Bidirectional Forwarding Detection）、MPLS OAM 等技术感知到 PE1 与 PE2 之间的外层隧道不可用。

当 PE1 感知到 MPLS VPN 依赖的外层 LSP 隧道不可用时，便将 LSP 隧道状态表中的对应标识设置为不可用，并下发到转发引擎中。转发引擎命中一个转发项之后，检查该转发项对应的 LSP 隧道状态，如果为不可用，则使用本转发项中携带的次优路由的转发信息进行转发。这样，报文就会被打上 PE3 分配的外层标签，沿着 PE1 与 PE3 之间的外层 LSP 隧道交换到 PE3，再转发给 CE2，从而恢复 CE1 到 CE2 的业务，实现 PE2 节点故障情况下的端到端业务的快速收敛。

VPN FRR 端到端业务的收敛故障恢复时间与私网路由的规模无关，而且简单可靠、部署方便。当 L3VPN 中承载了大量的路由时，按照传统的收敛技术，如果远端 PE 出现故障，则所有这些 VPN 路由都需要重新迭代到新的隧道上。端到端业务故障收敛的时间与 VPN 路由的数量相关，VPN 路由数量越大，收敛时间越长。而 VPN FRR 技术只需要检测并修改外层隧道的状态，无论转发流量命中的是哪条 VPN 路由，流量都会切换到 VPN FRR 的备份路径上，其收敛时间只取决于远端 PE 故障的检测并修改对应隧道状态的时间，而与 VPN 路由的数量无关。

1. 在 MPLS L3VPN 中，如何解决地址空间重叠的问题？
2. 在 MPLS L3VPN 中，P 设备必须要维护的路由信息是什么？

6.3.4 实训单元——MPLS L3VPN 配置

掌握 MPLS L3VPN 的部署方法。

1. 配置 UNI。
2. 配置 Tunnel。
3. 配置 MPLS L3VPN。

实训准备

1. 实训环境准备
（1）硬件：具备登录实训系统仿真软件或网络管理系统的计算机终端。

（2）软件：实训系统仿真软件或网络管理系统软件。

2. 相关知识点要求

（1）UNI 和 NNI 的相关概念。

（2）Tunnel 和 VPN 实例的相关概念。

（3）MPLS L3VPN 业务应用。

实训步骤 ▶▶ ⋯

1. 根据规划完成 UNI 配置。
2. 根据规划完成 Tunnel 配置。
3. 根据规划完成 L3VPN 业务配置。

评定标准 ▶▶ ⋯

按照规划要求，正确配置 MPLS L3VPN 的 UNI 接口、内层标签、外层标签和业务路径。CE 能互相 Ping 通。

实训小结 ▶▶ ⋯

实训中的问题：＿＿＿＿＿＿＿＿＿＿＿＿＿＿＿＿＿＿＿＿＿＿＿

＿＿＿＿＿＿＿＿＿＿＿＿＿＿＿＿＿＿＿＿＿＿＿＿＿＿＿＿＿＿＿

＿＿＿＿＿＿＿＿＿＿＿＿＿＿＿＿＿＿＿＿＿＿＿＿＿＿＿＿＿＿＿

问题分析：＿＿＿＿＿＿＿＿＿＿＿＿＿＿＿＿＿＿＿＿＿＿＿

＿＿＿＿＿＿＿＿＿＿＿＿＿＿＿＿＿＿＿＿＿＿＿＿＿＿＿＿＿＿＿

＿＿＿＿＿＿＿＿＿＿＿＿＿＿＿＿＿＿＿＿＿＿＿＿＿＿＿＿＿＿＿

问题解决方案：＿＿＿＿＿＿＿＿＿＿＿＿＿＿＿＿＿＿＿＿＿＿＿

＿＿＿＿＿＿＿＿＿＿＿＿＿＿＿＿＿＿＿＿＿＿＿＿＿＿＿＿＿＿＿

＿＿＿＿＿＿＿＿＿＿＿＿＿＿＿＿＿＿＿＿＿＿＿＿＿＿＿＿＿＿＿

思考与拓展 ▶▶ ⋯

为什么 VPN FRR 中 VPN 路由收敛速度与 VPN 私网路由的数量无关？

任务 4 HoVPN 技术

【任务前言】

VPN 中的 HoVPN 技术是因何产生的？在实现 HoVPN 的过程中，有哪些新增的概念？ HoVPN 路由学习和报文转发的过程与普通的 MPLS L3VPN 有什么不同？带着这些问题，我们进入本任务的学习。

【任务描述】

本任务主要介绍 HoVPN 技术的产生背景、基本概念及应用，使学员熟悉 HoVPN 的相关知识，并具备基本的部署能力。

【任务目标】

- 能够描述 HoVPN 的产生背景。
- 能够描述 HoVPN 的基本概念。
- 能够完成 HoVPN 的业务配置。

 知识储备

6.4.1 HoVPN 的基本概念

在 MPLS L3VPN 解决方案中，PE 设备最为关键，它能实现两个功能，首先是为用户提供接入功能，这需要 PE 具有大量接口；然后是管理和发布 VPN 路由，处理用户报文，这需要 PE 设备具有大容量存储和高速转发的能力。

城域网的典型结构是三层模型：核心层、汇聚层、接入层。从核心层到接入层，对设备的性能要求依次降低，网络的规模则依次扩大。而 MPLS L3VPN 是一种平面模型，针对移动业务承载的场景，接入层设备和核心层落地设备都属于 PE，大量的 PE 设备之间需要建立 VPN 的邻居关系并且交换 VPN 路由，导致 L3VPN 配置和维护的复杂度高。因此，我们采用一种分层的 MPLS L3VPN 模型，而不用传统的平面模型。

在 MPLS L3VPN 领域，分层 VPN（HoVPN，Hierarchy of VPN）解决方案的提出，实现了将 PE 的功能分布到多个 PE 设备上，多个 PE 扮演不同的角色，并形成层次结构，共同实现一个 PE 的功能。

HoVPN 基本结构包含用户侧 PE（UPE，User-end PE）、服务提供商侧 PE（SPE，Service Provider-end PE）和网络侧 PE（NPE，Network Provider-end PE），如图 6-24 所示。

图6-24 HoVPN基本架构

（1）UPE：将直接连接用户的设备称为下层 PE 或用户侧 PE，简写为 UPE，主要实现用户接入功能。UPE 的路由容量和转发性能较低，但接入能力强。

（2）SPE：将连接 UPE 并位于网络内部的设备称为上层 PE 或运营商侧 PE，简写为 SPE，主要完成 VPN 路由的管理和发布。SPE 的路由表容量大，转发性能强。

（3）NPE：连接 SPE 并面向网络侧的 PE 被称为网络侧 PE，简称为 NPE，主要完成 SPE 连接和本端 CE 的接入。NPE 的路由表容量大，转发性能强。

6.4.2 HoVPN 的路由解析

如图 6-25 所示，在 5G 承载网中部署 HoVPN，将接入设备作为 UPE 节点、骨干汇聚设备作为 SPE 节点、核心落地设备作为 NPE 节点。UPE 向 SPE 发布明细路由，SPE 向 UPE 发布默认路由，大大减轻了接入设备的路由存储和查表压力。SPE 向 NPE 发布基站的聚合路由。

基站 IP 的分配原则是，接入层 UPE 节点对接基站使用 30 位掩码（IPv6 则采用 127 位掩码），偶数给基站使用，奇数给 UPE 节点对接的 UNI 使用。

我们用一个简单的实例解释 HoVPN 的 VPN 路由特征。图 6-25 列出了基站的 IP 地址（192.168.1.2/30 和 192.168.2.2/30）、5GC 的 IP 地址（100.100.100.100/32），以及 UPE、SPE、NPE 节点的 Loopback 0 接口的 IP 地址、NPE 上行的直连接口 IP 地址（10.199.1.2/30 和 10.199.2.2/30）。

为了防止 PE 节点失效，在承载网部署 VPN FRR 技术。例如，UPE-1 选择 SPE-1 作为 VPN FRR 的主用下一跳，选择 SPE-2 作为 VPN FRR 的备用下一跳；SPE-1 选择

NPE-1 作为 VPN FRR 的主用下一跳，选择 NPE-2 作为 VPN FRR 的备用下一跳；NPE-1 选择 SPE-1 作为 VPN FRR 的主用下一跳，选择 SPE-2 作为 VPN FRR 的备用下一跳。

图 6-25　HoVPN 组网模型

通过管控平台进行 VPN 路由计算，各 PE 的 VPN 路由表的内容如下。

（1）UPE 的路由信息：包括本地基站的直连路由、去同一个 IS-IS 进程下其他 UPE 所连基站的路由，以及去 SPE 的默认路由。以 UPE-1 为例，路由信息如表 6-2 所示。

表 6-2　UPE-1 的 VPN 路由

目的 IP	下一跳	备注
192.168.1.0/30	0.0.0.0	本地基站的直连路由
192.168.2.0/30	6.6.6.6	去同一个 IS-IS 进程下其他 UPE 所连基站的路由
0.0.0.0/0	3.3.3.3	去 SPE-1 的默认路由
0.0.0.0/0	4.4.4.4	去 SPE-2 的默认路由

（2）SPE 的路由信息：包括去核心网的路由、去主备 NPE 的 UNI 路由、基站的聚合路由及去基站的明细路由。

网络管理人员将 C 类网段划分为多个 30 位网段，一个 30 位网段供一个基站使用。因此，在 SPE 上手工配置基站聚合路由，即将连续的 30 位网段聚合成 24 位网段，并将此聚合路由发布给 NPE，以减少 NPE 的 VPN 路由表条目，从而提高 NPE 的查表效率及降低路由存储压力。

以 SPE-1 为例，路由信息如表 6-3 所示。

表 6-3　SPE-1 的 VPN 路由

目的 IP	下一跳	备注
100.100.100.100/32	1.1.1.1	去核心网的路由
100.100.100.100/32	2.2.2.2	去核心网的路由
10.199.1.0/30	1.1.1.1	去主用 NPE 的 UNI 路由
10.199.2.0/30	2.2.2.2	去备用 NPE 的 UNI 路由
192.168.1.0/24	0.0.0.0	基站的聚合路由
192.168.2.0/24	0.0.0.0	基站的聚合路由
192.168.1.0/30	5.5.5.5	去基站的明细路由
192.168.2.0/30	6.6.6.6	去基站的明细路由

表 6-3 中的"192.168.1.0/24"即为基站聚合路由，由多个基站的 30 位网段（图 6-25

中的"192.168.1.0/30"仅为其中的一个子网）聚合而来。虽然 SPE 的 VPN 路由表中不仅有基站的明细路由，还有基站的聚合路由，但是 SPE 仅向 NPE 通告基站的聚合路由。

（3）NPE 的路由信息：包括去核心网的路由、UNI 路由及去基站的聚合路由。以 NPE-1 为例，路由信息如表 6-4 所示。

表 6-4　NPE-1 的 VPN 路由

目的 IP	下一跳	备注
100.100.100.100/32	10.199.1.1	去核心网的路由
10.199.1.0/30	0.0.0.0	UNI 路由
192.168.1.0/24	3.3.3.3	去基站的聚合路由
192.168.2.0/24	4.4.4.4	去基站的聚合路由

任务习题

1. 为什么需要使用 HoVPN ？
2. 在 HoVPN 的 VPN 路由传播中，SPE 向 UPE 发布什么路由？

6.4.3　实训单元——HoVPN 配置

实训目的

掌握分层 MPLS L3VPN（HoVPN）的部署方法。

实训内容

1. 配置 UNI。
2. 配置 HoVPN。

实训准备

1. 实训环境准备
   （1）硬件：具备登录实训系统仿真软件或网络管理系统软件的计算机终端。
   （2）软件：实训系统仿真软件或网络管理系统软件。
2. 相关知识点要求
   （1）UNI 和 NNI 的相关概念。
   （2）UPE、SPE、NPE 的相关概念。
   （3）HoVPN 的业务应用。

实训步骤

1. 根据规划完成 UNI 的配置。
2. 根据规划完成 HoVPN 业务的配置。

评定标准

按照规划要求，正确配置 HoVPN 的 UNI、节点角色、内层标签、外层标签和业务路径后，CE 能互相 Ping 通。

实训小结

实训中的问题：_____

_____

_____

问题分析：_____

_____

_____

问题解决方案：_____

_____

_____

思考与拓展

为什么UPE 的 VPN 路由表中有默认路由？

项目解析

项目 7

5G 承载网测试与验收

项目简介

　　承载网设备安装完成后，需要使用网络管理系统远程管理承载网内的所有网元，并完成 5G 业务的配置。本项目首先介绍 5G 承载设备开通的步骤，接着在完成业务配置的基础上，继续讲解业务连通性测试、可靠性倒换测试的方法，最后讲述工程验收方案及验收报告编写流程。

- 能够使用网络管理系统完成 5G 承载设备的开通。
- 能够完成 5G 承载网的业务连通性测试。
- 能够完成 5G 承载网的可靠性倒换测试。
- 能够完成 5G 承载网验收报告的编写。

项目目标

项目导图

任务1 设备开通测试

【任务前言】

完成设备安装后，工程进入设备开通阶段。现场设备成千上万，网络维护人员如何才能高效地完成开通工作呢？网络维护人员又如何使用网络管理系统对设备进行远程控制呢？网络管理系统又有哪些基本功能呢？带着这些问题，我们进入本任务的学习。

【任务描述】

本任务首先阐述网络管理系统的功能和组网部署模式，接着介绍网络管理系统与设备通信的基本原理，然后描述如何通过网络管理系统开通设备，最后通过实训单元，学生能够掌握设备开通的基本技能。

【任务目标】

- 了解网络管理系统的基本功能和组网部署方案。
- 理解网络管理系统与设备之间的通信原理。
- 能够使用网络管理系统完成 5G 承载网设备的开通。

 知识储备

7.1.1 网络管理系统的功能与组网

① 网络管理系统功能

5G 承载网继承光传输网的运维方式，即采用图形化的网络管理系统对设备进行配置管理、拓扑管理、告警管理、性能管理和安全管理等工作。不仅如此，5G 承载网的网络管理系统是管控一体的网络融合管理系统，具备强大的网络管理、网络控制和智能运维分析等功能，网络管理服务器在网络中的定位如图 7-1 所示。

图7-1 网络管理服务器在网络中的定位

5G 承载网的网络管理服务器通过标准的南向接口获取网络资源，并给设备提供控制指令，在网络状态发生改变时进行及时调整以保证业务正常。5G 承载网的网络管理服务器通过南向接口（与承载网设备通信的接口）向下管理和控制网络，实现资源管理、业务配置、保护恢复控制、运维分析等功能；5G 承载网的网络管理服务器向上开放北向接口，可与第三方控制器、运行支撑系统（OSS，Operation Support System）、业务支撑系统（BSS，Business Support System），以及业务协同器集成对接，支持应用层的快速定制开发。

网络管理系统一般至少包含以下功能。

（1）配置管理

网络管理系统具备强大的网元层、网络层管理功能，不仅可对单个网元进行 IP 地址、路由协议等基础配置，还可以基于网络拓扑进行 E2E（端到端）业务发放，实现业务配置的可视化。

在现网设备开通过程中，可通过命令行和网络管理系统两种方式完成对设备的配置，但在运营商各专业的网络中，移动承载网的规模最大，至多可拥有上万个网元。对于如此"庞然大物"，图形化的网络管理系统显然更适合承载网的配置下发和整体运维，而命令行更适合故障的快速诊断。

维护人员通过网络管理系统进行设备的基础配置和业务配置，配置数据保存在服务器的数据库中。数据被激活后，通过南向接口下发到设备主控单元的文件管理系统中，形成设备的配置文件。主控单元的 CPU 运行配置文件，调动各个软件功能模块，将各种转发表项下发到业务单盘，从而实现业务的转发。

配置管理可分为如下几类。

① 网元配置

网元配置是对每个网元的基本属性、接口、IP 地址、路由（静态、IS-IS 等）、其他协议（ARP、DHCP 等）和同步等方面的配置。

如图 7-2 所示，网元配置在网元管理器中完成。网元管理器以每个网元为操作对象，分别针对网元、单盘或端口进行分层配置、管理和维护。网元管理器采用操作树的方式，操作方便快捷。用户选择相应的操作对象，再在操作树中选择相应的功能节点，即可打开该功能的配置界面。

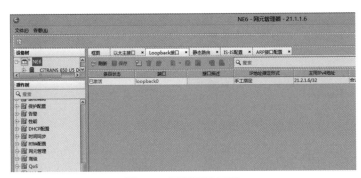

图7-2　网元配置界面

② 业务配置

业务配置是一种网络端到端的配置管理方式，可基于拓扑来配置 FlexE、MPLS 隧道和 VPN 等技术模块，如图 7-3 所示，其配置数据将被下发到若干个网元。与单个网元逐一配置的方式相比，业务配置的操作更快、更方便。

图7-3　业务配置中的FlexE配置界面

（2）拓扑管理

拓扑管理是指以拓扑图的方式显示被管网元之间连接的状态，用户可通过浏览拓扑视图实时了解整个网络的组网情况并监控运行状态。拓扑管理可以显示物理拓扑、L2Link 拓扑、L3Link 拓扑和 FlexEGroup 拓扑等，如图 7-4 所示。

用户可同时将多个逻辑域、网元、连接设为过滤条件进行过滤，找出限定范围的拓扑，如图 7-5 所示。

图7-4　拓扑分类显示　　　　　　　　　图7-5　拓扑过滤

（3）告警管理

告警管理可实时监测设备运行过程中产生的故障和异常状态，并提供告警的详细信息和分析手段，为快速定位故障、排除故障提供有力的支持。

网络管理系统依据告警的严重程度及告警所处状态两种方式，可对告警进行分类。

网络管理系统依据告警的严重程度，将告警分为 4 个级别。

① 紧急告警：使业务中断并需要立即进行故障检修的告警。

② 主要告警：影响业务并需要立即进行故障检修的告警。

③ 次要告警：不影响业务，但需要进行故障检修以阻止故障恶化的告警。

④ 提示告警：不影响现有业务，但有可能成为影响业务的告警，可视需要检修的告警。

网络管理系统依据告警所处状态，将告警分为以下两种。

① 当前告警：保存在网络管理系统当前告警数据库中的告警数据。相同对象多次产生的相同告警在当前告警中只显示为一条记录。查询每一条告警记录，可以查看告警日志。

② 历史告警：已清除的当前告警，在设定的时延后转为历史告警。历史告警将由当前告警数据转到历史告警数据库中。

告警显示是网络管理系统的一个重要功能，网络管理系统提供多种告警显示方式，以便及时将网络的运行情况通知给用户。

① 告警浏览：可以在网络管理系统窗口中浏览选中设备的当前告警及历史告警。通过查看告警的维护信息可以获取告警产生的原因、处理建议、维护经验等信息。

通过查看告警详细信息可以获取告警名称、定位信息等。

② 告警板提示：在系统首页的告警板中可以显示全网各级别当前告警的总数。

③ 告警声光提示：当设备有告警产生时，会有声音提示，同时其对应的告警指示灯会依据告警级别的不同而显示为不同颜色。如图 7-6 所示，在实际的告警级别分类显示界面中，红色为紧急告警，橙色为主要告警，黄色为次要告警，蓝色为提示告警。图 7-6 中一共有 289 条紧急告警，而无其他级别的告警。

图7-6　告警级别分类显示

（4）性能管理

网络在正常运行的过程中，内部与外部因素可能会影响网络的性能，引发网络故障。为保证当前网络拥有足够完善的性能，需要规划、监控与衡量网络效率，如吞吐率、利用率、错误率等指标。通过性能管理可以提前发现网络性能劣化的趋势，并在故障发生前消除这些隐患，规避网络故障风险。

在网络管理系统中可以显示如下性能。

① 当前性能：当前 15min（如图 7-7 所示）、当前 24h（如图 7-8 所示）的性能数据。

性能源	对象名称	性能代码	性能值	开始时间	
LAB-G1:NE6	FlexE虚拟以太网接口--Ethernetif-name=flexe-tunnel2	接收好包数(RX_GDPK)	332528	2021-02-24 09:45:00	2021-02-24 09:50:59
LAB-G1:NE6	FlexE虚拟以太网接口--Ethernetif-name=flexe-tunnel2	发送好包数(TX_GDPK)	332317	2021-02-24 09:45:00	2021-02-24 09:50:59
LAB-G1:NE6	FlexE虚拟以太网接口--Ethernetif-name=flexe-tunnel2	接收总包数(RX_PACKS)	332528	2021-02-24 09:45:00	2021-02-24 09:50:59
LAB-G1:NE6	FlexE虚拟以太网接口--Ethernetif-name=flexe-tunnel2	发送总包数(TX_PACKS)	332317	2021-02-24 09:45:00	2021-02-24 09:50:59
LAB-G1:NE6	FlexE虚拟以太网接口--Ethernetif-name=flexe-tunnel2	接收广播包数(RX_BCAST)	20	2021-02-24 09:45:00	2021-02-24 09:50:59
LAB-G1:NE6	FlexE虚拟以太网接口--Ethernetif-name=flexe-tunnel2	接收单播包数(RX_UCAST)	332449	2021-02-24 09:45:00	2021-02-24 09:50:59
LAB-G1:NE6	FlexE虚拟以太网接口--Ethernetif-name=flexe-tunnel2	接收多播包数(RX_MCAST)	55	2021-02-24 09:45:00	2021-02-24 09:50:59
LAB-G1:NE6	FlexE虚拟以太网接口--Ethernetif-name=flexe-tunnel2	接收总字节数(RX_BYTES)	35567253	2021-02-24 09:45:00	2021-02-24 09:50:59
LAB-G1:NE6	FlexE虚拟以太网接口--Ethernetif-name=flexe-tunnel2	发送总字节数(TX_BYTES)	35551907	2021-02-24 09:45:00	2021-02-24 09:50:59
LAB-G1:NE6	FlexE虚拟以太网接口--Ethernetif-name=flexe-tunnel2	发送多播包数(TX_MCAST)	56	2021-02-24 09:45:00	2021-02-24 09:50:59
LAB-G1:NE6	FlexE虚拟以太网接口--Ethernetif-name=flexe-tunnel2	发送单播包数(TX_UCAST)	332241	2021-02-24 09:45:00	2021-02-24 09:50:59
LAB-G1:NE6	FlexE虚拟以太网接口--Ethernetif-name=flexe-tunnel2	发送广播包数(TX_BCAST)	20	2021-02-24 09:45:00	2021-02-24 09:50:59

图7-7　当前15min性能举例

性能源	对象名称	性能分组	性能代码	英文性能代码	性能值	开始时间	
LAB-G1:NE6	FlexE虚拟以太网接口--Ethernetif-name=flexe-tunnel2	其他	接收好包数(RX_GDPK)	RX_GDPK	2961590	2021-02-24 00:00:00	2021-02-24 09:53:31
LAB-G1:NE6	FlexE虚拟以太网接口--Ethernetif-name=flexe-tunnel2	其他	发送好包数(TX_GDPK)	TX_GDPK	3311441	2021-02-24 00:00:00	2021-02-24 09:53:31
LAB-G1:NE6	FlexE虚拟以太网接口--Ethernetif-name=flexe-tunnel2	以太网性能	接收总包数(RX_PACKS)	RX_PACKS	2961590	2021-02-24 00:00:00	2021-02-24 09:53:31
LAB-G1:NE6	FlexE虚拟以太网接口--Ethernetif-name=flexe-tunnel2	以太网性能	发送总包数(TX_PACKS)	TX_PACKS	3311441	2021-02-24 00:00:00	2021-02-24 09:53:31
LAB-G1:NE6	FlexE虚拟以太网接口--Ethernetif-name=flexe-tunnel2	以太网性能	接收广播包数(RX_BCAST)	RX_BCAST	166	2021-02-24 00:00:00	2021-02-24 09:53:31
LAB-G1:NE6	FlexE虚拟以太网接口--Ethernetif-name=flexe-tunnel2	其他	接收单播包数(RX_UCAST)	RX_UCAST	2960868	2021-02-24 00:00:00	2021-02-24 09:53:31
LAB-G1:NE6	FlexE虚拟以太网接口--Ethernetif-name=flexe-tunnel2	以太网性能	接收多播包数(RX_MCAST)	RX_MCAST	554	2021-02-24 00:00:00	2021-02-24 09:53:31

图7-8　当前24h性能举例

② 历史性能：根据设置的性能采集任务，将历史性能存储至专用的性能存储服务器中。

用户通过分析性能数据，直观了解性能数据的变化情况，掌握网络运行情况及变化趋势，预防故障的发生，合理优化网络。

（5）安全管理

安全管理的目的在于限制非法用户登录网络管理系统，以及限制合法用户在网络管理系统进行非法操作，以保障网络安全运行。网络管理系统通过用户管理、分权分域管理、访问控制以及用户安全等一系列安全策略，最大限度地保证网络安全。同时，对用户登录、用户操作和网络管理系统运行过程中产生的日志进行管理。

在规划网络管理系统的用户时，需要将合适的权限授予合适的用户，并约束用户在正确的场景下使用网络管理系统。

网络管理系统支持分域、分权管理，只允许用户将所属域权限范围内的操作下发到网元。

① 分域：将整个网络中的网元划分到不同的域。通过授权用户或用户组的域权限，用户能够操作所属域中的网元。通过分域，可以实现不同运维部门的人员管理不同范围内的网元。如图 7-9 所示，通过分域的方式，整个网络拓扑分为 11 个逻辑域，包含 TEST、SPN201……SPN210。每个逻辑域管理若干个网元。

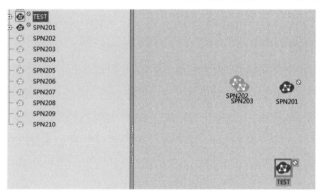

图7-9　分域管理举例

② 分权：设置授权用户或用户组的操作权限，使其操作权限具有差异性。在分域基础上的分权，可使同一区域不同职责（岗位 / 运维部门）的管理人员，对区域内管理对象的操作权限不同。如图 7-10 所示，通过分权的方式，admin 账号可管理全网对象，即所有的逻辑域。

图7-10　分权管理举例（1）

如图 7-11 所示，SPN201 账号只能管理逻辑域 SPN201。

图7-11　分权管理举例（2）

如图 7-12 所示，当用 SPN201 账号登录网络管理系统后，只能看到逻辑域 SPN201 下的拓扑（NE7 和 NE8）。

图7-12　分权管理举例（3）

② 网络管理系统部署模式

5G 承载网网络管理系统采取 C/S（Client/Server）结构，可选择物理机或虚拟机作为硬件平台。部署模式可分为如下两种。

（1）集中式部署

该模式只使用一个网络管理服务器，所有进程都在这个服务器上运行。集中式部署采用多客户端、单服务器的组网方案。该模式适用于以下场景：用户与网络管理服务器、设备处于异地，或多个用户需要同时访问网络管理服务器。客户端必须通过访问服务器的数据库来行使网络管理系统的各种功能。在客户端的操作等同于在其所连服务器上的操作。

如图 7-13 所示，服务器需至少具备两块硬件网卡。

图7-13　集中式部署模式

① 数据库网卡：该网卡与数据库软件捆绑。客户端的网卡与服务器的数据库网卡之间通过互联网或者运营商私网互联。客户端通过访问服务器的数据库网卡 IP 地址，调用服务器的数据库资源。因此，可实现多人通过不同的客户端同时对网络进行查询和配置等操作，并且当多客户端配置的数据参数出现冲突时，网络管理系统

会有提示弹出。

② 网络管理面网卡：该网卡与网络管理系统的管理程序绑定。网元的管理 IP 与服务器的管理面网卡之间通过外部数据通信网（DCN，Data Communication Network）相连或物理直连。服务器通过访问设备的管理 IP 执行告警查询、性能查询、配置下发等操作。设备通过访问服务器的管理面网卡 IP 实现告警上报。

虽然该方案简单、成本较低，但是不具备高可靠性，对于风险的抵抗能力较低，因此仅适用于早期的移动承载网。

（2）分布式部署

在分布式部署模式中，多个服务器共同实现网络管理服务器端的功能。

如图 7-14 所示，网络管理服务可以部署到不同的服务器中，其中数据采集、告警、性能、事件、对象访问、业务配置等压力较大的服务支持多实例配置，并分布在多个服务器上。例如，图中的性能分析系统（PAS，Performance Analyse System）服务器用来存储历史性能，北向服务器用于与运营商的 OSS、综合网络管理、控制器等平台通信。该模式可使网络管理系统的服务负载均衡，并增加管理容量，从而提高网络管理系统的性能，突破大容量下单个服务的性能瓶颈。

图7-14　分布式部署模式

7.1.2　网络管理系统与设备通信的原理

通信设备通常分散在各个站点，其覆盖范围从几十千米到几千千米，网络维护人员需要对分散到各地的设备进行集中管理。通过 DCN，在网管中心就能完成对各个设备的统一管理和运维，从而降低管理成本，提升管理效率。

DCN 是指网络管理系统和网元传送管理信息的网络。借助 DCN，网络管理系统通过南向接口与设备之间进行对接。

接下来，将介绍一些与 DCN 相关的基本概念。

1 内部 DCN 和外部 DCN

如图 7-15 所示，根据 DCN 在通信网络中所处的位置不同，可将 DCN 分为内部 DCN 和外部 DCN。操作与维修中心（OMC，Operation and Maintenance Center）即网络管理服务器所在的运营商网管中心或核心机房。

（1）内部 DCN

5G 承载网网元之间的 DCN 被称为内部 DCN。

图7-15　内部DCN和外部DCN

内部 DCN 通常利用网元间的业务通道来传送网络管理信息和控制信息。网元间的 NNI 既传递业务报文，又传递 DCN 报文。这种网络管理系统与设备通信的方式被称为带内网管。

如图 7-16 所示，为了区分业务报文和 DCN 报文，5G 承载网设备定义 NNI 上的 VLAN 4093 子接口传递 DCN 报文，该子接口属于 DCN 接口，而 NNI 主接口用来传递 5G 业务流和协议报文（如 IS-IS、PCEP 等）。通过 VLAN 4093 子接口构建的逻辑拓扑组成内部 DCN。

图7-16　内部DCN

承载网设备采用 Loopback 1020 接口作为网元管理面接口。利用 Loopback 1020 接口的永久连接正常（UP）特性可以确保网络管理系统监控更稳定。一般 Loopback 1020 接口 IP 的掩码为 32 位，因此任意两个设备的网元管理面 IP 不在同一网段。承载网设备通过内部 DCN 实现彼此间管理面路由互通。

（2）外部 DCN

OMC 和 5G 承载网网关网元（外部 DCN 接入站点）之间的 DCN 被称为外

部 DCN。当网络管理系统与网关网元不在同一机房站点时，需要借用外部 DCN 传递监控信息。

外部 DCN 网络大多由路由器、交换机等设备互连构成。一般情况下，网络管理系统的网络管理面网卡 IP 与设备的 Loopback 1020 接口 IP 不在同一网段，因此网络管理系统、外部 DCN 与设备之间通常需要配置静态路由来实现通信。

❷ 网关网元与非网关网元

（1）网关网元

由于 5G 承载网内的网元数量众多，每一个网元不可能均与网络管理系统及外部 DCN 直连，这样会浪费大量的端口资源。网络管理系统访问的首端承载网网元被命名为该承载网的网关网元（GNE，Gateway NE）。

网络管理系统和 GNE 之间三层路由可达，可以建立 TCP 连接，网络管理系统应用层可以直接和 GNE 的应用层建立通信。

如图 7-17 所示，左边为"有外部 DCN"的场景，GNE 一般使用"管理网口（F 口）"或"业务端口"与外部 DCN 相连。右边为"无外部 DCN"的场景，GNE 的 F 口与网络管理系统通过网线或二层交换机直连。

图7-17　GNE和NGNE

（2）非网关网元

网络管理系统不能直接访问的网元被称为非网关网元（NGNE，Non-Gateway NE）。GNE 作为承载网的出口，负责中转所有 NGNE 网元与网络管理系统之间的 DCN 报文。

如前面所述，NGNE 一般使用"业务端口的 VLAN 4093 子接口"和 GNE 建立 DCN 连接。NGNE 和 NGNE 之间同样基于此接口实现连接。

3 网络管理系统与设备的通信机制

如前面所述，网络管理服务器与 GNE 之间可以是直连的，也可以通过外部 DCN 连接。下面仅介绍直连（"无外部 DCN"）场景。

如图 7-18 所示，服务器的管理面网卡与 5G 承载网的 GNE 网元的 F 口之间是网线直连的。服务器管理面网卡 IP 与 GNE 的 F 口 IP 在同一网段，但与 GNE 和 NGNE 的 Loopback 1020 接口均不在同一网段，它们之间的通信属于跨网段的通信。网络管理系统可以通过访问设备的 Loopback 1020 接口 IP 来管理设备。

图7-18　网管与设备的通信机制

那网络管理系统与设备之间的跨网段通信是如何实现的呢？

在 5G 承载网内部，GNE 和相邻 NGNE 通过光纤互连，并自动形成开放式最短路径优先（OSPF，Open Shortest Path First）邻居关系。OSPF 是一种动态路由协议，设备主控单元的管理面自动运行该协议。GNE 与 NGNE、NGNE 与 NGNE 之间通过 OSPF 路由协议交换路由前缀信息。在同一个路由域，每个网元均能学习到其他网元 Loopback 1020 接口的路由，并将其存储到本地的 OSPF 路由表中（管理面路由表）。

在服务器上配置静态路由（102.48.1.0/24），使其下一跳为 GNE 的 F 口 IP 地址。

服务器访问 NGNE（102.48.1.50），其 DCN 报文转发流程如下。

（1）服务器查询本地 IP 路由表，发现无匹配 102.48.1.50 的明细路由，但是有一条静态的聚合路由可使用，于是根据静态路由的指示将 DCN 报文发送给 GNE（21.91.0.2）。

（2）GNE 收到 DCN 报文后，基于 TCP/IP 栈解封装原理进行报文解封装，发现目的 IP 为 102.48.1.50，不是自己的 IP，便查询管理面路由表，发现有匹配 102.48.1.50 的路由表项，其下一跳为 102.48.1.50，出接口为与 NGNE 互连的 DCN 接口。于是 GNE 将 DCN 报文从该出接口发送出去。

（3）NGNE 收到 DCN 报文后进行解封装，发现目的 IP 地址为 102.48.1.50，是自己的网元管理 IP，于是上送主控单元的 CPU 进行处理。

NGNE 访问服务器（21.91.0.1），其 DCN 报文转发流程如下。

（1）NGNE 查询管理面路由表，发现有匹配 21.91.0.1 的明细路由，下一跳为 102.48.1.1，出接口为与 GNE 互连的 DCN 接口，于是 NGNE 将 DCN 报文从该出接口发送出去。

（2）GNE 收到 DCN 报文后进行解封装，发现目的 IP 为 21.91.0.1，不是自己的 IP，便查询管理面路由表，发现有匹配 21.91.0.1 的路由表项，其下一跳为 21.91.0.1，出接口为 F 口，于是 GNE 将 DCN 报文从该出接口发送出去。

（3）服务器收到 DCN 报文后进行解封装，发现目的 IP 为 21.91.0.1，是自己的管理面网卡 IP 地址，于是将报文上送到应用层的网络管理系统进行处理。

【任务实施】

7.1.3　网络管理系统创建拓扑

创建网络拓扑是按照工程的实际组网情况，在网络管理系统配置设备组网数据，以便通过网络管理系统对设备进行业务配置和管理。

① 检查网络管理系统进程服务

网络管理系统相关服务启动正常，才能确保网络管理系统软件正常启动。

单击"开始"→"管理工具"→"服务"。

如图 7-19 所示，查看网络管理服务器主机的服务是否启动："UnmBus" "UNMCMAgent" "UNMCMService" "UnmNode1" "UnmPasNode" "UnmService-Monitor"。

图7-19　服务器上的网管相关服务

> 注意：不需要在网络管理客户端主机上安装网络管理系统软件的相关服务。

② 登录网络管理系统

（1）双击网络管理服务器桌面上的图标。

（2）输入用户名及密码。

（3）设置服务器：输入网络管理服务器数据库网卡 IP。

❸ 配置管理程序

正确配置管理程序才能使网络管理系统正常监控设备，如图 7-20 所示。

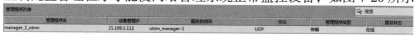

管理程序名	设备管理IP	服务实例名	协议	管理程序类型	服务状态
manager_1_otnm	21.109.1.112	otnm_manager-1	UDP	传输	在线

图7-20　配置管理程序

设备管理 IP：服务器连接设备的管理面网卡 IP。

❹ 创建逻辑域

为了方便管理，用户可以创建逻辑域（自定义一个便于管理网元的逻辑区域），后续可在逻辑域中创建网元，且同一地区或属性相似的网元对象可放到同一个逻辑域中管理。

逻辑域即一系列网元的集合，逻辑域下面可以嵌套逻辑域，例如用地名"北京"创建一个逻辑域，逻辑域"北京"下面又可创建子逻辑域"一区""二区"等，如图 7-21 所示。

图7-21　逻辑域示意

后续可以基于逻辑域进行拓扑查看、告警查询等操作。

❺ 创建网元

在网络管理系统中管理实际设备时，必须先在网络管理系统创建各设备对应的网元，网元涉及的参数包括与设备匹配的网元类型、子框类型、网元名称、IP 地址等。

网元类型和子框：须选择 5G 承载网设备。

网元名称：根据现网机房站点进行命名。

IP 地址：填写网元管理面 IP 地址，即网元的 Loopback 1020 接口 IP 地址，掩码为 32 位。

需要注意的是：网元名称要求体现机房的位置信息，且要求在同一网络管理系统数据库内唯一，如"设备编号—机房名称—网络层次—设备型号"。例如，某逻辑域下有个新建网元，名称为"1000—金融街—接入—650U5"，即表明其设备编号为1000（第 1000 台入网的设备），机房名为金融街，网络层次为接入，设备型号为 650U5。

⑥ 配置机盘

为了管理工程中的实际机盘，必须在网络管理系统中添加机盘（主要指业务盘）。如图 7-22 所示，创建网元后，网络管理系统的设备框图里仅有主控单元。

图7-22　未配置机盘的设备框图

添加机盘有"手动添加"和"自动发现"两种方式。

在一般工程中采用"自动发现"的方式。前提条件是网络管理系统能够 Ping 通网元的管理 IP 地址。通过"检测物理配置"对网元的槽位进行轮询。待检测完成后，检测结果将显示设备上实际配置的单盘与网络管理系统配置的单盘是否存在差异，如果存在，可通过"同步"操作更新网络管理系统的机盘配置。

如果采用"手动添加"的方式，须根据工程上机盘的实际配置，选择对应的槽位和机盘类型。

如图 7-23 所示，完成机盘配置后，设备框图里的单盘与实际保持一致。

图7-23　配置机盘后的设备框图

⑦ 配置拓扑连线

根据网元实际连线情况建立网元间的连接，后续创建业务时将依据此连接进行业务路径规划。配置拓扑连线有"手动添加"和"自动发现"两种方式。前者在设备脱管 / 上管的情况下均可执行，后者须在设备上管且实际物理连纤已完成的情况下执行。

7.1.4 配置设备管理 IP

承载网设备在出厂时拥有唯一的 12 位 SN 码（Serial Number），SN 码在设备出厂时已被烧录至设备内，同时也会被粘贴到子框表面某处，因此 SN 码相当于设备的硬件地址（类似于计算机的 MAC 地址）。网元管理 IP 和设备 SN 码一样，都是全网唯一的，从而保证了内部 DCN 的路由稳定性。

首先，网络管理人员在网络管理系统为每个设备设定一个 Loopback 1020 接口 IP，然后查询到设备的 SN 码，将该 IP 与 SN 码进行绑定，并将绑定关系通过 DCN 报文下发给设备。设备收到 DCN 报文后，如果发现报文中 SN 码是自己的，便修改自己的 Loopback 1020 接口 IP 为网络管理系统下发的网元管理 IP。这样，每个网元的网元管理 IP 就设置成功了，随后网络管理系统可以通过访问设备的 Loopback 1020 接口 IP 完成告警、性能的查询和配置的下发等工作。

配置网元 IP 地址有本地和远程两种方式，与网络管理系统直连的网元可以使用"配置本地网元 IP"方式；不与网络管理系统直连的网元可以使用"配置远程网元 IP"方式。

下面以图 7-24 为例介绍相关概念。

图7-24 本地网元与远程网元

（1）本地网元：是指通过网线直接与网络管理系统连接的网元（连接端口为 F 口），如图中的 NE1 所示。

（2）远程网元：是指与网络管理系统非直连的网元。例如图中的 NE2 ～ NE6。

（3）源网元：如果已经被网络管理系统监控的网元 A 通过 SN 码发现了网元 B，则 A 为 B 的源网元。

（4）相邻网元：是指与源网元存在光路连接或网线连接的网元，且中间不经过其他网元。

　　例如，如果 NE1 先被网络管理系统监控，则 NE1 可以作为源网元发现相邻网元 NE2 和 NE3。接着，当 NE3 已被网络管理系统监控，则 NE3 可作为源网元发现相邻网元 NE4 和 NE5。同理，如果 NE4 比 NE3 先被网络管理系统监控，NE2 比 NE4 先被网络管理系统监控，则 NE4 可以作为源网元发现相邻网元 NE3 和 NE6。

　　在网络管理系统，配置设备管理 IP 地址的流程如下。

　　步骤 1： 配置本地网元的 IP 地址。

　　将网络管理系统与 NE1 直连，网络管理系统获取本地网元 NE1 的 SN 码，通过网络管理系统完成 IP 地址配置后将 SN 码与 IP 地址的对应关系下载到本地网元。

　　若能正常 Ping 通本地网元的 IP 地址，则表示该网元配置成功。

　　步骤 2： 配置远程网元的 IP 地址。

　　当某网元 IP 配置完成并与网络管理系统通信正常时，即可将其作为源网元，继续完成其相邻网元的 IP 配置，从而完成全网的 IP 配置。

　　本地网元 NE1 的 IP 配置成功后，通过 NE1 发现相邻网元 NE2、NE3 的 SN 码，对相邻网元进行 IP 地址配置后，将 SN 码与 IP 地址的对应关系下载到相邻网元。

　　重复进行步骤 2，直至发现所有网元，完成全网网元的 IP 配置。

　　若能正常 Ping 通远程网元的 IP 地址，则表示该网元配置成功。

　　步骤 3： 校时。

　　全网的网元 IP 配置成功后，需要在网络管理系统执行校时操作（同步网络管理系统与网元的时间），才能正常监控并管理所有网元及其单盘。

　　1. 简述网络管理系统的基本功能和部署模式。
　　2. 简述网络管理系统与设备通信的原理。

7.1.5　实训单元——设备开通配置

　　熟悉设备开通的流程和步骤，掌握设备开通的方法。

　　基于实训环境，完成承载网设备的开通操作。

实训准备

1. 实训环境准备
   （1）硬件：6 个承载网设备组成核心、汇聚、接入层；一台二层交换机；网络管理服务器主机、客户端主机。
   （2）软件：承载网设备网络管理软件。
2. 相关知识点要求
   （1）IP 地址及子网掩码的概念。
   （2）5G 承载网设备硬件知识、网络管理系统功能、网络管理系统与设备通信的原理。

实训步骤

1. 网络管理系统登录和网元创建。
2. 配置网元管理 IP。
3. 通过 Telnet 方式登录设备。
4. 同步设备物理板卡。
5. 对设备校时。

评定标准

1. 全部网元能被网络管理系统监控，网络管理系统能 Ping 通每个网元，网络管理系统中能查看网元的告警、性能和状态。
2. 网络管理系统中各网元的板卡配置与设备面板上的实际配置一致。

实训小结

实训中的问题：＿＿＿＿＿＿＿＿＿＿＿＿＿＿＿＿＿＿＿＿＿＿＿＿＿

＿＿＿＿＿＿＿＿＿＿＿＿＿＿＿＿＿＿＿＿＿＿＿＿＿＿＿＿＿＿＿＿＿＿＿＿

＿＿＿＿＿＿＿＿＿＿＿＿＿＿＿＿＿＿＿＿＿＿＿＿＿＿＿＿＿＿＿＿＿＿＿＿

问题分析：＿＿＿＿＿＿＿＿＿＿＿＿＿＿＿＿＿＿＿＿＿＿＿＿＿＿＿＿＿

＿＿＿＿＿＿＿＿＿＿＿＿＿＿＿＿＿＿＿＿＿＿＿＿＿＿＿＿＿＿＿＿＿＿＿＿

＿＿＿＿＿＿＿＿＿＿＿＿＿＿＿＿＿＿＿＿＿＿＿＿＿＿＿＿＿＿＿＿＿＿＿＿

问题解决方案：_____

_____

_____

1. 本地网元和远程网元管理 IP 的配置方法有什么不同？
2. 如果网络管理系统中显示的板卡与设备面板上的实际配置不一致，如何解决？

7.1.6　实训单元——手工核查物理连纤

实训目的 ▶▶

熟悉人工排查网元之间实际物理连纤的方法，掌握手动连纤的方法。

实训内容 ▶▶

基于实训环境，手工核查网络管理系统与设备物理连纤的一致性。

实训准备 ▶▶

1. 实训环境准备
   （1）硬件：6 个承载网设备组成核心、汇聚、接入层；一台二层交换机；网络管理服务器主机、客户端主机。
   （2）软件：承载网设备网络管理软件。
2. 相关知识点要求
   5G 承载网设备硬件知识、网络管理系统功能、网络管理系统与设备通信的原理。

实训步骤 ▶▶

1. 通过 Telnet 方式登录设备。
2. 查看 OSPF 的邻居关系。
3. 在网络管理系统中手动添加连纤。

1. 手工核查物理连纤的结果，并确保连纤完全正确。
2. 网络管理系统中网元之间的连纤配置与设备面板上的实际配置一致。

实训中的问题：_____

_____

_____

问题分析：_____

_____

_____

问题解决方案：_____

_____

_____

1. 通过什么命令能显示网元之间的 OSPF 邻居关系？
2. 为什么根据网元之间 OSPF 的邻居关系能确定设备之间的物理连纤？

7.1.7　实训单元——网元配置文件保存

熟练掌握保存网元配置文件及设置网元启动文件的方法。

基于实训环境，完成配置文件的备份及启动文件的设置。

实训准备 ▶▶ ─── •••

1. 实训环境准备
   （1）硬件：6 个承载网设备组成核心、汇聚、接入层；一台二层交换机；网络管理服务器主机、客户端主机。
   （2）软件：承载网设备网络管理软件。
2. 相关知识点要求
   5G 承载网设备硬件、网络管理系统的功能。

实训步骤 ▶▶ ─── •••

1. 登录网络管理系统。
2. 保存网元配置。
3. 设置网元启动配置文件。

评定标准 ▶▶ ─── •••

1. 成功保存各网元的配置文件，并且命名正确。
2. 成功设置各网元的下次启动配置文件。

实训小结 ▶▶ ─── •••

实训中的问题：＿＿＿＿＿＿＿＿＿＿＿＿＿＿＿＿＿＿＿＿＿
＿＿＿＿＿＿＿＿＿＿＿＿＿＿＿＿＿＿＿＿＿＿＿＿＿＿＿＿＿＿＿
＿＿＿＿＿＿＿＿＿＿＿＿＿＿＿＿＿＿＿＿＿＿＿＿＿＿＿＿＿＿＿

问题分析：＿＿＿＿＿＿＿＿＿＿＿＿＿＿＿＿＿＿＿＿＿＿＿＿＿
＿＿＿＿＿＿＿＿＿＿＿＿＿＿＿＿＿＿＿＿＿＿＿＿＿＿＿＿＿＿＿
＿＿＿＿＿＿＿＿＿＿＿＿＿＿＿＿＿＿＿＿＿＿＿＿＿＿＿＿＿＿＿

问题解决方案：＿＿＿＿＿＿＿＿＿＿＿＿＿＿＿＿＿＿＿＿＿＿＿
＿＿＿＿＿＿＿＿＿＿＿＿＿＿＿＿＿＿＿＿＿＿＿＿＿＿＿＿＿＿＿
＿＿＿＿＿＿＿＿＿＿＿＿＿＿＿＿＿＿＿＿＿＿＿＿＿＿＿＿＿＿＿

1. "本次启动的配置文件"和"下次启动的配置文件"有什么区别？

2. 设置下次启动配置文件后，执行了主控单元的主备倒换，是否会对此配置结果产生影响？请结合任务 3 的实训单元进行验证。

任务 2　业务连通性测试

【任务前言】

完成设备开通后，网络维护人员将完成 FlexE、IP、SR、VPN 等业务的配置。在 5G 基站正式割接到承载网之前，须测试验证上述业务配置是否正确，以保证业务的稳定性。那么如何进行业务连通性的测试呢？有没有什么简便的方法呢？带着这些问题，我们进入本任务的学习。

【任务描述】

本任务主要介绍 LSP Ping 和 L3VPN Ping 的原理及测试方法，通过实训单元，学员能掌握业务连通性测试的相关技能。

【任务目标】

- 了解 LSP Ping 和 L3VPN Ping 的原理。
- 能够通过 LSP Ping 完成隧道连通性测试。
- 能够通过 L3VPN Ping 完成 5G 业务连通性测试。

 知识储备

7.2.1　LSP Ping 的原理

在传统 IP 网络中，我们利用 IP Ping 进行网络连通性检测，利用 IP Traceroute 进行错误定位和路径跟踪。

在 MPLS 网络中，IP Ping 并不能对 MPLS LSP 的连通性进行有效的检测。IP Ping 通只能说明 IP 转发是正常的，而不能说明 MPLS 转发正常。在 IP 路由正常而 LSP 中断的情况下，IP Ping 的报文依旧可以通过 IP 转发到达目的地。

MPLS LSP Ping/Traceroute 虽然同样是基于 Echo Request 和 Echo Reply 的模式，

但是 LSP Ping/Traceroute 并不是使用 ICMP 来实现的，而是使用 IPv4/IPv6 的 UDP 来实现的。MPLS LSP Ping/Traceroute 的基本思路是使用特定转发等价类（FEC，Forwarding Equivalence Class）的分组来验证对应该 FEC 的 LSP（从入口 LSR 到出口 LSR）的完整性。

LSP Ping 使用 MPLS Echo Request 和 MPLS Echo Reply 这两种消息来检测 LSP 的连通性。MPLS Echo Request 中携带需要检测的 FEC 信息，和其他属于此 FEC 的报文一样沿 LSP 发送，从而实现对 LSP 的检测。

MPLS LSP Ping 使用 IPv4/IPv6 的 UDP 来实现，其中 Echo Request 的 UDP 端口为 3503，需要说明的是，只有使能 MPLS 的路由器才能够识别该端口号。我们以图 7-25 为例说明 MPLS LSP Ping 的一般过程。

图7-25　MPLS LSP Ping的一般过程

假设我们在路由器 RTA 上操作 LSP Ping 3.3.3.3（3.3.3.3 为路由器 RTC 的 Loopback 接口地址），过程如下。

步骤 1：在路由器 RTA 上，应用程序先查找这条 LSP 是否存在，如果 LSP 不存在，则直接返回错误信息，停止 Ping；否则进入步骤 2。

步骤 2：在路由器 RTA 上，应用程序对 Echo Request 消息进行初始化，在 IP 头部填入 127.0.0.1 的地址作为目的地址，同时将 3.3.3.3 填入 Echo Request 消息的内部字段中，然后查找标签转发表中的对应项，压入标签栈，将消息发送给路由器 RTB。

步骤 3：在路由器 RTB 上，采用和该 FEC 相同的转发策略，将 Echo Request 当作普通 MPLS 数据报文进行转发。

步骤 4：如果在上述过程中 MPLS 转发失败，则 MPLS LSP Ping 应用程序会进行相应处理，回应的 Echo Reply 携带相应的错误码。

步骤 5：如果在上述过程中 MPLS 转发正常，则该 Echo Request 到达路由器 RTC。

步骤 6：在路由器 RTC 上，应用程序检查 Echo Request 消息中的内部字段，如果发现其中包含的目的 IP（3.3.3.3）为自己的 Loopback 0 接口地址，则回应正确的 Echo Reply，整个 LSP Ping 过程结束，完成 LSP 的连通性检测。

从前面的例子我们可以发现，Echo Request 消息的目的 IP 地址是以 127 开头的地址，该地址是一个环回地址，这是为了防止 LSP 断路时 Echo Request 消息仍进行 IP 转发，从而保证 LSP 的连通性测试是正确的。

如果 LSP Ping 失败，则可以采用 LSP Traceroute 对故障进行定位。

MPLS LSP Traceroute 通过连续发送一个 TTL 递增值为 1 的 Echo Request 消息，使 LSP 沿途的每一个 LSR 都会收到 TTL 超时的 Echo Request 消息，同时回送具有相应返回码的 Echo Reply 消息给发送者。这样发送者就会得到该 LSP 沿途每一个节点的信息。

我们以图 7-26 为例说明 MPLS LSP Traceroute 的一般过程。

图7-26　MPLS LSP Traceroute的一般过程

假设我们在路由器 RTA 上操作 LSP Traceroute 3.3.3.3（3.3.3.3 为路由器 RTC 的 Loopback 接口地址），过程如下。

步骤 1：在 RTA 上，应用程序先查找这条 LSP 是否存在，如果 LSP 不存在，则直接返回错误信息，停止 Traceroute；否则进入步骤 2。

步骤 2：在路由器 RTA 上，应用程序对 Echo Request 消息进行初始化，在 IP 头部填入 127.0.0.1 的地址作为目的地址，同时将 3.3.3.3 填入 Echo Request 消息的内部字段中。Echo Request 消息还包含 LSP 下一跳地址和出标签，然后查找标签转发表中的对应项，将其压入标签栈并且将 TTL 设置为 1，将消息发送给 RTB。

步骤 3：在路由器 RTB 上，将 Echo Request 中的 TTL 减 1 后，TTL 为 0，发现 TTL 超时，应用程序检查是否存在该 LSP，如果存在该 LSP，则回应正确的 Echo Reply 消息；如果不存在，则返回带有错误码的 Echo Reply 消息。

步骤 4：在路由器 RTA 上，应用程序对 Echo Reply 进行相关处理，对第二个 Echo Request 进行初始化，初始化过程基本和步骤 1 中的初始化一样，但是 TTL 设置为 2，然后发送给路由器 RTB。

步骤 5：在路由器 RTB 上，将 TTL 减 1，采用和该 FEC 相同的转发策略，将 Echo Request 消息当作普通 MPLS 数据报文发送给路由器 RTC。

步骤 6：在路由器 RTC 上，进行和步骤 3 相同的做法，返回 Echo Reply 消息给路由器 RTA，因为路由器 RTC 已经是该 LSP 的出口节点，所以不返回任何下游节点信息。至此，整个 LSP Traceroute 过程结束，路由器 RTA 得到该 LSP 沿途每一个节点的信息。

7.2.2　L3VPN Ping 的原理

在三层 VPN 中，可以用 L3VPN Ping 验证业务通道是否通畅，通过 L3VPN

Traceroute 可了解业务的转发路径并进行故障定位。

如图 7-27 所示，CE1 和 CE2 同属于 VPNA，但是属于不同的站点。CE1 和 CE2 之间的通信通过在运营商公网上配置 MPLS L3VPN 来实现。运营商公网组成 MPLS Domain（MPLS 域）。

图 7-27　L3VPN Ping 组网

在 PE 设备上完成了 MPLS L3VPN 的配置后，为了验证 L3VPN 是否建立成功，我们需要使用 L3VPN Ping 命令。例如，PEA 要验证 CE2 的 10.1.2.2 的 IP 是否可达。如果直接使用 "Ping 10.1.2.2" 命令进行检测，PEA 会查询 IP 路由表（即公网路由表），而不是查询 VPNA 的私网路由表。因为路由 10.1.2.2/30 被存储在 VPNA 的私网路由表，而不是 IP 路由表，由于 PEA 在 IP 路由表中查不到可以匹配 IP 地址 10.1.2.2 的路由条目，PEA 会直接返回错误信息，停止 Ping 操作。

为了解决上述问题，可执行 "Ping 10.1.2.2 vrf VPNA" 的命令，即通过指定 VPN 实例名的方法，当发送 10.1.2.2 的 ICMP Echo Request 消息时，Ping 命令会调用 VPNA 的私网路由表。如果能够收到对端应答（ICMP Echo Reply），则可以判定对端可达。

【任务实施】

7.2.3　LSP Ping 检测隧道连通性

执行 LSP Ping 命令有两种途径：主控单元协议栈和网络管理系统。下面仅介绍网络管理系统的相关操作。执行该命令的前提条件是网络管理系统能正常管理、配置及监测全网。

如图 7-28 所示，在 5G 承载网中，在 NE5 和 NE1 之间配置隧道（Tunnel），该隧道配备 SR-TP 1：1 保护，其中，NE5 为源节点，NE1 为目的（宿）节点。从源节点到宿节点为正方向，从宿节点到源节点为反方向。如表 7-1 所示，这条 Tunnel 拥有 4 条 LSP 路径。

图7-28　LSP Ping实验拓扑

表 7-1　SR-TP 1：1 保护关系表

方向	主用、备用关系	LSP 路径
正向路径	主用	NE5 → NE3 → NE1
	备用	NE5 → NE6 → NE4 → NE2 → NE1
反向路径	主用	NE1 → NE3 → NE5
	备用	NE1 → NE2 → NE4 → NE6 → NE5

在设备开通测试中，要求检测隧道的连通性。

在网络管理系统中，选择待测的隧道（NE5 至 NE1），单击鼠标右键，在菜单中选择"Ping"，如图 7-29 所示。

图7-29　隧道的LSP Ping

在弹出的"Ping"对话框里，单击"开始"按钮。

等待"Ping"完毕，若 LSP Ping 通，则说明通道畅通。如果 LSP Ping 不通，则应进一步通过 LSP Traceroute 清楚了解业务的转发路径，从而找到故障点。

7.2.4　L3VPN Ping 检测业务连通性

执行 L3VPN Ping 命令有两种途径：主控单元协议栈和网络管理系统。下面仅介绍网络管理系统的相关操作。执行该命令的前提条件是网络管理系统能正常管理、配置及监测全网。

如图 7-30 所示，5G 承载网中，在 NE5 和 NE1 之间配置 L3VPN 承载 5G 业务。

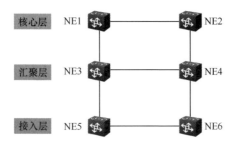

图7-30　L3VPN Ping实验拓扑

要求检测 5G 业务的连通性。选择待测的 L3VPN 条目，单击鼠标右键，在菜单中选择"Ping"，如图 7-31 所示。

图7-31　L3VPN业务的Ping

等待"Ping"完毕，若 L3VPN Ping 通，则说明通道畅通。

1. 简述 LSP Ping 的原理和测试方法。
2. 简述 L3VPN Ping 的原理和测试方法。

7.2.5　实训单元——LSP 隧道连通性测试

熟悉 LSP 隧道连通性测试的流程，掌握 LSP 隧道连通性测试的方法。

针对已配置的隧道完成 LSP 隧道连通性测试。

实训准备 ▶▶ ─────── • • •

1. 实训环境准备

（1）硬件：6 个承载网设备组成核心、汇聚、接入层；一台二层交换机；网络管理服务器主机、客户端主机。

（2）软件：承载网设备网络管理软件。

2. 相关知识点要求

（1）LSP Ping 的技术原理。

（2）5G 承载网组网架构和关键技术。

实训步骤 ▶▶ ─────── • • •

1. 筛选出待测试的隧道。

2. 对隧道执行 Ping 操作。

3. 记录实验结果。

评定标准 ▶▶ ─────── • • •

在指定时间内完成隧道的 Ping 测试，包含主用路径和备用路径的测试。

实训小结 ▶▶ ─────── • • •

实训中的问题：_____

_____

_____

问题分析：_____

_____

_____

问题解决方案：_____

_____

_____

1. 一条带 SR-TP 1:1 保护的隧道包含几条 LSP？
2. 尝试 LSP Traceroute 操作，并详细记录 LSP 经过的路径和使用的标签。

7.2.6 实训单元——5G 业务连通性测试

熟悉 5G 业务连通性测试的流程，掌握 5G 业务连通性测试的方法。

针对已配置的 L3VPN 完成 5G 业务连通性测试。

1. 实训环境准备
   （1）硬件：6 个承载网设备组成核心、汇聚、接入层；一台二层交换机；网络管理服务器主机、客户端主机。
   （2）软件：承载网设备网络管理软件。
2. 相关知识点要求
   （1）L3VPN 的工作机制和 L3VPN Ping 的原理。
   （2）5G 承载网的组网架构和关键技术。

1. 筛选出待测试的 L3VPN。
2. 对 L3VPN 执行 Ping 操作。
3. 记录实验结果。

在指定时间内完成 L3VPN 的 Ping 测试，包含不同源、宿端口的组合。

实训小结 ▶▶————————• • •

实训中的问题:_____

_____

_____

问题分析:_____

_____

_____

问题解决方案:_____

_____

_____

思考与拓展 ▶▶————————————• • •

1. 如果 LSP Ping 不通,是否会对 L3VPN Ping 的结果有影响?
2. 尝试 L3VPN Traceroute 操作,并详细记录报文经过的路径。

任务 3 可靠性倒换测试

【任务前言】

相比其他通信网络，5G 承载网规模更大，维护难度也更高，且 5G 业务对网络可靠性的要求也更高。因此，在设备开通和业务加载之后，网络维护人员应对承载网进行定期的倒换测试，防网络故障隐患于未然。

【任务描述】

本任务主要介绍承载网设备主控单元 1：1 保护的原理和倒换测试方法，以及 SR-TP 1：1 保护的原理及倒换测试方法，并通过实训单元，学员能掌握可靠性倒换测试的相关技能。

【任务目标】

- 了解主控单元 1：1 保护和 SR-TP 1：1 保护的技术原理。
- 能够用网络管理系统完成承载网设备主控单元的 1：1 保护倒换测试。
- 能够用网络管理系统完成承载网隧道的 SR-TP 1：1 保护倒换测试。

 知识储备

7.3.1 主控单元 1：1 硬件保护的原理

在设备正常运行时，设备有两块主控板卡（一主一备），仅主用盘的主控单元工作，备用盘的主控单元处于热备份状态。若满足倒换触发条件，而主用盘无法工作，倒换命令将通过盘间通信通道发送给备用盘，备用盘切换为主用状态，以保证设备的正常运行。此保护被称为主控单元的 1：1 保护或 1：1 冗余备份。

主用盘是处于工作（Primary）状态的机盘，备用盘是处于备用（Backup）状态的机盘。主、备用状态可以通过面板的相应指示灯来判断，也可以通过网络管理系统获知。

　　主备倒换的触发条件有以下几项（满足一条即可）。

（1）主用盘硬件或软件发生故障。

（2）主用盘被人为拔出。

（3）主用盘硬复位：在面板上按下"Reset"键。

（4）人为下发倒换命令：强制倒换或人工倒换。

（5）在主用盘面板上按下"SW"键。

　　主控单元 1：1 硬件保护为非返回式的保护，即当原主用盘故障解除后，原主用盘也只能进入备用状态，不会抢占当前主用盘的工作状态，除非触发新的主备倒换。

　　为了保证备用盘切换为工作状态时能正常工作，必须使其与主用盘进行配置数据同步。备用主控单元上电后会自动与主用主控单元进行配置数据同步，只有在备用主控单元与主用主控单元之间的配置数据同步完成后，主控单元 1：1 保护才能生效。配置同步期间，手动的主备切换（包括控制命令切换、面板按键切换）操作无效。

7.3.2　SR-TP 1：1 隧道保护的原理

　　SR-TP 1：1 保护通过备用 LSP 来保护主用 LSP 上传送的业务。当主用 LSP 发生故障时，业务倒换到备用 LSP，以保证业务正常传送。SR-TP 1：1 保护通过 OAM 检测 LSP 的连通性，从而判断是否进行保护倒换。

　　SR-TP 1：1 属于隧道层或 LSP 层的保护技术，属于同源同宿的保护。当一端倒换时，通过 APS（自动保护倒换）类型的 OAM 协商，另一端也会发生倒换，因此该技术属于双向倒换。关于 LSP 及其保护的详细介绍，详见"5G 承载网中的隧道技术"一节。

　　倒换触发条件有两个（满足一条即可）。

（1）主用 LSP 路径故障：中间节点掉电或中间光缆故障、接口故障等。

（2）人为下发倒换命令：强制倒换或人工倒换。

　　SR-TP 1：1 隧道保护为返回式或非返回式的保护。默认为返回式，即原主用 LSP 路径故障解除后，经过 WTR（等待回复）时间后，原主用 LSP 路径会恢复为主用状态。也可通过网络管理系统将返回模式设置为非返回式，即原主用 LSP 路径故障解除后，原主用 LSP 路径只能进入备用状态，除非触发新的 SR-TP 1：1 倒换。

【任务实施】

7.3.3　测试主控单元 1：1 硬件保护

　　5G 承载网设备均支持安装两块主控单元，当满足倒换触发条件时，备用盘将取代原主用盘进入工作状态。

人为触发主控单元 1:1 保护倒换，主要通过以下两种方式。

（1）使用主用盘面板上的"SW"键，使主用盘切换为备用。

（2）通过网管下发倒换命令。

下面仅介绍第二种方式。

测试前，先通过网络管理系统或设备面板指示灯确认主控单元的主、备用槽位。如图 7-32 所示，17 槽位的主控单元为主用，16 槽位的主控单元为备用。

图7-32　倒换前的主备状态查询

进入网络管理系统，针对某网元，当主备状态显示为 READY 时，通过"主控盘盘保护软切换控制命令"执行倒换操作，如图 7-33 所示。

图7-33　主控单元保护软切换控制命令

查看主控单元主备状态。由于主备切换，原主用盘的进程会复位，故需要等待一段时间再查看倒换后的状态。如图 7-34 所示，如果当前 16 槽位的主控单元为主用，17 槽位的主控单元为备用，说明倒换成功；如果"主备状态"显示为 READY，说明倒换完毕。

图7-34　倒换后的主备状态查询

7.3.4　测试 SR-TP 1：1 隧道保护

如 7.2.3 节中的图 7-28 所示，5G 承载网中，在 NE5 和 NE1 之间配置隧道，该隧道配备 SR-TP 1：1 保护。其中，NE5 为源节点，NE1 为宿节点。从源节点到宿节点为正方向，从宿节点到源节点为反方向，这条隧道拥有 4 条 LSP 路径（参见 7.2.3 节的表 7-1）。

在网络管理系统中选择"隧道内保护状态"，查看源节点为 NE5、宿节点为 NE1 的隧道，如图 7-35 所示。其中，主 LSP 状态、备 LSP 状态和倒换状态均为 "normal"，说明主、备 LSP 路径均正常，未发生倒换。

图7-35　倒换前的隧道内保护状态

可通过拔纤或网络管理系统下发倒换命令的方式触发倒换。下面仅介绍后者。

在网络管理系统中筛选出待切换的隧道，单击鼠标右键选择"保护倒换"，如图 7-36 所示。

图7-36　隧道的保护倒换界面

单击"倒换"按钮，选择"人工倒换"或"强制倒换"，如图 7-37 所示。

查看倒换后的隧道内保护状态（倒换状态为 forced-switch 即强制倒换），显示为倒换成功，如图 7-38 所示。

图7-37　隧道的倒换命令按钮

图7-38　倒换后的隧道内保护状态

1. 简述主控单元 1：1 硬件保护的原理和倒换测试方法。
2. 简述 SR-TP 1：1 隧道保护的原理和倒换测试方法。

7.3.5　实训单元——主控单元保护倒换测试

熟悉 5G 承载设备主控单元倒换测试的流程和步骤，掌握主控单元倒换测试的方法。

完成 5G 承载设备主控单元的倒换测试。

实训准备

1. 实训环境准备
   （1）硬件:6 个承载网设备组成核心、汇聚、接入层；一台二层交换机；网络管理服务器主机、客户端主机。至少一台承载网设备具备两块主控单元。
   （2）软件: 承载网设备网络管理软件。
2. 相关知识点要求
   （1）5G 承载网设备的硬件架构。
   （2）主控单元 1 : 1 硬件保护的原理。

实训步骤

1. 确认倒换前的主备状态。
2. 执行倒换操作。
3. 确认倒换结果。

评定标准

通过网络管理系统下发命令，成功完成一个网元的主控单元倒换操作。

实训小结

实训中的问题: _____

_____

_____

问题分析: _____

_____

_____

问题解决方案: _____

_____

_____

1. 主控单元的倒换触发条件有哪些？
2. 执行主控单元倒换必须具备哪些前提条件？

7.3.6 实训单元——LSP 保护倒换测试

熟悉 5G 承载设备 SR-TP 1∶1 倒换测试的流程和步骤，掌握 SR-TP 1∶1 倒换测试的方法。

对一条配置 SR-TP 1∶1 保护的隧道执行 LSP 倒换操作。

1. 实训环境准备
   （1）硬件：6 个承载网设备组成核心、汇聚、接入层；一台二层交换机；网络管理服务器主机、客户端主机。
   （2）软件：承载网设备网络管理软件。
2. 相关知识点要求
   （1）MPLS 技术的基础和原理。
   （2）SR-TP 1∶1 保护原理。

1. 确认倒换前的主备状态。
2. 执行倒换操作。
3. 确认倒换结果。

通过网络管理系统下发命令，成功完成一条隧道的 SR-TP 1∶1 倒换操作。

实训小结

实训中的问题：＿＿＿＿＿＿＿＿＿＿＿＿＿＿＿＿＿＿＿＿＿＿＿＿

＿＿＿＿＿＿＿＿＿＿＿＿＿＿＿＿＿＿＿＿＿＿＿＿＿＿＿＿＿＿＿＿

＿＿＿＿＿＿＿＿＿＿＿＿＿＿＿＿＿＿＿＿＿＿＿＿＿＿＿＿＿＿＿＿

问题分析：＿＿＿＿＿＿＿＿＿＿＿＿＿＿＿＿＿＿＿＿＿＿＿＿＿＿＿

＿＿＿＿＿＿＿＿＿＿＿＿＿＿＿＿＿＿＿＿＿＿＿＿＿＿＿＿＿＿＿＿

＿＿＿＿＿＿＿＿＿＿＿＿＿＿＿＿＿＿＿＿＿＿＿＿＿＿＿＿＿＿＿＿

问题解决方案：＿＿＿＿＿＿＿＿＿＿＿＿＿＿＿＿＿＿＿＿＿＿＿＿＿

＿＿＿＿＿＿＿＿＿＿＿＿＿＿＿＿＿＿＿＿＿＿＿＿＿＿＿＿＿＿＿＿

＿＿＿＿＿＿＿＿＿＿＿＿＿＿＿＿＿＿＿＿＿＿＿＿＿＿＿＿＿＿＿＿

思考与拓展

1. 隧道的 SR-TP 1：1 倒换有哪些触发条件？
2. 通过激光器关断操作，对一条隧道执行 SR-TP 1：1 倒换操作。

任务 4 输出验收报告

【任务前言】

网络的验收是用户对网络施工工作的认可，主要内容是检查网络系统是否符合设计要求和相关规范，验收工作体现于网络施工的全过程。那么网络验收具体是怎么实施的呢？输出的验收报告包括哪些内容呢？带着这些问题，我们进入本任务的学习。

【任务描述】

本任务主要介绍 5G 承载网验收的几个阶段以及各个阶段验收的主要内容，以帮助维护人员更好地胜任 5G 承载网的建设工作。

【任务目标】

- 能够完成 5G 承载网设备的到货验收。
- 能够完成 5G 承载网的初验。
- 能够完成 5G 承载网的终验。

【任务实施】

7.4.1 设备到货验收

一般情况下，设备厂商会提供一份验收清单。验收时应妥善保存设备的配套文档、质保单和说明书，软件和驱动程序应单独存放于安全的地方，便于日后使用。

到货验收也被称为硬件设备到货的开箱验收或单独购买系统软件时的开包验收。验收的主要内容包括以下几方面。

（1）检验到货的硬件设备和单独购买的软件的货号及数量是否与设备定货清单相符。

（2）检验到货的设备硬件是否损坏，软件是否为合同指定版本。

（3）检验按合同定购的设备及软件是否按时到货。

验收的结果应该提供一份由参与验收的用户、设备和软件供应商签名的硬件设备及系统软件验收清单，并标注当时的日期。

7.4.2　5G 承载网初验

5G 承载网在完成网络搭建后，在交付试运行前，需要进行初步验收，即初验。

初验的主要内容包括：

（1）按照网络设计的拓扑结构，检查网元类型、光路连接、光功率、电压、温度等是否满足要求；

（2）按照网络设计的参数指标，如开通、业务连通性、保护倒换等，测试网络系统是否满足要求。

初步验收结果要提交一份由用户和供应商以及第三方的技术顾问签名的初步验收报告。报告应附上网络系统的测试报告，还应给出明确的结论，即以下几点。

（1）通过初步验收。

（2）基本通过初步验收，但要求在某一期限内解决某些遗留的问题。

（3）尚未通过初步验收，确定在某一时间再次进行初步验收。

7.4.3　5G 承载网终验

5G 承载网在完成初步验收后，将交付试运行 3 个月，如果没有重大故障发生，特别是没有系统中断的现象发生，在用户允许的前提下，供应商、用户和第三方的技术顾问可参与进行网络系统的最终验收，即终验。

最终验收的依据是网络设计时的各种技术要求，以及试运行期间网络系统的运行日志。

最终验收的内容是通过对运行日志的分析，评判系统的稳定性、可靠性以及系统的容错能力等指标是否达到要求。

最终验收的结果要求提供由参加最终验收的各方签名的最终验收报告，附上试运行期间的有代表性的运行日志的数据记录，并且给出最终验收的明确结果。

（1）通过最终验收。

（2）未通过最终验收。

（3）延迟 1～2 个月以后再进行最终验收。

7.4.4　输出初验报告

初步验收作为整个验证过程中最核心的一环，涉及整个网络测试环节，包括设备开通测试、业务连通性测试、保护倒换测试等。相关的测试结果将作为初验报告的重要组成部分。

表 7-2 是初验报告的表格范例。

表 7–2　初验报告范例

验收项目	××省5G	合同编号	202001013456	验收阶段	初验
验收单位	中国移动	供应商	××公司	顾问/监理	××公司
测试项目一	设备开通	测试结果	详见报告	结论	测试通过
测试项目二	业务连通性	测试结果	详见报告	结论	测试通过
测试项目三	保护倒换	测试结果	详见报告	结论	测试通过
测试项目四	…	测试结果	…	结论	…
验收结论：通过初验 测试人员签字：　　　　用户签字：　　　　顾问/监理签字：					

1. 工程初验的测试内容主要包括哪些？

2. 在什么时候执行终验？

項目 8　5G 承载网维护

项目简介

为了保障承载网络安全、高效、稳定地运行，需要定期对网络设备及网络管理系统进行维护，并将维护结果存于维护记录表中。维护结果可帮助运行维护部门发现并及时解决当前网络存在的问题，排除网络运行隐患，亦可对全网运行质量进行评估和优化。

- 能够完成承载网的现场维护。
- 能够完成承载网的网管中心维护。
- 能够完成承载网维护记录表的编写。
- 能够完成承载网架构的评估与优化。

项目目标

项目导图

任务 1 承载网现场维护

【任务前言】

承载网维护为什么要分为现场维护和网管中心维护呢？对于本任务涉及的承载网现场维护，具体包含哪些维护项目和方法呢？在维护实施过程中，又有哪些安全操作注意事项需要谨记呢？带着这样的问题，我们进入本任务的学习。

【任务描述】

本任务首先介绍承载网现场维护的操作规范，然后基于知识储备实施具体维护任务，包括现场维护中的例行检查项目和常用维护操作。通过本任务的学习，学员能具备承载网现场维护的工作技能。

【任务目标】

- 能够描述承载网现场维护规范。
- 能够熟练使用承载网现场维护工具。
- 能够熟练完成承载网现场维护的常用维护操作。

 知识储备

承载网维护的意义如下。

（1）定期检查并记录设备运行状态，了解设备当前运行状况。

（2）定期检查并清洁风扇、设备机柜、子框等硬件设施，保证设备稳定运行。

（3）定期对设备运行数据进行备份，为后期升级工作做好准备。

（4）在定期维护中发现的网络问题可为网络评估与优化及网络变更提供依据。

承载网维护包括现场维护和网管中心维护，现场维护指针对硬件的维护，包括设备、机盘、光模块、光纤等。网管中心维护指针对网络管理系统软件的维护。在实际的网络中，通常需要同时进行现场维护和网管中心维护。

8.1.1　现场维护操作规范

① 现场维护安全操作注意事项

承载网维护工程师在对设备进行维护的过程中应遵循操作安全规范，避免造成意外的人身伤害和设备损害。本节将介绍现场维护过程中的注意事项，主要包含安全和警告标识、现场维护工具、静电防护、机盘插拔、光纤及光接口安全操作和电气安全等内容。

（1）安全和警告标识

承载网设备子框和单盘上贴有安全和警告标识，工程师操作时须遵循标识的提示，各标识含义如表 8-1 所示。

表 8-1　安全和警告标识

标识	位置	含义
防止静电 E.S.D	子框	静电防护标识，提示操作人员操作时需要佩戴防静电腕带或手套，避免人体携带的静电损坏设备
（子框接地标识图）	子框	子框接地标识，提示操作人员子框接地的位置
拔纤工具挂环 HANGING EYE	子框	拔纤工具挂环标识，提示操作人员拔纤工具的位置
WARNING	风扇单元	风扇告警标识，严禁在风扇高速运转时碰触叶片
禁止带电插拔 NO PLUG UNDER POWER ON	电源盘	禁止带电插拔标识，警告禁止带电插拔承载网设备的电源盘
CLASS 1 LASER PRODUCT	光接口盘	激光等级标识，禁止双眼裸视尾纤剖面，以防止激光束灼伤眼睛。必要时需要佩戴防护眼镜

（2）现场维护工具

现场维护中经常会用到光功率计、拔纤器、防静电腕带等工具，具体如表 8-2 所示。

表 8-2　工具清单

工具外观	工具名称	用途
	光功率计	用于测试光接口的收发光功率
	专用拔纤器	用于插拔光纤及光模块
	无纺镜头纸	用于清洁光纤接头及衰减器
	十字螺丝刀	用于安装、拆卸机盘、风扇和子框电源线
	防静电腕带	防止人体静电损坏设备上的敏感元器件
	防静电袋	用于搁置替换机盘或风扇单元等器件
	粘胶纸带/标签纸	用于标记相关配件
	毛刷	用于清洁光模块、风扇单元等器件
	吸尘器	用于清洁机柜、子框、风扇单元等器件

（3）静电防护

人体静电可能会损坏机盘、子框上的元器件，故不允许直接用手触摸。在接触设备、机盘、集成电路（IC，Integrated Circuit）等之前，必须佩戴防静电手套或防静电腕带。在佩戴防静电腕带时，将其一端佩戴在手腕上，并确保金属扣和皮肤充分接触，将另一端扣在子框的防静电接地扣上。防静电手套的外观及防静电腕带的佩戴方法如图8-1 所示。

防静电手套外观　　　　　　　防静电腕带

图8-1　防静电手套外观及防静电腕带佩戴示意

【提示】
● 防静电腕带随设备发放。
● 机房地面不得使用地毯或其他容易产生静电的材料。
● 在存储机盘时，应将机盘放入防静电袋。

（4）机盘插拔
① 插拔机盘前须佩戴防静电手套或防静电腕带，并且保持双手干燥和清洁。
② 接触机盘时，切勿触摸机盘上的元器件和接线槽。
③ 插入机盘前，确认机盘上未接入线缆和光纤。
④ 插入机盘前，确认机盘插入方向，勿倒置机盘。
⑤ 插入机盘时，勿用力过大，以免弄歪背板上的插针。
⑥ 拔出机盘前，须记录机盘接口与纤缆的对应关系。
⑦ 拔出机盘前，确认已断开机盘上的线缆及光纤。
⑧ 机盘插拔的间隔时间建议大于 30s。

【警告】
　严禁带电插拔电源盘。

（5）光纤及光接口安全操作
　在现场维护过程中，采用不正确的方式操作光纤和光纤连接器可能会对操作者造成人身伤害，因此我们在连接光纤和清洁光纤连接器时必须注意以下事项。

① 使用专用拔纤器

插拔光纤和光模块应使用专用拔纤器。设备出厂时专用拔纤器已通过弹簧绳固定在承载网设备子框上，形似镊子，如图 8-2 所示。

图8-2　专用拔纤器

专用拔纤器由拔光模块端和拔光纤端两部分组成，使用时用其夹住光纤接头或光模块，即可方便地进行插拔，如图 8-3 所示。

用专用拔纤器的卡钩勾住光模块拉环，向外拉动，使光模块脱离屏蔽罩

拔光模块端（卡钩）

拔光纤端

图8-3　专用拔纤器组成及使用示意图

② 连接光纤

连接光纤前使用光功率计检查光功率，光功率符合光接口模块功率要求后方可连接。光功率计的使用方法如图 8-4 所示。

LC-FC 接头光纤跳线

图8-4　光功率计使用方法

连接光纤前应检查光纤接头与光接口是否匹配，如果不匹配，需要使用光纤转接头转接后连接到光接口，光纤转接头也称为光纤适配器或法兰。常见光纤接头与光纤转接头如图 8-5 所示，其中承载网设备光模块适配 LC 型光纤接头。

图8-5　常见光纤接头与光纤转接头

在尾纤输出功率未知的情况下，应避免直接将其插入机盘光接口，可通过虚插或增加衰减器的方式避免强光损毁光模块。图 8-6 所示为 3dB 光衰减器。

③ 保护眼睛

光输出口或输出口所接尾纤端面会发出激光，不要用肉眼直视光模块发射端口或光纤连接器，以免眼睛受损，如图 8-7 所示。

图8-6　3dB光衰减器

图8-7　光输出口

④ 避免光纤过度弯折

尾纤的过度弯曲、挤压均会对光功率产生影响，必须弯曲光纤时，曲率（最小弯曲）半径不得小于 38mm，如图 8-8 所示。

最小弯曲半径≥38mm

图8-8　光纤最小弯曲半径

⑤ 保护光接口和光接头

未使用的光接口和尾纤上的光接头一定要盖上防尘帽，这样既可以避免操作人员无意中直视光接口或光接头损伤眼睛，又能避免灰尘进入光接口或污染光接头，如图 8-9 所示。

图8-9　光接头

⑥ 清洁

在清洁光纤接头或光纤连接器时，必须使用专用的清洁工具和材料。下面列举了常用的清洁工具，操作人员可以根据实际需要选配。图 8-10 所示为常见光纤清洁工具箱。

- 专用清洁溶剂（优先选用异戊醇，其次为异丙醇）。
- 无纺镜头纸。
- 专用压缩气体。
- 棉签（医用棉或其他长纤维棉）。
- 专用清洁带。

图8-10　光纤清洁工具箱

（6）电气安全

操作人员在例行维护中需要注意以下安全事项，以防止短路、不良接地等电气事故。

① 短路

- 发生短路时，短路瞬间电流过大容易损坏设备，留下安全隐患。
- 操作时，应避免金属屑、金属部件和水等导电物体进入带电设备造成短路，导致电气设备和元器件损坏。
- 避免因人为疏忽或接线错误造成短路。
- 避免因管理不善，小动物进入带电设备造成短路。

② 接地

- 确认机房内保护地排接线良好。

● 确认设备接地良好。

③ 设备电源

● 拆除电源线前，确认电源处于断开状态。

● 电源线不可裸露在外，裸露部分须用绝缘胶布进行处理。

● 在条件许可的情况下，先断开电源，再进行其他操作。

② 现场维护原则和基本操作要求

（1）保证设备运行环境的清洁。

（2）保证环境温度、湿度、电压等在设备允许的范围内。

（3）不得随意插拔、复位机盘，更换线缆。

（4）定期检查备储物件，防止受潮霉变情况发生，并注意坏件的区分和分开保存，备件不足时须及时补充。

（5）维护过程中，必须佩戴防静电腕带或手套，避免人体静电损伤元器件，或被设备的尖角划伤。

（6）禁止在雷雨天操作设备和电缆。

（7）禁止直接接触或通过潮湿物体间接接触高压电源。

③ 现场维护人员的职责和要求

（1）维护人员的职责

① 按照维护规程的要求，做好周期性的例行维护工作，并做好相关记录。

② 当有突发性事故发生时，必须遵循维护规程中的步骤进行处理，并立刻向主管部门或主管人员上报，必要时应及时请求其他部门配合，做到在最短时间内排除故障。同时做好重大故障处理过程和相关数据的记录，并定期归档。

（2）对维护人员的要求

① 熟悉机盘面板接口、指示灯含义、主要功能和性能指标。

② 熟悉设备的各种告警和性能名称，并能正确理解其含义。

③ 熟练使用各种现场维护工具。

④ 能够熟练完成现场维护例行检查项目和常用维护操作。

8.1.2　现场维护项目分类

掌握现场维护操作规范后，我们开始具体的现场维护项目的学习。首先明确项目分类，现场维护任务的实施主要由例行检查项目及常用维护操作两部分组成，具体分类如图 8-11 所示。8.1.3 ～ 8.1.10 节将分别对这 8 个子维护项目进行阐述。

图8-11 现场维护项目分类

8.1.3 检查结构安装和纤缆

检查设备的结构安装和纤缆布放，使设备能够安全、持续稳定地正常工作。

① 维护周期

每年。

② 检查内容

（1）机柜柜门上应有均匀的网孔。

（2）设备子框上下应预留足够的空间。

（3）设备所有空槽位均应安装假面板。

（4）机柜各部件的保护地连接牢固、螺钉拧紧、不影响柜门的开合及设备的安装。

（5）防静电腕带、拔纤工具须安装在机柜或子框指定位置。

（6）设备安装方向正确，风扇进风口和出风口不能有遮挡。

（7）机架内外线缆、尾纤均不能悬空布线。

（8）尾纤、线缆布放美观，不影响柜门的开合，不影响活动部件的操作。

（9）尾纤应用光纤绑扎带（尼龙搭扣）固定，且尾纤在光纤绑扎带（尼龙搭扣）环中可自由抽动，尾纤弯曲直径大于38mm，禁止使用扎丝或尼龙扎带直接捆绑、固定尾纤。

（10）光纤（线缆）应通过分纤单元引到设备两侧，光纤（或线缆）保持顺畅、有序。

③ 参考标准

正确、美观、整齐的设备结构安装和线缆布放维护效果如图 8-12 所示。

图8-12 检查设备结构安装和纤缆布放维护效果

8.1.4 检查机房配套设施

通过检查机房内配套的 ODF 架，判定施工质量，降低人为故障发生的概率（如图 8-13 所示）。

① 维护周期

每年。

② 操作步骤

（1）检查设备面板上的空余光口、ODF 架的空闲法兰，确保空余光口和空闲法兰上有防尘帽。

（2）检查 ODF 架接头，确保无松动现象。

图8-13 检查机房配套设施

8.1.5 检查备件

当设备或机盘出现故障需要更换时，操作人员能够及时、快速地取出备件进行更换，有效缩短故障抢修时间。

① 维护周期

每年。

② 检查内容

（1）检查备件机盘软件版本，保证与在网设备同步升级。

（2）检查各备件的外观完整性，测试其功能是否正常，保证所有备件均能正常工作。

（3）将备件存放在干燥、干净的专用柜内，分类摆放，贴好标签，方便后期查找。

（4）重点机房应当在现场配置备件，保障就近快速取用。

（5）对于缺少的备件应尽快向上级部门反映，及时补充。

（6）将备件逐一进行登记，方便管理。备件登记表如表 8-3 所示。

表 8-3　备件登记表

编号	入库时间	机盘盘号	机盘盘名	适用设备	存放位置	登记人	出库时间	领用人	备注
1									
2									
3									
4									
5									

8.1.6 更换机盘

基于设备安装项目的学习，我们知道承载网设备的单盘主要由电源控制（PWR）、主控交叉盘以及业务盘组成。在日常维护中，一旦遇到机盘故障需要更换的情形，我们必须牢记更换每类单盘的操作规范。

① 更换 PWR 盘

按规范更换故障 PWR 盘，保证设备正常供电。

（1）操作步骤

① 佩戴好防静电腕带。

② 在电源分配柜（PDP，Power Distribution Panel）或配电柜上将待更换的 PWR 盘对应的空气开关置于 "OFF"。

③ 用十字螺丝刀拧松螺丝，拔出 PWR 盘上的电源线，然后拧松机盘上的松不脱螺钉，拔出待更换的电源盘（如图 8-14 的①、②所示）。

④ 插入新 PWR 盘（如图 8-14 的③、④所示），插入到位后拧紧松不脱螺钉，接好电源线。

⑤ 接通机柜上方 PDP 上该路的电源（将电源开关拨至"ON"侧）。

图 8-14　更换 PWR 盘示意

（2）参考标准

设备上电后，观察新更换电源盘的指示灯，ACT 灯绿灯应常亮，ALM 灯红灯应不亮，说明设备输入 / 输出电压在正常范围，机盘运行正常。

❷ 更换主控交叉盘

承载网设备的主控交叉盘支持 1+1 主备保护，当其中一块出现故障时，须按规范更换故障主控交叉盘，保证业务正常运行，且与网络管理系统正常通信。

（1）操作步骤

① 佩戴好防静电腕带。

② 观察待更换机盘的 STA 指示灯，绿色快闪为主用盘，慢闪为备用盘。

③ 拆除连接在待更换主控交叉盘上的线缆。

④ 若更换主用主控交叉盘，可先短按面板上的"SW"键，实现主备倒换。

⑤ 倒换完成后，拔出待更换主控交叉盘（如图 8-15 的①、②所示）。

⑥ 插入新主控交叉盘（如图 8-15 的③、④所示）。

图 8-15　更换主控交叉盘示意图

（2）参考标准

① 观察机盘的 ACT 指示灯，如果指示灯显示为绿色并快闪，则表明机盘运行正常。

② 通过网络管理系统对新主控交叉盘进行软件版本的配置和检查。

③ 更换业务盘

当业务盘出现故障时，及时对其进行更换，保证设备稳定地运行。

（1）操作步骤

① 核实待更换业务盘的类型、位置及连接的线缆。

② 佩戴好防静电腕带。

③ 拆除机盘上连接的线缆。

④ 拔出待更换机盘（如图 8-16 的 ① 、② 所示）。

⑤ 插入新机盘（如图 8-16 的 ③ 、④ 所示）。

⑥ 重新连接线缆。

图8-16　更换业务盘示意

（2）参考标准

更换操作完成后，观察机盘的 ACT 指示灯，如果指示灯显示为绿色并快闪，说明机盘运行正常，同时观察线缆接口对应编号的 RX 灯，若其为绿色常亮，则表明该接口输入光功率正常。

8.1.7　更换光模块

在设备运行的过程中，当光模块性能指标已无法满足业务需求或光模块无法工作时，需要操作人员对光模块进行更换，以保证设备正常工作。

① 操作步骤

（1）核实待更换光模块的类型（工作波长、传输距离等光模块信息如图 8-17 所示）、位置及连接的线缆。

图8-17　光模块信息

（2）佩戴好防静电腕带。

（3）使用拔纤器的拔光纤端拔出待更换光模块接口上的光纤，做好光纤与光接口的对应标记，并给拔出的光纤盖上防尘帽。

（4）使用拔纤器的拔光模块端拔出待更换光模块（如图 8-18 的②、③所示），放入防静电袋，并在防静电袋上粘贴维护标签，记录该光模块的相关信息和更换原因等。

（5）插入新光模块（如图 8-18 的④、⑤所示）。

（6）用光功率计检测输入及输出光功率，保证光功率在正常范围内。

（7）取下光纤防尘帽，按照记录的对应纤缆关系，插入拔出的纤缆。

图8-18　更换光模块示意

② 参考标准

在网络管理系统中查看发送和接收光功率，光功率若在正常范围内且无异常告警，说明光模块更换成功。

> 注意：在不使用光模块时务必及时塞上防尘帽，以免灰尘进入光模块而影响其性能。

8.1.8　清洁风扇单元

风扇单元负责设备的整体散热，运行异常时，需要及时更换，以保证设备正常散热，避免因散热异常造成设备故障。在日常维护中，须定期清洁风扇上的灰尘，保证风扇的转动匀速、正常。

① 维护周期

每季度。

② 操作步骤

（1）佩戴防静电腕带［插头已正确扣在静电放电（ESD，Electrostatic Discharge）扣上］。

（2）用十字螺丝刀拧松风扇单元面板上的松不脱螺钉（如图 8-19 的①所示）。

（3）双手拉住风扇面板的拉手，将风扇单元向外缓缓抽出 5cm 距离，使风扇单元脱离背板，待风扇停止转动后，将风扇单元完全抽出子框（如图 8-19 的②所示）。

（4）在 1min 内将新的备用风扇单元插入子框原位置（如图 8-19 的③所示）。

（5）拧紧松不脱螺钉（如图 8-19 的④所示）。

（6）观察新更换的风扇单元面板指示灯，ACT 指示灯应该为绿色常亮。

（7）将换下的风扇单元放入防静电袋，并在防静电袋上贴维护标签，记录风扇单元的信息及更换原因等，然后将其运出机房。

（8）在机房外采用吸尘器和毛刷，边刷边吸，清洁风扇单元的灰尘，经过除尘的风扇单元可作为备用风扇使用。

图8-19　更换及清洁风扇单元示意图

❸ 参考标准

（1）风扇单元 ACT 指示灯为绿色常亮。

（2）风扇单元运转正常、无异响。

> 注意：
> ● 风扇单元插入前应检查清楚，确保风扇单元无异物。
> ● 应在 1min 内完成风扇单元更换，以保证系统正常散热。

8.1.9　清洁整理设备

清洁承载网设备机柜、子框表面的灰尘，避免设备因积灰而影响运行。整理走线架和配线架等配套设备。

❶ 维护周期

每年。

❷ 操作步骤

（1）用干净、干燥的防静电软毛刷轻轻地刷去机柜 / 设备表面的灰尘，同时将吸尘器的吸嘴对准毛刷，边刷边吸。

（2）整理走线架和配线架，确保线缆连接可靠、布放整齐、捆扎有序，无老化，线缆标签无脱落。

8.1.10　清洁光纤连接器

光纤连接器端面上的细小灰尘或者其他污染物会影响光信号的质量，导致系统性能下降，为网络的稳定运行带来隐患。清洁光纤连接器，避免由于器件不洁造成业务传输质量下降，甚至引起业务中断等故障。

① 操作步骤（如图 8-20 所示）

（1）佩戴防静电手腕或手套。

（2）通过网络管理系统的"单盘控制命令"执行激光器"关"指令，然后拔出待清洁的光纤。

（3）在拔出光纤后的光接口上加盖防尘帽。

（4）使用镜头纸或光纤连接器清洁光纤连接器端面。

（5）拔下光接口上的防尘帽，插入清洁后的光纤。

（6）通过网络管理系统的"单盘控制命令"执行激光器"开"指令。

图8-20　清洁光纤连接器

② 参考标准

在网络管理系统中查看发送和接收光功率，光功率若在正常范围内且无异常告警，说明光纤连接器清洁成功。

> 注意：
> ● 拔出的光纤在清洁之前，请勿接触任何物品。
> ● 光纤清洁之后若不马上回插至光接口，须盖上防尘帽。

任务习题 ▶▶ ⋯

1. 简述承载网现场插拔机盘的操作注意事项。

2. 简述保证电气安全的注意事项。

8.1.11 实训单元——常用维护操作

基于承载网现场维护规范，熟练掌握常用现场维护项目的操作流程及注意事项。

基于实训环境，实施现场维护过程中的常用维护操作。

1. 实训环境准备
   （1）硬件：6 个承载网设备，网络管理服务器主机、客户端主机；防静电腕带、拔纤器、十字螺丝刀、防尘帽、防静电袋、标签纸、光功率计、无纺镜头纸、毛刷、备件等维护工具。
   （2）软件：承载网设备网络管理软件。
2. 相关知识点要求
   （1）5G 承载网设备子框结构及各机盘槽位分布。
   （2）5G 承载网设备机盘面板接口、指示灯含义及主要功能。
   （3）5G 承载网现场维护操作规范及常用维护操作流程。

1. 更换承载网设备的典型机盘。
2. 更换承载网设备的光模块。
3. 清洁承载网设备的风扇单元。
4. 清洁承载网设备的光纤连接器。

能够基于任务实施流程的描述，正确且高效地使用现场维护工具及承载网设备网络管理软件完成常用的现场维护操作。

实训小结 ▶▶ • • •

实训中的问题：_____
_____
_____

问题分析：_____
_____
_____

问题解决方案：_____
_____
_____

思考与拓展 ▶▶ • • •

1. 现场维护的常用工具有哪些？
2. 简述清洁风扇单元的操作步骤。

任务 2　承载网网管中心维护

【任务前言】

在任务 1 中，我们学习了承载网现场维护的相关内容，主要涉及设备硬件，那么大家肯定会有疑问，难道 5G 承载网的维护只需要维护设备硬件吗？承载网所承载的 5G 三大场景的业务是不是也需要进行维护呢？业务一旦中断，设备是不是应该产生相关告警提示呢？这些告警是不是应该被收集并展示出来呢？全网所有设备的运行状态是否正常，是不是也需要有一个监管者呢？带着上述疑问，在任务 2 中，我们来一探承载网的管理员——网络管理系统的全貌。

【任务描述】

本任务首先介绍承载网络网管中心维护的操作规范，然后基于上述知识储备实施具体维护任务，包括网管检查项目及设备检查项目。通过本任务的学习，学员能够熟练使用网络管理系统监控设备运行情况。

【任务目标】

- 能够描述网管中心维护操作的注意事项和原则。
- 能够熟练完成网络管理服务器相关的维护检查项目。
- 能够熟练使用网络管理系统对设备进行维护检查。

 知识储备

8.2.1　网管中心维护操作规范

❶ 网管中心维护安全操作注意事项

（1）网络管理服务器正常工作时不应退出，如果退出网络管理服务器对业务无影响，但会中断其对设备的监控。

（2）网络管理服务器为专用设备，不可挪作他用；不可外接来历不明的存储设备，避免病毒的侵害。

（3）不可随意删除网络管理服务器中的文件，不可向其内部拷入无关的文件。

（4）不可通过网络管理服务器访问互联网，否则会加大网卡上的数据流量，从而影响正常的网络管理系统数据传输或带来其他意外，如图 8-21 所示。

图8-21　不可接入互联网

（5）不可随意修改网络管理服务器的协议设置、计算机名，否则可能造成网络管理系统不能正常运行，具体如图 8-22、图 8-23 所示。

图 8-22　不可随意修改网络组件及其网络协议属性　　图 8-23　不可随意修改计算机名

❷ 网管中心维护原则及基本要求

（1）网管中心客户端维护原则。

① 不得随意修改网络管理系统配置数据。对于必须修改网络管理系统配置数据的情况，应做好记录。

② 严禁在网络管理系统安装、管理、配置和维护无关的软件。

③ 对于采集到的各项数据，应定期进行记录、分析和总结。

（2）网管中心服务器端维护原则

① 不得随意更改数据和数据库配置，改动前须进行数据备份并做好记录，修改数据后在一定时间内确认设备运行正常，才能删除备份数据。

② 定期观察数据库服务器的磁盘容量使用情况，及时扩容。

③ 就近存放维护过程中需要的软件和资料，以便在需要使用时及时获取。

③ 网管中心维护人员的职责和要求

（1）维护人员的职责

① 按照维护规程的要求，维护人员做好周期性的例行维护工作，并做好相关记录。

② 当有突发性事故发生时，维护人员必须按照维护规程中的步骤进行处理，并立刻向主管部门或主管人员上报，必要时应及时请求其他部门配合，做到在最短时间内排除故障。同时做好重大故障处理过程及相关数据的记录，并定期归档。

（2）对维护人员的要求

① 熟悉 5G 承载网的原理及组网方案。

② 熟悉设备架构及工作原理。

③ 熟悉网络管理系统的架构及运行环境、网络管理系统界面的各项常用操作。

④ 能够完成网络管理系统检查项目及设备检查项目。

8.2.2　网管中心维护项目分类

掌握网管中心维护操作规范后，我们开始具体维护项目的学习。网管中心维护项目分类如图 8-24 所示。

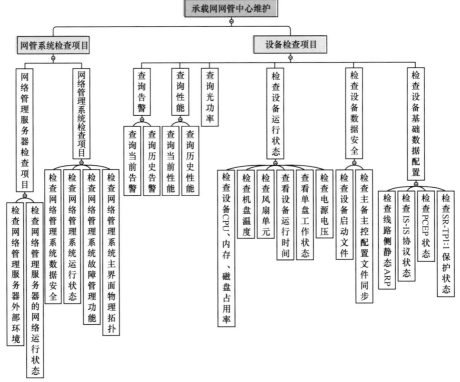

图8-24　网管中心维护项目分类

8.2.3　网络管理服务器检查项目

① 检查网络管理服务器外部环境

为网络管理服务器创建合格的外部环境，可有效提高其运行效率，延长服务器的使用寿命。

（1）维护周期

每周。

（2）操作步骤

① 检查网络管理服务器的外部卫生条件：防尘、防潮、防磁、散热措施是否得当。

② 检查并确保各部件的电源线、地线，均连接牢固、极性正常、接触良好。

③ 按照硬件连接图检查硬件连接线和网络线缆。

通过前述项目的学习，我们知道在 5G 时代，服务端与设备网络之间需要通过两条链路连通。一条链路（网线或光纤）连通设备网络的管理面，另一条链路（光纤）连通设备网络的控制面，实现管理面与控制面的完全隔离。服务端连接如图 8-25 所示，其中设备网卡 1 连通管理面，设备网卡 2 连通控制面。

图8-25　服务端连接

（3）参考标准

外部物理环境符合规范、电源供电配置不间断电源（UPS，Uninterruptible Power Source）、接地良好、硬件连接线正确且标签清晰明了。

② 检查网络管理服务器的网络运行状态

通过检查网络管理服务器的网络运行状态，包括网卡规划与配置、网卡工作状态等内容，保证服务器的网卡运行正常、稳定，与数据库及设备连接正常，为网络管理服务器的正常、高效运行打下良好基础。

（1）维护周期

每周。

（2）操作步骤

① 检查服务器网络连接配置，由图 8-25 可知，现网服务器一般包含 3 张网卡：数据库网卡、与设备管理面对接网卡、与设备控制面对接网卡。若当前服务器只有两张网卡，也可将管理面与控制面网卡合为一张设备网卡，具体如图 8-26 所示。

图8-26　服务器网络连接

② 检查服务器网卡配置

网卡配置的检查主要包含各网卡 IP 配置和路由配置两部分。

● 检查各网卡 IP 地址、子网掩码、网关的配置是否与规划保持一致，主要有以下两种方式。

方式一：右键单击"数据库"或"设备"网卡，依次选择"状态→详细信息"来查看具体 IP 配置信息，如图 8-27 所示。

图8-27　网卡IP配置

方式二：使用 cmd 命令提示符中的 ipconfig /all 命令检查 IP 配置是否正确，如图 8-28 所示。

图8-28　使用cmd命令提示符查看IP配置

● 使用 cmd 命令提示符中的 route print 命令检查主机路由表是否正确，如图 8-29 所示。

图8-29　使用cmd命令提示符查看路由表

③ 检查网卡工作状态是否正常。

● 使用 Ping 命令 "Ping 网关 IP –l 10000 –n 300"，Ping 大包至网关 5min，查看时延和数据分组丢失情况，确认网络状态是否正常，如图 8-30 所示。

图8-30　使用Ping命令检查网络状态

（3）参考标准

① 网络连接配置正确。

② 使用 ipconfig/all 命令查询到的 IP 应仅为数据库网卡 IP 和设备网卡 IP（管理面及控制面），无不明 IP。

③ 通过 route print 命令查询到的永久路由表中仅包含为工程而添加的路由，无不明路由。

④ 使用 Ping 大包命令 Ping 的结果应无异常时延、抖动和数据分组丢失。

8.2.4　网络管理系统检查项目

1 检查网络管理系统数据安全

众所周知，软件有价，数据无价，保证网络管理系统的数据安全是承载网维护的重中之重。保证网络管理系统各种备份文件按要求建立，可在数据意外丢失（如网络管理系统软硬件崩溃）时能及时恢复，也便于在处理与排查问题时进行查询。日常维护中需备份的文件主要为网络管理系统配置文件，该文件包含业务配置数据、设备、告警、日志及操作等信息。

（1）维护周期

每日。

（2）操作步骤

在网络管理服务器中，进入 D:\UNM2000\emsback 目录中检查是否存在备份的网络管理系统配置文件。网络管理服务器默认每天凌晨3时自动导出一份配置文件到上述默认路径下。告警、性能、日志、安全、网络管理系统配置等数据均通过该方式自动备份，如图8-31所示。

图8-31　网络管理系统自动备份文件

（3）参考标准

网络管理系统配置文件备份文件命名如20200312_030012_allback，应当与作业计划相符，无遗漏，并能导入数据库，且应存在外部介质或远程FTP服务器的定期备份。

❷ 检查网络管理系统运行状态

确保网络管理系统软件和MySQL数据库运行稳定、无隐患。

（1）维护周期

每周。

（2）操作步骤

① 选择服务器系统"菜单"→"管理工具"→"服务"，查看以"UNM_"开头的服务、MySQL数据库服务的运行状态是否显示为"正在运行"，如图8-32所示。

图8-32　网络管理系统服务

② 检查网元在位情况，应无灰网元、灰机框、灰机盘。

③ 在网络管理系统界面，查看机盘告警、性能、状态，正常时应返回对应告警、性能、状态，如返回超时或失败，应查找原因。

（3）参考标准

① 网络管理系统及数据库关键服务状态应为"正在运行"，且 MySQL 数据库服务启动属性设置为"自动"。

② 可登录网元、单盘，在允许的权限内查看告警、性能、状态，无脱管发生。

❸ 检查网络管理系统故障管理功能

保证网络管理系统的故障管理功能健全、无隐患。

（1）维护周期

每月。

（2）操作步骤

① 检查设备告警与网络管理系统告警灯对应状态是否一致，对应关系如下（如图 8-33 所示）。

● 通信中断（包括网络模块通信中断、网元通信中断和机盘通信中断），灰色（在实际界面中）；

● 紧急告警（指使业务中断并需要立即进行故障检修的告警），红色（在实际界面中）；

● 主要告警（指影响业务并需要立即采取故障检修的告警），橙色（在实际界面中）；

● 次要告警（指不会立刻影响现有业务，但需要采取故障检修以阻止恶化的告警），黄色（在实际界面中）；

● 提示告警（指不影响现有业务，但有可能成为影响业务的告警，可视需要采取故障检修措施），蓝色（在实际界面中）。

图8-33　网管告警统计

② 检查告警屏蔽设置功能

设置告警屏蔽规则可以屏蔽界面显示的某些告警，使用户聚焦重要告警，提高故障解决的效率。

● 网络管理系统侧告警屏蔽。设置网络管理系统侧告警屏蔽后，被屏蔽的告警应不在界面上显示。右键单击对应告警，选择"屏蔽"；或在主菜单中选择"告警"→"设置"→"告警屏蔽规则"，通过设置告警屏蔽规则进行告警屏蔽，如图 8-34 所示。

图8-34　网络管理系统侧告警屏蔽设置

● 设备侧告警屏蔽。设置设备侧告警屏蔽后，被屏蔽的设备告警应不上报到网络管理系统。在网元管理器的操作树中选择"告警"→"设备侧告警屏蔽"，勾选待屏蔽告警，并单击鼠标右键，在菜单中选择"设置屏蔽"，如图 8-35 所示。

图8-35　设备侧告警屏蔽设置

③ 检查告警声光设置功能

● 在主菜单选择"系统"→"参数设置"→"告警设置"→"本地设置"→"告警颜色"，修改告警级别与告警灯颜色的对应关系，如图 8-36 所示。

图8-36　告警颜色设置

● 在主菜单中选择"系统"→"参数设置"→"告警设置"→"本地设置"→"告警声音"，修改告警级别与声音的对应关系，如图 8-37 所示。

图8-37　告警声音设置

（3）参考标准

① 在网络管理系统界面上，网元、设备、机盘告警灯指示正常，与实际告警情况相匹配。

② 可进行网络管理系统侧、设备侧告警屏蔽。

③ 可设置声光告警上报，包括自定义声音、颜色。

④ 检查网络管理系统主界面物理拓扑

合理布置网元位置，便于设备维护。

（1）维护周期

每季度。

（2）操作步骤

打开网络管理系统主界面物理拓扑（如图 8-38 所示），按照下面的参考标准进行检查。

（3）参考标准

① 网元之间连线无交叉的情况。

② 可以明显区分两个网元之间的多条连线。

③ 不同设备类型的网元采用不同的图标。

④ 整个网络拓扑在界面上的整体布局合理，没有明显的乱摆、乱放现象。

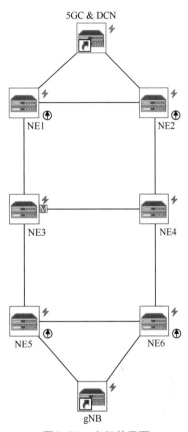

图8-38　主拓扑界面

8.2.5　查询告警

告警是网络中一些参数异常的提示信息，可分为当前告警和历史告警。设备通常通过指示灯显示告警。网络管理系统有完善的告警指示页面，可通过声音和图标闪烁等方式提示网络管理员对告警进行处理。

● 当前告警：在网络中未被清除，当前仍然存在，保存在网络管理系统当前告警库中的告警数据。

● 历史告警：已清除已确认状态的当前告警，经过自定义的时延后转为历史告警，保存在网络管理系统历史告警库中。

① 查询当前告警

定期浏览当前告警可有助于故障的及时发现和清除，保证网络的稳定运行。

（1）维护周期

每日。

（2）操作步骤

① 查询逻辑域或网元告警：右键单击左侧"浏览树"中的逻辑域或网元对象，在弹出的快捷菜单中选择"告警事件"→"当前告警"，显示逻辑域或网元的当前告警界面。

② 查询单盘当前告警：进入网元管理器，右键单击框视图中的对应单盘，单击鼠标右键，在菜单中选择"当前告警"，显示单盘的当前告警界面，如图8-39所示。

（3）参考标准

① 可查询当前告警、历史告警并可设置查询条件进行过滤；可进行告警确认；查

图8-39　查询单盘当前告警

询告警时可显示告警代码、名称、定位信息、发生时间、结束时间、确认状态等信息。

② 设备应不存在异常的当前告警，须重点关注输入光信号丢失（RLOS）/ 分组丢失率过限（PK_LOS）/ 输入光功率过低（IOP_LOW）、机盘通信中断（COMFAIL）、各类保护倒换失败告警（SW_FAIL）、单盘 CPU（CPU_USE_PER_OVER）/ 内存（MEM_USE_PER_OVER）/ 磁盘占用率过高（DISK_USE_PER_OVER）等告警。若存在这些告警，需要及时处理。具体处理方法可详见项目 9。网元当前告警如图 8-40 所示。

编号	图标	级别	名称	确认状态	清除状态	告警源	定位信息
34854		次要	等待恢复(SWTR)	未确认	设备清除	LAB-G1:NE6	SRC5F[16]::Inside-TP1:1--VP:tunnel-id=2
34853		紧急	光模块不在位(OTRX_ABS...	未确认	未清除	LAB-G1:NE6	LFAC2[04]::50GE_2(面板口)--Phy_Oif-name=flexe-50gi0/4/0/2
34852		紧急	光模块不在位(OTRX_ABS...	未确认	未清除	LAB-G1:NE6	LFAC2[05]::50GE_2(面板口)--Phy_Oif-name=flexe-50gi0/5/0/2
34851		紧急	连接信号丢失(LINK_LOS)	未确认	未清除	LAB-G1:NE6	MAC8[14]::GE_8(面板口)--Ethernetif-name=eth-1gi0/14/0/8
34850		紧急	连接信号丢失(LINK_LOS)	未确认	未清除	LAB-G1:NE6	MAC8[14]::GE_7(面板口)--Ethernetif-name=eth-1gi0/14/0/7
34849		紧急	连接信号丢失(LINK_LOS)	未确认	未清除	LAB-G1:NE6	MAC8[14]::GE_6(面板口)--Ethernetif-name=eth-1gi0/14/0/6
34848		紧急	连接信号丢失(LINK_LOS)	未确认	未清除	LAB-G1:NE6	MAC8[14]::GE_5(面板口)--Ethernetif-name=eth-1gi0/14/0/5
34847		紧急	连接信号丢失(LINK_LOS)	未确认	未清除	LAB-G1:NE6	MAC8[14]::GE_3(面板口)--Ethernetif-name=eth-1gi0/14/0/3
34846		紧急	连接信号丢失(LINK_LOS)	未确认	未清除	LAB-G1:NE6	MAC8[14]::GE_2(面板口)--Ethernetif-name=eth-1gi0/14/0/2
34845		紧急	连接信号丢失(LINK_LOS)	未确认	未清除	LAB-G1:NE6	MAC8[14]::GE_1(面板口)--Ethernetif-name=eth-1gi0/14/0/1
33120		紧急	PCC通信中断(PCC_DOWN)	未确认	未清除	LAB-G1:NE6	NE6

图8-40　网元当前告警

❷ 查询历史告警

通过网络管理系统查询历史告警获取设备在过去一段时间所出现的异常数据，指导当前的维护工作，对分析网络结构、制定优化方案具有参考价值。

（1）维护周期

每日。

（2）操作步骤

① 查询逻辑域或网元告警：右键单击左侧"浏览树"中的"逻辑域"或"网元对象"，在弹出的快捷菜单中选择"告警事件"→"历史告警"，显示逻辑域或网元

的历史告警界面，如图 8-41 所示。

图8-41　网元历史告警

② 查询单盘历史告警：进入"网元管理器"，右键单击框视图中的对应单盘，再单击鼠标右键，在菜单中选择"历史告警"，显示单盘的历史告警界面。

（3）参考标准

设备不应存在重复出现的紧急或主要告警。如果系统近期多次出现某紧急或主要告警，应做好记录，并分析系统可能存在的安全隐患，及时将其排除，降低影响设备安全运行的风险。

8.2.6　查询性能

性能是设备在网络中运行的质量统计数据，分析性能数据可以更好地帮助维护人员了解网络状态，优化网络结构，预防网络可能发生的故障。性能数据包括当前性能数据和历史性能数据。

● 当前性能数据：设备在当前网络中的性能数据，以 15min 或 24h 为标准进行数据取值。

● 历史性能数据：过去一段时间内网元检测到的性能数据，网络管理系统中存储的历史性能数据，设置查询的起止时间点，以 15min 或 24h 为标准进行数据取值。

1 查询当前性能

通过查询性能上报情况，可以判断设备是否稳定地运行，及时排除隐患。通常须查询主控盘、业务接口盘的性能。

● 查询主控盘性能：及时发现设备的温度及供电电压是否正常。

● 查询业务接口盘性能：获取机盘的光功率、分组丢失、收发包 / 流量、CPU/内存 / 磁盘利用率等。

（1）维护周期

每日。

（2）操作步骤

① 查询逻辑域或网元性能：右键单击界面左侧"浏览树"中的"逻辑域"或"网

元对象"，在弹出的快捷菜单中选择"性能"→"当前性能"，显示逻辑域或网元的
当前性能界面，如图 8-42 所示。

图8-42　网元当前性能

② 查询单盘当前性能：进入"网元管理器"，右键单击框视图中的对应单盘，再
单击鼠标右键，在菜单中选择"当前性能"，显示单盘的当前性能界面。

③ 参考标准

● 业务接口盘 CRC 错包计数（CRC_ERR）、坏包计数（RX_BDPK）均为 0，
同时无对应的收坏包过限（RX_ERR）、分组丢失率过限（PK_LOS）告警，输入 /
输出光功率处于正常范围。

● CPU/ 内存 / 磁盘利用率处于正常范围，无对应利用率过限告警。

网元当前性能（15min）如图 8-43 所示。

性能源	对象名称	性能分组	性能代码	英文性能代码	性能值
LAB-G1:NE6	MAC8[14]::单盘:slot=0/14/0	环境监控性能	机衬温度(BOARD_TEMP)	BOARD_TEMP	39.56°C
LAB-G1:NE6	LFAC2[05]::单盘:slot=0/5/0	环境监控性能	机衬温度(BOARD_TEMP)	BOARD_TEMP	38.00°C
LAB-G1:NE6	LFAC2[04]::单盘:slot=0/4/0	环境监控性能	机衬温度(BOARD_TEMP)	BOARD_TEMP	38.00°C
LAB-G1:NE6	SRC5F[17]::单盘:slot=0/17/0	环境监控性能	机衬温度(BOARD_TEMP)	BOARD_TEMP	58.00°C
LAB-G1:NE6	SRC5F[16]::单盘:slot=0/16/0	环境监控性能	机衬温度(BOARD_TEMP)	BOARD_TEMP	58.00°C
LAB-G1:NE6	MAC8[14]::单盘:slot=0/14/0	通用管理	CPU利用率(CPU_UTILIZATION)	CPU_UTILIZATION	32.00%
LAB-G1:NE6	LFAC2[05]::单盘:slot=0/5/0	通用管理	CPU利用率(CPU_UTILIZATION)	CPU_UTILIZATION	3.00%
LAB-G1:NE6	LFAC2[04]::单盘:slot=0/4/0	通用管理	CPU利用率(CPU_UTILIZATION)	CPU_UTILIZATION	8.00%
LAB-G1:NE6	SRC5F[17]::单盘:slot=0/17/0	通用管理	CPU利用率(CPU_UTILIZATION)	CPU_UTILIZATION	9.00%
LAB-G1:NE6	SRC5F[16]::单盘:slot=0/16/0	通用管理	CPU利用率(CPU_UTILIZATION)	CPU_UTILIZATION	13.00%
LAB-G1:NE6	MAC8[14]::单盘:slot=0/14/0	通用管理	磁盘利用率(DISK_UTILIZATION)	DISK_UTILIZATION	4.59%
LAB-G1:NE6	LFAC2[05]::单盘:slot=0/5/0	通用管理	磁盘利用率(DISK_UTILIZATION)	DISK_UTILIZATION	5.75%
LAB-G1:NE6	LFAC2[04]::单盘:slot=0/4/0	通用管理	磁盘利用率(DISK_UTILIZATION)	DISK_UTILIZATION	5.77%
LAB-G1:NE6	SRC5F[17]::单盘:slot=0/17/0	通用管理	磁盘利用率(DISK_UTILIZATION)	DISK_UTILIZATION	11.55%
LAB-G1:NE6	SRC5F[16]::单盘:slot=0/16/0	通用管理	磁盘利用率(DISK_UTILIZATION)	DISK_UTILIZATION	12.11%
LAB-G1:NE6	MAC8[14]::GE_6--Phy_O(面板口)--Phy_O:if-name=eth...	光功率性能	输入光功率(IOP)	IOP	收无光
LAB-G1:NE6	MAC8[14]::GE_4--Phy_O(面板口)--Phy_O:if-name=eth...	光功率性能	输入光功率(IOP)	IOP	-8.24dBm
LAB-G1:NE6	MAC8[14]::GE_1--Phy_O(面板口)--Phy_O:if-name=eth...	光功率性能	输入光功率(IOP)	IOP	收无光
LAB-G1:NE6	MAC8[14]::GE_7--Phy_O(面板口)--Phy_O:if-name=eth...	光功率性能	输入光功率(IOP)	IOP	收无光
LAB-G1:NE6	MAC8[14]::GE_3--Phy_O(面板口)--Phy_O:if-name=eth...	光功率性能	输入光功率(IOP)	IOP	收无光
LAB-G1:NE6	MAC8[14]::GE_2--Phy_O(面板口)--Phy_O:if-name=eth...	光功率性能	输入光功率(IOP)	IOP	收无光
LAB-G1:NE6	MAC8[14]::GE_5--Phy_O(面板口)--Phy_O:if-name=eth...	光功率性能	输入光功率(IOP)	IOP	收无光

图8-43　网元当前性能（15min）

❷ 查询历史性能

维护人员可通过查询和分析设备的历史性能数据，了解网络运营的效率，对网
络未来的性能进行预测，为进一步规划网络提供参考。需要保证与性能采集相关的
网络管理系统服务和数据库服务正常启动，并且建立性能采集任务。

（1）维护周期

每日。

（2）操作步骤

① 查询逻辑域或网元性能：右键单击界面左侧"浏览树"中的"逻辑域"或
"网元对象"，在弹出的快捷菜单中选择"性能"→"历史性能"，显示逻辑域或网元的当前性能界面。

② 查询单盘历史性能（如图 8-44 所示）：进入网元管理器，右键单击框视图中的对应单盘，在菜单中选择"历史性能"，显示单盘的历史性能界面。

（3）参考标准

设备不存在重复多次出现的性能异常。如果系统某性能参数近期多次出现异常，应做好记录，并分析系统可能存在的安全隐患，及时排除，降低设备运行出现故障的风险。

图8-44   查询单盘历史性能

8.2.7 查询光功率

当光接口的输入/输出光功率异常时，可能会产生误码或损坏光器件。通过网络管理系统查询光接口盘的输入/输出光功率，确保其都在正常范围内，保证设备正常工作。

（1）维护周期

每月。

（2）操作步骤

方式一：通过光模块状态查询光功率。

① 进入网元的"网元管理器"：在网络管理系统窗口左侧"浏览树"窗格中双击相应网元。

② 进入网元的"状态命令行"选项卡：在"网元管理器"窗口左侧"操作树"上选择"高级"→"状态命令行"。

③ 查询光模块状态：在"状态命令行"窗口下，选择"接口状态"→"光模块状态"，如图 8-45 所示。

方式二：通过物理拓扑连线查询。

在物理拓扑视图下，右键单击任意两个网元之间的连线，选择"查看光功率"

选项卡，如图 8-46 所示。

接口名称 ▲	...	...	在位状态	...	封装类型	...	...	...	...	灵敏度	过载点	最大输出光功率	最小输出光功率	...	输入光功率	输出光功率
eth-1gi0/14/0/1	...	...	PRESENT	...	SFP(+) or SFP28	...	-	·	...	-23.00	-3.00	-3.00	-8.00	...		-6.01
eth-1gi0/14/0/2	...	...	PRESENT	...	SFP(+) or SFP28	...	-	·	...	-23.00	-3.00	-3.00	-8.00	...		-5.93
eth-1gi0/14/0/3	...	...	PRESENT	...	SFP(+) or SFP28	...	-	·	...	-23.00	-3.00	-3.00	-8.00	...		-5.85
eth-1gi0/14/0/4	...	...	PRESENT	...	SFP(+) or SFP28	...	-	·	...	-23.00	-3.00	-3.00	-8.00	...	-8.19	-5.83
eth-1gi0/14/0/5	...	...	PRESENT	...	SFP(+) or SFP28	...	-	·	...	-23.00	-3.00	-3.00	-8.00	...		-6.03
eth-1gi0/14/0/6	...	...	PRESENT	...	SFP(+) or SFP28	...	-	·	...	-23.00	-3.00	-3.00	-8.00	...		-5.95
eth-1gi0/14/0/7	...	...	PRESENT	...	SFP(+) or SFP28	...	-	·	...	-23.00	-3.00	-3.00	-8.00	...		-5.96
eth-1gi0/14/0/8	...	...	PRESENT	...	SFP(+) or SFP28	...	-	·	...	-23.00	-3.00	-3.00	-8.00	...		-5.96
flexe-50gi0/4/0/1	...	...	PRESENT	...	QSFP28	...	-	·		-8.40	4.20	4.20	-4.50	...	0.75	1.37
flexe-50gi0/4/0/2	...	...	ABSENT				·	·		0.0	0.0	0.0	0.0			
flexe-50gi0/5/0/1	...	...	PRESENT	...	QSFP28	...	-	·		-8.40	4.20	4.20	-4.50	...	1.47	0.50
flexe-50gi0/5/0/2	...	...	ABSENT				·	·		0.0	0.0	0.0	0.0			

图8-45　通过光模块状态查询光功率

图8-46　通过物理拓扑连线查询光功率

方式三：通过光接口盘查询。

① 进入网元的"框视图"：双击网络管理系统界面左侧"浏览树"中的网元，调出对应"框视图"。

② 进入单盘当前性能查看输入 / 输出光功率：右键单击框视图中的光接口盘，在菜单中选择"当前性能"→"当前 15min 性能"，弹出当前性能选项卡，在该窗口中查看对应光接口的输入 / 输出光功率，如图 8-47 所示。

序号	性能源	对象名称	性能分组	性能代码	英文性能代码	性能值 ↑
10	LAB-G1:NE6	LFAC2[05]:50GE_1--Phy_O(面板口--Phy_O:if-name=flexe-50gi0/5/0/1)	光功率性能	输入光功率峰值(IOP_MAX)	IOP_MAX	1.47dBm
12	LAB-G1:NE6	LFAC2[05]:50GE_1--Phy_O(面板口--Phy_O:if-name=flexe-50gi0/5/0/1)	光功率性能	输入光功率均值(IOP_MEAN)	IOP_MEAN	1.47dBm
9	LAB-G1:NE6	LFAC2[05]:50GE_1--Phy_O(面板口--Phy_O:if-name=flexe-50gi0/5/0/1)	光功率性能	输入光功率(IOP)	IOP	1.47dBm
11	LAB-G1:NE6	LFAC2[05]:50GE_1--Phy_O(面板口--Phy_O:if-name=flexe-50gi0/5/0/1)	光功率性能	输入光功率谷值(IOP_MIN)	IOP_MIN	1.47dBm
14	LAB-G1:NE6	LFAC2[05]:50GE_1--Phy_O(面板口--Phy_O:if-name=flexe-50gi0/5/0/1)	光功率性能	输出光功率峰值(OOP_MAX)	OOP_MAX	-0.28dBm
13	LAB-G1:NE6	LFAC2[05]:50GE_1--Phy_O(面板口--Phy_O:if-name=flexe-50gi0/5/0/1)	光功率性能	输出光功率(OOP)	OOP	-0.28dBm
16	LAB-G1:NE6	LFAC2[05]:50GE_1--Phy_O(面板口--Phy_O:if-name=flexe-50gi0/5/0/1)	光功率性能	输出光功率均值(OOP_MEAN)	OOP_MEAN	-0.29dBm
15	LAB-G1:NE6	LFAC2[05]:50GE_1--Phy_O(面板口--Phy_O:if-name=flexe-50gi0/5/0/1)	光功率性能	输出光功率谷值(OOP_MIN)	OOP_MIN	-0.31dBm
1	LAB-G1:NE6	LFAC2[05]:50GE_2--Phy_O(面板口--Phy_O:if-name=flexe-50gi0/5/0/2)	光功率性能	输入光功率(IOP)	IOP	不在位
2	LAB-G1:NE6	LFAC2[05]:50GE_2--Phy_O(面板口--Phy_O:if-name=flexe-50gi0/5/0/2)	光功率性能	输入光功率峰值(IOP_MAX)	IOP_MAX	不在位
3	LAB-G1:NE6	LFAC2[05]:50GE_2--Phy_O(面板口--Phy_O:if-name=flexe-50gi0/5/0/2)	光功率性能	输入光功率谷值(IOP_MIN)	IOP_MIN	不在位
4	LAB-G1:NE6	LFAC2[05]:50GE_2--Phy_O(面板口--Phy_O:if-name=flexe-50gi0/5/0/2)	光功率性能	输入光功率均值(IOP_MEAN)	IOP_MEAN	不在位
5	LAB-G1:NE6	LFAC2[05]:50GE_2--Phy_O(面板口--Phy_O:if-name=flexe-50gi0/5/0/2)	光功率性能	输出光功率(OOP)	OOP	不在位
6	LAB-G1:NE6	LFAC2[05]:50GE_2--Phy_O(面板口--Phy_O:if-name=flexe-50gi0/5/0/2)	光功率性能	输出光功率峰值(OOP_MAX)	OOP_MAX	不在位
7	LAB-G1:NE6	LFAC2[05]:50GE_2--Phy_O(面板口--Phy_O:if-name=flexe-50gi0/5/0/2)	光功率性能	输出光功率谷值(OOP_MIN)	OOP_MIN	不在位

图8-47　通过光接口盘查询光功率

（3）参考标准

若输入 / 输出光功率在规定或建议范围内，表明光模块正常工作，具体指标如表 8-4 所示（表中为双纤双向光模块对应指标）。

表 8-4　光模块指标

速率	距离（km）	中心波长范围（nm）	输出光功率范围（AVG/dBm）	过载光功率（AVG/dBm）	最差灵敏度（AVG/dBm）	上限标准（AVG/dBm）	下限标准（AVG/dBm）
50GE	10	1304～1317.5	−4.5～4.2	4.2	−8.4	2.2	−5.4
	40		0.4～6.7	−3.4	−15.1	−5.4	−12.1
GE	10	1310	−8～−3	−3	−20	−5	−17
	40	1310	−5～0	−3	−23	−5	−20
	80	1550	−2～3	−3	−25	−5	−22

8.2.8　检查设备运行状态

① 检查设备 CPU、内存、磁盘占用率

软件升级时须查询对应单盘的磁盘占用率，确认是否有剩余磁盘空间上传软件包或存储 log 日志。若剩余可用磁盘空间过小，将导致新增的 log 数据文件无法保存、升级文件包无法继续上传。当单盘状态回调、告警查询等外部事件反馈过慢时，须确认 CPU 或内存占用率是否过高。若其过高，会影响主控盘 / 业务盘的任务处理和事件调度，可能会导致主控盘无法及时处理新增配置，无法及时响应外部事件变化，严重时影响协议状态，导致业务中断。

（1）维护周期

每日。

（2）操作步骤

在 8.2.6 节中，我们讲述了可以在设备"当前性能"窗口下查看到 CPU、内存以及磁盘占用率信息，在本节中我们将学习如何在"状态命令行"窗口下查看上述信息，具体操作过程如下。

① 进入网元的"网元管理器"：在网络管理系统窗口左侧"浏览树"窗格中双击相应网元。

② 进入网元的"状态命令行"选项卡：在"网元管理器"窗口左侧操作树上，选择"高级"→"状态命令行"。

● 查询磁盘占用信息状态：单击"磁盘占用信息状态"，在弹出的选项卡中单击

"查询"，如图 8-48 所示。

磁盘占用信息状态

磁盘占用信息状态
槽位号 _____ 文件系统 _____
查询(Q)...

槽位号	文件系统	文件系统大小	已使用大小	可使用大小	使用率
0/13/0	/dev/mmcblk0p2	6.9GB	1.1GB	5.8GB	15.9%
0/14/0	/dev/mmcblk0p2	6.9GB	1.1GB	5.8GB	16.1%
0/5/0	/dev/mmcblk0p2	3.2GB	357.5MB	2.9GB	10.8%
0/8/0	/dev/mmcblk0p2	3.2GB	358.7MB	2.9GB	10.8%
0/15/0	/dev/mmcblk0p2	3.5GB	262.6MB	3.3GB	7.3%
0/16/0	/dev/mmcblk0p2	3.5GB	206.7MB	3.3GB	5.7%
0/12/0	/dev/mmcblk0p2	3.2GB	532.3MB	2.7GB	16.1%

图8-48　磁盘占用信息

● 查询 CPU、内存占用信息状态：单击"CPU 内存占用信息状态"，在弹出的选项卡中单击"查询"，如图 8-49 所示。

CPU内存占用信息状态

CPU内存占用信息状态
槽位号 _____

槽位号	cpus占用率	内存占用率
0/13/0	8.00%	40.79%
0/14/0	9.00%	19.51%
0/5/0	11.00%	69.15%
0/8/0	12.00%	69.12%
0/15/0	6.00%	25.16%
0/16/0	4.00%	25.38%
0/12/0	18.00%	59.89%

图8-49　CPU内存占用信息

（3）参考标准

① CPU 的占用率应低于 75%。

② 主控盘内存占用率应低于 75%，业务盘内存利用率应低于 85%。

③ 磁盘占用率应低于 70%。

❷ 检查机盘温度

如果机盘工作温度过高，将导致系统处于高危状态，若在此状态下长期运行，有可能引起误码、业务中断等问题，甚至会导致机盘损坏。定期进行机盘温度的检查，可以防止故障发生，有利于网络稳定运行。

（1）维护周期

每周。

（2）操作步骤

① 查询网元的"当前告警"，检查单盘是否存在机盘温度过限告警（TEMP_TCT）。

② 在网元的"状态命令行"选项卡下选择"设备状态"→"芯片温度信息"。查询机盘当前的温度、风扇调速门限、告警门限以及回差值。芯片温度信息查询结果如图 8-50 所示。

图8-50　芯片温度信息查询结果

- 环境温度：表示当前盘温。
- 调速温度：表示风扇调速门限，当盘温大于或等于这个温度时风扇升档。
- 最大温度：表示告警门限，当盘温大于或等于这个温度时上报盘温越限的告警。
- 回差值：当调速温度与环境温度的差值大于或等于回差值时，风扇开始降档，直至降至最低转速。

（3）参考标准

各单盘盘温正常，无机盘温度过限告警（TEMP_TCT）。

❸ 检查风扇单元

通过查看风扇单元调速模式、运行档位及风扇转速来判断风扇单元运转是否正常，防止风扇单元故障导致设备温度过高，影响设备的正常工作。当设备出现温度过高告警时，可查询风扇目前的运行档位，适当调高档位。

（1）维护周期

每周。

（2）操作步骤

① 查询网元的"当前告警"，检查是否存在风扇故障告警（FANALM）。

② 在网元的"状态命令行"选项卡下，选择"设备状态"→"风扇信息"，查询风扇的调速模式、风扇档位及转速信息。风扇信息查询结果如图 8-51 所示。

图8-51　风扇信息查询结果

（3）参考标准

各网元无 FANALM 告警，且在正常情况下，"风扇调速模式状态"应设置为"auto"。

❹ 查看设备运行时间

查看设备的运行时间可以确定设备是否发生过掉电等故障。

265

（1）维护周期

每周。

（2）操作步骤

在网元的"状态命令行"选项卡下选择"设备状态"→"设备单盘信息"，在弹出的选项卡中单击"查询"，在回显信息中查询各单盘的上线时间。单盘上线时间查询结果如图 8-52 所示。

图8-52　单盘上线时间查询结果

（3）参考标准

单盘上线时间应与实际运行时间一致。

⑤ 查看单盘工作状态

确保主控盘主备状态正常，交叉盘、业务盘工作状态正常，能有效地完成对设备的管理，无隐患。检查业务盘的盘在位状态，确保单盘正常工作。

（1）维护周期

每日。

（2）操作步骤

在网元的"状态命令行"选项卡下选择"设备状态"→"设备单盘信息"，在弹出的选项卡中单击"查询"，在回显信息中查看各盘的主备角色、单盘注册信息、单盘初始化状态、单盘在位信息。设备单盘信息查询结果如图 8-53 所示。

图8-53　设备单盘信息查询结果

（3）参考标准

① 主控盘"单板角色信息"应为一主（Primary）一备（Backup）。

② 各盘的"单盘注册信息"均应为"Y"、"单盘初始化状态"均为"OK"。

6 检查电源电压

通过检查设备电源供电、防雷接地的情况，来判定设备的基本运行环境情况。

（1）维护周期

每周。

（2）操作步骤

① 首先定位主用主控盘，然后查询主用主控盘的"当前性能"，查看各电源盘的电压是否正常。电源电压查询结果如图 8-54 所示。图 8-54 中的电压为 19 槽位电源盘的电压。

框图	盘-当前性能-SRC5F[16]　×						
序号	性能源	对象名称	性能分组	性能代码	英文性能代码	性能值
6	LAB-G1:NE6	SRC5F[16]::电源:slot=0/19/0	环境监控性能	机架供电电压(RACK_POWER)	RACK_POWER	-53V

图8-54　电源电压查询结果

② 查询网元的"当前告警"，查看是否有电源故障告警（POWERALM）、电压过低告警（VOLT_LOW）、电压过高告警（VOLT_HIGH）、业务盘 –48V 电压关断告警（SHUT_DOWN_48V）等。

（3）参考标准

标准电源电压为 –48V 直流，正常工作范围为 –57 ～ –40V，且各网元无 POWERALM、VOLT_LOW、VOLT_HIGH、SHUT_DOWN_48V 等电源故障类告警。

8.2.9　检查设备数据安全

通过对前面的学习，我们知道了对于网络管理系统的配置文件，其为文件名按时间顺序命名的 .zip 文件，也了解了对于设备底层的配置文件，其文件名为"网元 IP.cfg"。上述网络管理系统及设备配置文件的组合即为 5G 承载网的数据集合。在本节中，我们将介绍如何检查设备数据的安全，主要包括设备启动文件检查和主备主控配置文件的同步检查。

（1）检查设备启动文件：每次设备重启时，均会加载设备底层的 cfg 文件。因此，对于日常通过网络管理系统修改配置后保存的 cfg 文件，需要将其设置为下次设备重启后加载的文件，这样才能够保证业务数据的完整性。

（2）检查主备主控配置文件同步：当主控盘故障时，会触发备盘倒换为主盘，若此时配置文件不同步，会造成业务中断。因此，需要通过检查来确保主备主控盘的 cfg 文件同步。

① 检查设备启动文件

（1）维护周期

每日。

（2）操作步骤

在网元的"状态命令行"选项卡下选择"启动配置状态"→"启动配置信息"，在弹出的选项卡中单击"查询"，在回显信息中查看"下次启动的配置文件名"。启动配置文件如图 8-55 所示。

图8-55 启动配置文件

（3）参考标准

一般情况下，"当前配置文件名"应和"下次启动的配置文件名"保持一致。

② 检查主备主控配置文件同步

（1）维护周期

每日。

（2）操作步骤

在网元的"状态命令行"选项卡下选择"设备状态"→"主备状态信息"，在弹出的选项卡中单击"查询"，在回显信息中查看"主备状态"。主备状态查询结果如图 8-56 所示。

图8-56 主备状态查询结果

（3）参考标准

"主备状态"为"READY"，表明主备主控盘之间的配置文件已同步。

8.2.10　检查设备基础数据配置

❶ 检查线路侧静态 ARP

线路侧 flexe–tunnel 接口必须正确绑定静态 ARP，确保网元间数据转发正常。

（1）维护周期

每月。

（2）操作步骤

① 在网元的"状态命令行"选项卡下选择"ARP 状态"→"ARP 邻居表项"，进入对应选项卡。

② 在选项卡输入查询条件查询指定条目，或单击选项卡"查询"查看网元所有接口 ARP 表项，如图 8-57 所示。

图8-57　线路侧静态ARP

（3）参考标准

每个线路侧 flexe_tunnel 接口必须有 ARP 条目，且"arp 类型"为"static"。若"arp 类型"为"dynamic"，应将 dynamic（动态）ARP 转换为 static（静态）ARP。

❷ 检查 IS-IS 协议状态

5G 承载网络中所有设备到控制器的连通均需要 IS-IS 协议的支持，因此需要定期检查 IS-IS 当前会话状态是否为"up"，以及检查协议 up 时间是否正常。

（1）维护周期

每日。

（2）操作步骤

① 在网元的"状态命令行"选项卡下选择"IS-IS 状态"→"IS-IS 邻居状态"，进入对应选项卡。

② 在选项卡输入查询条件查询指定 IS-IS 实例条目的邻居状态，或单击选项卡

"查询"查看网元所有 IS-IS 实例条目的邻居状态，如图 8-58 所示。

图8-58 IS-IS协议状态

（3）参考标准

① IS-IS 各实例的邻居数目与规划配置一致。

② IS-IS 各实例的"邻居状态"均为"up"，"建立时长"与实际协议的 up 时间一致。

❸ 检查 PCEP 状态

所有部署 SR-TP 隧道的设备均需配置与网络管理系统侧 PCE 服务器的连接，建立连接后，PCE 服务器将实现 SR-TP 隧道的自动路径计算。因此，在日常例行维护中，须定期检查 PCE 服务器与各设备的 PCEP 连接状态。

（1）维护周期

每日。

（2）操作步骤

查询全网网元的 PCEP 连接状态。

① 在网络管理系统窗口主菜单选择"配置"→"PCEP 信令查询"，进入"PCEP 信令查询"选项卡。

② 单击选项卡的"查询"按钮，查看 PCE 服务器与各设备的 PCEP 连接状态，如图 8-59 所示。

序号	实例名称	服务器IP地址	邻居地址	会话状态	会话Up时间	保活时间(S)	保持时间(S)	发送消息数量
1	1	21.109.2.112	21.2.1.5	up	2021-02-04 16:38:11	30	120	21
2	1	21.109.2.112	21.2.1.2	up	2021-02-04 16:38:17	30	120	24
3	1	21.109.2.112	21.2.1.1	up	2021-02-04 16:38:39	30	120	21
4	1	21.109.2.112	21.2.1.6	up	2021-02-04 16:38:40	30	120	19
5	1	21.109.2.112	21.2.1.3	up	2021-02-04 16:39:27	30	120	21
6	1	21.109.2.112	21.2.1.4	up	2021-02-04 16:39:47	30	120	19

图8-59 PCEP信令

查询单个网元的 PCEP 连接状态。

在网元的"状态命令行"选项卡下，选择"PCC 状态"，查看该网元与 PCE 服务器的连接状态，如图 8-60 所示。

图8-60　PCC状态

（3）参考标准

① PCE 服务器应与各网元建立 PCEP 连接，即图 8-59 应该出现每个网元对应状态的条目；否则应查找网元是否配置了 PCEP 连接。

② 每个条目的"会话状态"应为"up"，"会话 up 时间"应与实际 up 时间一致；否则应查找网元与 PCE 服务器间的路由是否中断。

③ 如果只有一个控制器，则"is-best"和"is-connected"的状态都应该是 true。如果"is-best"为 true，则表示是优先级最高的控制器；如果"is-connected"为 true，则表示已和控制器建立 PCEP 连接。

④ 检查 SR–TP 1∶1 保护状态

检查 SR-TP 1∶1 的保护状态，确保无倒换、无备用故障等倒换类告警，主备路径保护状态正常。

（1）维护周期

每日。

（2）操作步骤

① 查询全网的"当前告警"，检查各 SR-TP 1∶1 保护组，应无倒换（SWR）、等待恢复（SWTR）、倒换失败（SW_FAIL）、备用故障（BACKUP_FAULT）、锁定到主用（LOCK_MAIN）、强制倒换（FORCE_SWITCH）、人工倒换（MANUAL_SWITCH）等告警，确保无倒换、无备用故障等倒换类告警，且主备路径保护状态正常。

② 检查 SR-TP 1∶1 保护状态：确保主备 LSP 状态正常。

● 在"状态命令行"选项卡下选择"保护倒换状态"→"隧道内保护状态"，进入对应选项卡。

● 在选项卡输入查询条件查询指定条目的保护状态，或单击选项卡"查询"，查看网元所有 LSP 1∶1 保护组状态。隧道内保护状态如图 8-61 所示。

（3）参考标准

① 各 SR-TP 1∶1 保护组，应无 SWR、SWTR、SW_FAIL、BACKUP_FAULT、LOCK_MAIN、FORCE_SWITCH、MANUAL_SWITCH 等告警。

②"倒换状态""主 lsp 状态""备 lsp 状态"均为"normal"。

图8-61　隧道内保护状态

1. 简述网管中心维护的安全操作注意事项。
2. 简述网管中心维护的设备检查项目包含哪些内容。

8.2.11　实训单元——网络管理服务器检查

　　基于承载网网管中心维护规范，熟练掌握网络管理服务器检查项目的操作流程和注意事项。

　　使用 5G 承载网网络管理软件，实施网管中心维护过程中的网络管理服务器检查项目。

1. 实训环境准备
　　（1）硬件：网络管理服务器主机、客户端主机。
　　（2）软件：5G 承载网网络管理服务器操作系统 Windows Server 2012。
2. 相关知识点要求
　　（1）5G 承载网网络管理服务器与设备通信网络的构建原理。
　　（2）5G 承载网网络管理服务器各检查项目的操作步骤。

实训步骤 ▶▶ ····

1. 检查网络管理服务器的网络连接设置。
2. 检查网络管理服务器的网卡配置。
3. 检查网络管理服务器的网卡工作状态。

评定标准 ▶▶ ····

能够基于任务实施流程描述，正确且高效地完成网络管理服务器的检查项目。

实训小结 ▶▶ ····

实训中的问题:＿＿＿＿＿＿＿＿＿＿＿＿＿＿＿＿＿＿＿＿＿＿＿＿＿＿＿＿＿＿
＿＿
＿＿

问题分析:＿＿＿＿＿＿＿＿＿＿＿＿＿＿＿＿＿＿＿＿＿＿＿＿＿＿＿＿＿＿＿＿＿
＿＿
＿＿

问题解决方案:＿＿＿＿＿＿＿＿＿＿＿＿＿＿＿＿＿＿＿＿＿＿＿＿＿＿＿＿＿＿＿
＿＿
＿＿

思考与拓展 ▶▶ ····

1. 5G 承载网网络管理服务器一般有几张网卡？每张网卡的作用是什么？
2. 5G 承载网网络管理服务器上一般包含哪些路由条目？

8.2.12　实训单元——网络管理系统检查

实训目的 ▶▶ ····

基于承载网网管中心维护规范，熟练掌握网络管理系统检查项目的操作流程和注意事项。

使用 5G 承载网网络管理软件，实施网管中心维护过程中的网络管理系统检查项目。

1. 实训环境准备
   （1）硬件：6 个承载网设备组成核心、汇聚、接入层；一台二层交换机；网管服务器主机、客户端主机。
   （2）软件：承载网设备网络管理系统软件。
2. 相关知识点要求
   （1）5G 承载网的网络管理系统架构、功能及使用方法。
   （2）5G 承载网网络管理系统各检查项目的操作方法。

1. 检查网络管理系统数据的安全。
2. 检查网络管理系统的运行状态。
3. 检查网络管理系统的故障管理功能。

能够基于任务实施流程的描述，正确且高效地使用网络管理软件完成网络管理系统检查项目。

实训中的问题：_____

_____

_____

问题分析：_____

_____

_____

问题解决方案：＿＿＿＿＿＿＿＿＿＿＿＿＿＿＿＿＿＿＿＿＿＿

＿＿＿＿＿＿＿＿＿＿＿＿＿＿＿＿＿＿＿＿＿＿＿＿＿＿＿＿＿＿

＿＿＿＿＿＿＿＿＿＿＿＿＿＿＿＿＿＿＿＿＿＿＿＿＿＿＿＿＿＿

1. 网络管理系统的配置文件自动导出的默认路径是什么？
2. 网络管理系统侧告警屏蔽和设备侧告警屏蔽的区别是什么？

8.2.13　实训单元——设备检查

基于承载网网管中心维护规范，熟练掌握设备检查项目的操作流程和注意事项。

基础实训内容

使用 5G 承载网网络管理软件实施网管中心维护过程中的设备检查项目。

实训准备

1. 实训环境准备
   （1）硬件：6 个承载网设备组成核心、汇聚、接入层；一台二层交换机；网
   络管理服务器主机、客户端主机。
   （2）软件：承载网设备网络管理系统软件。
2. 相关知识点要求
   （1）5G 承载网的业务配置方法。
   （2）5G 承载网设备各检查项目的操作方法。

实训步骤

1. 查询承载网设备历史告警。
2. 查询承载网设备当前 24h 的性能。
3. 查询承载网设备单盘的输入 / 输出光功率。

4. 检查承载网设备的运行状态。

5. 检查承载网设备的数据安全。

6. 检查承载网设备的基础数据配置。

评定标准 ▶▶ ┈┈┈┈┈┈┈ • • •

能够基于任务实施流程的描述，正确且高效地使用网络管理软件完成设备检查项目。

实训小结 ▶▶ ┈┈┈┈┈┈┈ • • •

实训中的问题：_____

_____

_____

问题分析：_____

_____

_____

问题解决方案：_____

_____

_____

思考与拓展 ▶▶ ┈┈┈┈┈┈┈ • • •

1. 请简述如何通过"状态命令行"判断设备的 IS-IS 协议状态是否正常。

2. 请简述如何通过"状态命令行"查看承载网设备主备用主控盘所在的槽位。

任务 3   承载网维护记录表编写

【任务前言】

在之前学习的现场维护或者网管中心维护中，我们看到不同项目的维护周期是不一样的，有的检查项目需要每日维护，而有的只需每年维护。对于这些维护项目，如果按照维护周期的不同进行分类，采用不同的维护周期表格记录维护结果，可以使纷繁复杂的检查项目清晰明了。

【任务描述】

本任务将现场维护和网管中心维护项目按照日、周、月、季、年的维护周期进行分类，并制成相应的维护记录表模板，学员应能够将任务 1 和任务 2 的检查结果填于对应的表格中，用于记录存档。

【任务目标】

能够根据不同周期维护记录表熟练地进行承载网的维护，并保存对应的结果。

 知识储备

8.3.1   日维护记录表

承载网日维护项目是每天必须进行的维护项目。用户随时通过网络管理系统掌握设备的运行情况，及时排除故障和消除隐患，确保业务稳定运行，维护完成后须详细记录故障现象和处理方法。日维护记录表如表 8-5 所示。

表 8–5   日维护记录表

维护记录表 - 日	
维护日期：	工程名称：
记录人：	审核人：

续表

项目名称	维护对象	维护子项	检查内容	结果	不正常原因
检查网络管理系统数据安全	网络管理系统	配置文件备份	1. 备份配置文件以"yymmdd_hhmmss_alback.zip"命名，备份无遗漏，并能导入数据库； 2. 配置文件默认在 D：\unm 2000\emsback 目录下	□正常 □不正常	
检查设备数据安全	主控盘	cfg 配置文件	1. 保证"配置文件名"和"下次启动的配置文件名"与底层规划配置一致； 2. 保证主备盘配置同步，主备主控盘同步状态应为"READY"	□正常 □不正常	
检查设备CPU、内存、磁盘占用率	主控盘 / 业务盘	CPU 占用率	CPU 的占用率低于 75%	□正常 □不正常	
		内存占用率	主控盘内存占用率低于 75%，业务盘内存利用率低于 85%	□正常 □不正常	
		磁盘占用率	磁盘占用率低于 70%	□正常 □不正常	
查询告警	网络管理系统	查询当前告警	设备不存在异常的当前告警	□正常 □不正常	
		查询历史告警	设备不存在重复出现的紧急告警或主要告警	□正常 □不正常	
查询性能	网络管理系统	查询当前性能	设备不存在异常的当前性能	□正常 □不正常	
		查询历史性能	设备不存在重复出现的异常性能	□正常 □不正常	
检查 SR-TP 1：1 保护状态	保护组	—	1. 各 SR-TP 1：1 保护组应无 SWR、SWTR、SW_FAIL、BACKUP_FAULT、LOCK_MAIN、FORCE_SWITCH、MANUAL_SWITCH 告警； 2. 在各 SR-TP 1：1 保护组状态详情中，"倒换状态""主 lsp 状态""备 lsp 状态"均为"normal"	□正常 □不正常	
检查 IS-IS 协议状态	协议	—	1.IS-IS 各实例的邻居数目与规划配置一致； 2.IS-IS 各实例的"邻居状态"均为"up"，"建立时长"与实际协议 up 时间一致	□正常 □不正常	
检查 PCEP 状态	协议	—	1.PCE 服务器应与各网元建立 PCEP 连接； 2."会话状态"应为"up"，"会话 up 时间"应与实际 up 时间一致	□正常 □不正常	
检查单盘状态信息	主控盘、业务盘、电源盘、风扇单元	—	1.各盘无机盘温度过限告警（TEMP_TCT）； 2.各盘"单板角色信息"均为 Primary； 3.各盘的"单盘注册信息"均应为"Y"，"单盘初始化状态"均为"OK"； 4.主控盘"单板角色信息"应为一主（Primary）一备（Backup）	□正常 □不正常	
发现问题及处理情况记录					
遗留问题说明					

8.3.2　周维护记录表

每周对设备的运行状态、环境进行检查，掌握设备运行情况，及时排除故障、消除隐患，确保设备稳定运行。周维护项目如表 8-6 所示。

表 8-6　周维护记录表

维护记录表 - 周				
维护日期：		工程名称：		
记录人：		审核人：		
项目名称	维护对象	检查内容	结果	不正常原因
检查网络管理服务器外部环境	网络管理系统	1. 创造防尘、防潮、防磁、散热良好的合格外部环境； 2. 线缆连接牢固正确、极性正常、接触良好	□正常 □不正常	
检查网络管理服务器网络运行状态	网络管理系统	1. 服务器"网络连接"配置是否正常； 2. 服务器各网卡 IP 和路由配置是否正常； 3. 各网卡工作状态是否正常，使用 Ping 大包命令 Ping 的结果有无时延和数据包丢失	□正常 □不正常	
检查网络管理系统运行状态	网络管理系统	1. 网络管理系统及数据库关键服务状态应为"正在运行"； 2.MySQL 数据库服务启动属性设置为"自动"； 3. 告警、性能、状态获取正常	□正常 □不正常	
查看设备运行时间	设备	检查设备运行时间是否正常	□正常 □不正常	
检查电源电压	设备	检查设备是否有电源供电告警、防雷告警，以判定设备的基本运行环境情况	□正常 □不正常	
检查机盘温度及风扇单元	设备	1. 检查机盘温度是否正常，有无"盘温过高告警"； 2. 检查风扇单元调速模式、运行档位及风扇转速，以判断风扇单元运转是否正常	□正常 □不正常	
发现问题及处理情况记录				
遗留问题说明				

8.3.3　月维护记录表

每月对承载网设备进行相关项目的维护，通过定期检查网络管理系统、机房内各种线缆的连接，确保网络管理系统信息安全。月维护项目如表 8-7 所示。

表 8-7　月维护记录表

维护记录表 - 月	
维护日期：	工程名称：
记录人：	审核人：

项目名称	维护对象	检查内容	结果	不正常原因
检查网络管理系统故障管理功能	网络管理系统	故障管理功能健全，无隐患。检查内容包括网络管理系统的告警状态、告警信息导出、告警上报是否正常等	□正常 □不正常	
查询光功率	设备	确保输入/输出光功率均在规定范围内，排除光线路隐患	□正常 □不正常	
检查线路侧静态 ARP	规划配置	线路侧 flexe-tunnel 接口是否均绑定静态 ARP	□正常 □不正常	
发现问题及处理情况记录				
遗留问题说明				

8.3.4　季维护记录表

每季度对承载网设备进行相关项目的维护，通过定期检查网络管理系统远程功能、设备接地，清洁风扇单元等，确保设备的正常运行。季维护项目如表 8-8 所示。

表 8-8　季维护记录表

维护记录表 - 季				
维护日期：		工程名称：		
记录人：		审核人：		
项目名称	维护对象	检查内容	结果	不正常原因
检查网络管理系统主界面物理拓扑	网络管理系统	检查网元位置、网络连纤是否布置合理	□正常 □不正常	
清洁风扇单元	风扇单元	检查是否定期清洁风扇单元	□正常 □不正常	
发现问题及处理情况记录				
遗留问题说明				

8.3.5　年维护记录表

每年对承载网设备进行相关项目的维护，检查性能采集是否开启，保持设备清洁卫生和对备件进行检查，保证设备更好地运行及采集运行数据。年维护项目如表 8-9 所示。

表 8-9　年维护记录表

维护记录表 - 年		
维护日期：		工程名称：
记录人：		审核人：

续表

项目名称	维护对象	检查内容	结果	不正常原因
检查结构安装和纤缆	设备	检查设备结构安装及纤缆布放的规范性	□正常 □不正常	
检查机房配套设施	机房	通过检查机房内配套的 ODF 架及标签信息等项目判定施工质量，减少人为故障发生的概率	□正常 □不正常	
清洁设备	设备	清洁承载网设备及机柜表面灰尘，整理走线架和配线架等配套设备，避免灰尘落入设备或配套设备老化影响设备运行	□正常 □不正常	
检查备件	备件库	检查备件库中的备件是否外观完好、数量充足，机盘软件版本是否与现网保持同步等	□正常 □不正常	
发现问题及处理情况记录				
遗留问题说明				

任务习题 ▶▶ ━━━━━━━ • • •

1. 承载网络维护记录表分为哪几类？

2. 清洁风扇单元属于哪一类周期的维护记录表表项？

任务4 承载网评估与优化

【任务前言】

5G 承载网是 5G 通信网的"搬运工"，能够"搬运"各类业务，并能保证业务传输质量及合理的运营成本是对 5G 承载网的基本要求。然而，各类业务的增长促使承载网不断新建、扩容、调整，会造成网络结构发生变化，使原来设计良好的网络效率降低，安全性变差；另外，新业务的发展、服务等级的提高对网络有了新的需求。二者共同为网络优化提供了强大的驱动力。

网络评估与优化是通过对现有网络进行评估分析，找出在网络建设、运行和维护中面临的问题，评估当前网络的性能，找出网络的薄弱环节，预测业务发展的需求，并提出相应的优化方案。其主旨在于提高网络资源的利用率，增强网络的稳定性，改善网络的安全保护机制，为急剧增长的业务提供足够的网络资源，同时更好地管理、运营网络，从而为市场带来更多的收益。

【任务描述】

本任务从网络架构维度对 5G 承载网进行评估，以及时发现资源瓶颈、安全隐患和网络维护方面的问题，并且针对评估中出现的不符合标准或规范的条目，提出相应优化建议及措施。在一般情况下，网络优化涉及网络的变更操作，其实施过程应严格遵守规范，降低可能对 5G 业务造成的风险。通过本任务的学习，学员应能够知道如何从网络架构的角度去评估当前的承载网，并提出优化建议，最后基于网络变更操作规范进行实施。

【任务目标】

- 能够理解承载网评估与优化的意义。
- 能够从网络架构维度对当前承载网进行评估与优化。
- 能够描述承载网的变更操作流程与规范。

8.4.1　网络架构评估与优化

❶ 拓扑结构规范性评估与优化

（1）根据 5G 承载网现网组网规范，拓扑结构规范性的标准要求如下。

① 每个地市至少配置一对 NPE 节点，与 5GC 对接。

② 每个区县新建一对 SPE 节点、口字形上行 NPE 节点，初期采用 100GE 带宽，后期按需扩容。SPE 节点下行挂接汇聚环路，初期带宽采用 100GBit/s，中后期按需升级为 $N \times 100$GBit/s。

③ 接入层选择 CRAN、DRAN 建网模式。CRAN 站点采用 50GE FlexE 端口组建口字形系统，单环路建议接入 15 ~ 25 个基站；DRAN 站点采用 10GE 以太端口组建环形系统，单环路建议接入 6 ~ 8 个基站。

④ 为了控制网络规模，建议每对 SPE 下挂的普通汇聚、接入节点总数不超过 2000；每对 SPE 下挂的汇聚环上的节点控制在 4 ~ 6 个（不包含骨干汇聚节点）；接入环上的节点数为 4 ~ 6（不包含普通汇聚节点），一般不超过 8 个。

⑤ 考虑到后期网络扩容，在初期，单个 IGP 进程内的网元数建议不超过 300，以 1 ~ 2 个汇聚环为宜。

⑥ 禁止接入环跨 SPE 节点组网；禁止接入环跨接属于不同 IGP 进程的普通汇聚环组网；禁止接入环跨接属于不同 IGP 进程的接入环组网。

（2）评估方法及优化建议。

① 本项评估采取定性评估的方式，梳理出全网不符合拓扑结构规范的清单。

② 对于不符合规范的场景，进行有针对性的拓扑调整。

❷ 环网单盘类型及速率一致性

（1）根据 5G 承载网现网组网规范，环路速率要求标准如下。

① 主环上每段链路速率不小于规划速率。

② 一个汇聚环或接入环内各节点间链路速率原则上要求一致。

③ 环网组环的单盘类型保持一致。

（2）评估方法及优化建议。

① 通过网络管理系统或评估工具，筛选出速率不一致和盘类型不一致的清单。

② 对速率或盘类型不一致的环路排序，优先调整一致性较差的环路。

③ 如果具备可行性，则将环路调整为最大带宽，或更换单盘类型；如果不具备可行性，则新建光路或更换板卡，必要时进行拆组环割接调整。

❸ FlexE Client 环路通道带宽一致性评估优化

（1）根据 5G 承载网现网组网规范，FlexE Client 环路通道带宽要求标准如下。

在创建 FlexE 切片时，同一环内的 FlexE Client 带宽保持一致，如对于 100GBit/s 汇聚环，要求汇聚环内每一段 FlexE Client 的带宽配置为 80GBit/s。一般情况下，推荐配置 FlexE Client 带宽为链路带宽的 80%。

（2）评估方法及优化建议

① 通过网络管理系统或评估工具，筛选出 FlexE Client 通道配置带宽的清单，对带宽配置不一致的环路配置数据进行整改。

② 如果具备可行性，进行带宽配置调整；如果不具备可行性，待具备条件时先进行调整申请，业务删除后再进行调整。

❹ 超大汇聚环评估优化

（1）根据 5G 承载网现网组网规范，汇聚大环的定义如下。

汇聚大环是指汇聚环网规模大于要求阈值的环。原则上，在计算汇聚环节点规模时，只包含主环上的节点，不包含环上分支节点。一般情况下，将主环节点大于 4 的汇聚环定义为超大汇聚环，现网要求汇聚大环占比为 0%。

（2）评估方法及优化建议。

① 本项评估采取定性评估的方式，根据实际网络拓扑结构，筛选出超大环，并对超大环进行排序，优先拆组环上节点数多的超大环。

② 如果具备可行性，进行破环割接；如果不具备可行性，则新建光路满足成环条件，割接接入环到新组建的汇聚环。

❺ 超长链评估优化

（1）根据 5G 承载网现网组网规范，长支链节点率的定义如下。

长支链节点率等于长支链上的节点总数占被评估节点总数的比率。对长支链的定义为：支链节点数 ≥ 3（含环上分支）。

要求：长支链节点率 $= \dfrac{\Sigma_{\text{长链上的节点}}}{N}$（$N$ 为网络总节点数）$\leqslant 3\%$。

（2）评估方法及优化建议。

① 本项评估采取定性评估的方式，参考现网网络拓扑结构，筛选出超长链，对超长链进行拆分。

② 如果具备可行性，进行接入环割接，将全网超长链比例控制在阈值之内；如果不具备可行性，则新建光路满足成环条件，割接接入环。

⑥ 双归接入率评估优化

（1）根据 5G 承载网现网组网规范，双归接入率的定义如下。

双归接入率是双归接入的节点总数占被评估节点总数的比率。双归是指接入环有不低于 2 个汇聚节点作为业务汇集点（双归环带分支计入双归统计）。

要求：双归接入率 $= \dfrac{\Sigma_{\text{双归接入的节点}}}{N}$（$N$ 为网络接入层总节点数）$\geq 95\%$。

（2）评估方法及优化建议。

① 本项评估采取定性评估的方式，参考现网网络拓扑结构，在逻辑拓扑中找出未双归的节点，将节点割接成双归组网。

② 如果具备可行性，进行双归割接，提高双归接入率；如果不具备可行性，则新建光路满足成环条件，割接成双归。

8.4.2　网络变更操作

对承载网进行评估与优化后，会涉及网络的变更操作，而网络变更操作安全管理规范旨在规范实施网络变更的操作（包含升级、割接、改造、扩容、搬迁、保障等）流程，使得整个动作更加规范化和标准化，降低网络变更操作的风险，从而提升网络稳定度及用户满意度。规范按照"操作前""操作中""操作后"的原则拟定，任何级别的风险操作均须遵循规范所要求的原则和标准。网络变更操作实施流程如图 8-62 所示。

图8-62　网络变更操作实施流程

① 操作前的准备

操作前的准备是指在正式实施网络变更操作前所做的准备工作，主要通过细致的准备、规范的授权降低后续操作的风险。

团队组建是指组建完成本次操作的团队，包括现场实施人员和后台保障人员。

方案是操作实施的指导性文件，所有风险应当在方案中被充分识别并被应对，所有操作步骤应当在方案中被明确规定，所有与操作对象相关的信息都应当记录在方案中，在方案中应当明确规定本次操作的成功检验标准。方案制定将采用标准模板，保证所需要素不被遗漏。一个完整的操作方案如表 8-10 所示。

表 8-10 完整操作方案

序号	项目	描述
1	背景	操作的类型、原因和主要内容简述
2	操作对象	描述操作的对象（设备类型，如设备型号、网络管理系统等）和数量
3	风险评估	操作影响的业务类型和范围，描述风险
4	版本信息	操作涉及的设备（单板）版本、网络管理系统版本（含补丁）、目标版本（升级场景）
5	组网信息	操作涉及的网络的组网图，含变更前拓扑、变更后拓扑、网间对接方式、网内业务模型和保护方式等
6	成功标准	如何验证本次操作是否成功
7	操作人员	本地审核人、现场操作组人员的名单、联系方式和能力
8	时间窗口	整体时间计划和操作预约的时间窗口
9	模拟仿真	提供网络管理系统单机模拟、设备仿真比对结果（改造、替换、网络管理系统升级场景）
10	操作前测试	操作前测试的内容和计划
11	操作步骤	以分步方式描述整个操作过程（顺序、内容、成功标准、预计时长）
12	验证方案	确认告警、性能流量、状态等； 将要采用的验证测试（对接倒换、主备切换、业务倒换、下载验证）； 业务确认的方式（业务确认的部门、范围、方式），包含集客、无线、家客等业务类型； 描述信息通报方式（内部通报方式、用户通报方式）

用户预约是向用户申请操作时间窗口、预约操作影响许可，并识别用户的其他行为事件对操作的干扰影响。

向用户预约申请保障操作顺利进行的资源，包括所需车辆、备件（含自备备件）、进场许可，以及关联部门的保障（确认）资源，建议以书面或邮件的方式完成用户资源的预约。

向用户申请实施操作的时间窗口，且该窗口应当包含操作紧急倒回时间。时间窗口首先以用户批准的窗口为准，并遵照行业通用原则。"0：00～24：00"表示该操作在获取授权后全天任何时段均可操作，"0：00～6：00"表示只能在行业默认操作时间段内操作，"0：00～5：00"表示在行业默认操作时间段内操作且要预留足够的操作恢复时间。

识别外部干扰是指为避免相关联的干扰影响操作的顺利进行，要求以明确的方式向用户确认网络操作时间段内是否存在相关联的外部干扰因素，包括且不限于关联专业的操作、来自上层网络如核心网和省干/一干的操作等干扰因素，如表 8-11 所示。

表 8-11　识别外部干扰

关联部门	是否有干扰操作
无线	无
家集客	无
省干/一干	无
核心网	无
业务运营支撑系统（BOSS）等支撑部门	无
第三方监控	无

对于已被识别的干扰，应当准确评估其对变更操作的影响程度，确定是否取消本次操作；如果继续操作，应当将干扰因素告知相关操作人员（信息群）。原则上，当干扰存在时，不允许继续本次计划的操作。

授权申请是现场操作实施人员向本厂家上级技术支持组织获得技术方案审批和可操作授权的过程。

报备审批是由上级技术组织在期望的回复时间内对实施操作者提交的报备予以审批和授权的过程。审批内容包括现场操作实施人员报备的本次变更操作的基础信息、人员资质、技术方案等。

② 操作中的实施阶段

操作中的实施阶段是指实施网络变更、直接作用于网络的动作执行阶段，将对网络造成直接影响。

现状记录是指记录操作前的网络告警数量、业务受损状态、待实施操作所关联的重要节点的主要性能、协议运行状态等信息。现状记录是为了方便比对操作实施前后对网络造成的影响，以便确认操作后是否能安全恢复网络所承载的业务。

数据备份是实施网络变更操作极为重要的一个步骤。根据变更操作的具体内容，可选择性地备份清单中的部分或全部，主要包括网格网络管理系统数据库文件、设备命令行脚本数据和用于倒回的原始版本软件包（升级场景）等。

前测试是指在变更实施前，对变更涉及的对象进行必要的测试，比如倒换、切换、数据动作等，以确认保护倒换、数据增删改查无问题，从而便于判定变更是否带来问题。

后测试是指在变更实施后，对变更涉及的对象进行必要的测试，比如倒换、切换、数据配置动作等，以确认变更未对保护倒换、数据增删改查造成影响，操作安全恢复。

操作监督是为了确保操作过程和数据正确性的二次审核，以保证操作安全。

操作步骤是执行变更的有序动作。在执行操作步骤时，遵循如下规范。

（1）所有动作严格按照变更操作技术方案的内容进行，禁止实施方案中未允许的动作。

（2）每一个阶段动作结束后须进行确认，确认阶段性动作的正确性，必要时须确认业务。

（3）确保每个阶段性动作在预估时间内完成，以确保整个变更在窗口时间内完成。

❸ 操作后的确认阶段

操作后的确认阶段对整个变更操作十分重要，只有在完全充分和准确地确认本次操作成功后，本次操作才能正式结束，相关人员才能离场。

业务确认是指确认本次操作完成后，所有受影响的承载业务已经全部恢复（或恢复到预期）。业务确认包括内部确认和外部确认。

（1）内部确认：要求比对操作前后的告警、性能和状态，确认网络运行正常，未发生新增影响业务的告警和性能劣化，变更符合预期。基本确认方式包括告警检查、性能流量检查、状态和协议检查和 Ping 测试等。

（2）外部确认：向用户相关的业务方确认业务是否恢复正常。

信息通报是变更操作后不可或缺的步骤。在完成变更操作且正式确认后，要求及时（3 小时内）向用户、厂家内部通报信息，通报内容如下。

（1）变更结果：变更操作成功与否、业务恢复情况。

（2）确认信息：哪些部门对业务进行了确认及给出的结论。

（3）离场信息：通告正式离场。

工作交接是在正式且成功完成变更操作后，向后续管理人员交接成果和状态的过程，交接内容如下。

（1）信息交接：包括备份变更后的数据文件（如数据库文件）、变更过程中使用的软件包、各方确认结论信息、过程关联人员通信信息，巡检 Checklist 信息。

（2）未尽事宜：包括遗留待确认和待验证的问题、需要后续继续通报的事项。

（3）注意事项：包括明确告知变更后可能存在的风险、操作注意事项。

（4）离场确认：现场操作负责人须向内、外部相关组织发布正式离场确认信息，对于须填写完工确认单的场景，须提交确认单。

1. 网络架构评估与优化包含哪些内容？
2. 请简述网络变更操作实施流程。

8.4.3　实训单元——破环加点割接

根据网络变更操作规范，熟练掌握破环加点的操作流程和注意事项。

利用网络管理系统的割接工具，对现有网络拓扑进行破环加点操作。

1. 实训环境准备
   （1）硬件：6 个承载网设备组成核心、汇聚、接入层；一台二层交换机；网络管理服务器主机、客户端主机。
   （2）软件：承载网设备网络管理系统软件。
2. 相关知识点要求
   （1）IP 地址及子网掩码的概念。
   （2）FlexE 的虚拟以太网（VETH，Virtual Ethernet）接口的概念。
   （3）SR MPLS 隧道的概念。

1. 选择新增网元。
2. 配置 VETH 接口。
3. 预割接和激活。

在 20 分钟内完成新增网元的破环加点割接。

实训小结 ▶▶ ─────── •••

实训中的问题：_____

_____

_____

问题分析：_____

_____

_____

问题解决方案：_____

_____

_____

思考与拓展 ▶▶ ─────── •••

请思考割接前应该做哪些准备工作？

8.4.4 实训单元——破环减点割接

实训目的 ▶▶ ─────── •••

根据网络变更操作规范，熟练掌握破环减点的操作流程和注意事项。

实训内容 ▶▶ ─────── •••

利用网络管理系统的割接工具，对现有网络拓扑进行破环减点操作。

实训准备 ▶▶ ─────── •••

1. 实训环境准备
   （1）硬件：6 个承载网设备组成核心、汇聚、接入层；一台二层交换机；网络管理服务器主机、客户端主机。
   （2）软件：承载网设备网络管理系统软件。

2. 相关知识点要求

（1）IP 地址及子网掩码的概念。

（2）FlexE 的虚拟以太网接口的概念。

（3）SR MPLS 隧道的概念。

实训步骤 ▶▶ ————— ···

1. 选择待删除的网元。

2. 检查待调整的业务信息。

3. 预割接和激活。

评定标准 ▶▶ ————— ···

在 20 分钟内完成破环减点的割接工作。

实训小结 ▶▶ ————— ···

实训中的问题：_____

_____

_____

问题分析：_____

_____

_____

问题解决方案：_____

_____

_____

思考与拓展 ▶▶ ————— ···

请尝试一次性完成环上两个网元的破环减点割接。

8.4.5 实训单元——网元间链路调整

 实训目的 ▶▶ ————————•••

根据网络变更操作规范，熟练掌握网元间链路调整的操作流程和注意事项。

 实训内容 ▶▶ ————————•••

利用网络管理系统的割接工具，对现有网络拓扑进行网元间链路调整操作。

实训准备 ▶▶ ————————•••

1. 实训环境准备

（1）硬件：6 个承载网设备组成核心、汇聚、接入层；一台二层交换机；网络管理服务器主机、客户端主机。

（2）软件：承载网设备网络管理系统软件。

2. 相关知识点要求

（1）IP 地址及子网掩码的概念。

（2）FlexE 的虚拟以太网接口的概念。

（3）SR MPLS 隧道的概念。

实训步骤 ▶▶ ————————•••

1. 添加调整连纤。

2. 检查待调整的业务信息。

3. 预割接和激活。

评定标准 ▶▶ ————————•••

在 20 分钟内完成网元间链路调整的割接工作。

实训小结 ▶▶ ————————•••

实训中的问题：_____

_____

_____

问题分析：_____

_____

_____

问题解决方案：_____

_____

_____

操作网元间的链路调整时，请尝试同时修改连纤两端的端口。

8.4.6　实训单元——批量隧道调整

根据网络变更操作规范，熟练掌握批量隧道调整的操作流程和注意事项。

利用网络管理系统的割接工具，对现有网络拓扑进行批量隧道调整操作。

1. 实训环境准备
    （1）硬件：6 个承载网设备组成核心、汇聚、接入层；一台二层交换机；网络管理服务器主机、客户端主机。
    （2）软件：承载网设备网络管理系统软件。
2. 相关知识点要求
    （1）IP 地址及子网掩码的概念。
    （2）FlexE 的虚拟以太网接口的概念。
    （3）SR MPLS 隧道的概念。

1. 添加调整连纤。

2. 勾选待调整的隧道条目。

3. 选择 VETH 接口。

4. 检查待调整的业务信息。

5. 预割接和激活。

评定标准 ▶▶ •••

在 20 分钟内完成批量隧道调整的割接工作。

实训小结 ▶▶ •••

实训中的问题：
_____
_____

问题分析：_____
_____
_____

问题解决方案：_____
_____
_____

思考与拓展 ▶▶ •••

请思考"批量隧道调整"与"网元间链路调整"的区别。

项目解析 ▶▶ •••

项目 9 · 5G 承载网故障处理

项目简介

当发生网络故障时，网络所提供的服务将中断或受到其他影响。网络故障处理就是在网络中定位故障发生的根本原因，并根据原因消除故障影响，恢复网络服务。承载网日常运维中，常见的故障处理任务涵盖了异常告警处理、路由协议故障处理、PCEP 故障处理、SR-TP 隧道故障处理、VPN 故障处理和故障处理案例报告的编写。

● 能够完成告警查询、告警定位、告警原因分析和异常告警处理。
● 能够完成路由协议邻居查询、路由查询、配置检查和故障处理。
● 能够完成 PCEP 状态查看、配置检查和故障处理。
● 能够完成 SR-TP 隧道信息查询、状态检查、配置检查和故障处理。
● 能够完成 VPN 路由查询、配置检查和故障处理。
● 能够完成故障处理案例报告的编写。

项目目标

项目导图

异常告警处理

【任务前言】

网络故障的发生常常伴随有异常告警的出现，这些告警的含义是什么？产生告警的原因有哪些？怎样处理这些异常告警？带着这些问题，我们一起进入本任务的学习。

【任务描述】

本任务主要介绍承载网设备常见的异常告警产生的原因和相应的处理方法，使学员具备承载网异常告警处理的技能。

【任务目标】

- 掌握告警级别的划分原则。
- 掌握告警处理的基本流程。
- 能够完成异常告警的查询。
- 能够完成异常告警的处理。

 知识储备

9.1.1 告警级别划分

告警级别反映告警的严重程度、重要性和紧迫性。

网络管理系统将告警划分为 4 个级别，各级别的定义、处理方法及网络管理系统告警指示灯颜色如表 9-1 所示。

表 9-1　告警级别说明

级别	定义	处理方法	告警指示灯颜色
紧急	全局性的、会导致设备瘫痪的故障告警和事件告警	需要立即紧急处理，否则系统会有瘫痪危险	红色
主要	局部范围内的单盘或线路故障告警和事件告警	需要及时尽快处理，否则会影响重要功能的实现	橙色

续表

级别	定义	处理方法	告警指示灯颜色
次要	一般性的、描述各单盘或线路是否正常工作的故障告警和事件告警，如单盘复位、公用资源申请失败 / 占用超时等	提醒维护人员及时查找告警原因，消除故障隐患	黄色
提示	提示性事件告警，如倒换告警等	无须立即处理，只要对设备的运行状态有所了解即可	蓝色

9.1.2　告警处理原则

在告警处理过程中，须按照处理原则有序地进行，以达到在最短时间内消除告警、排除故障的目的。

① 先抢通后修复

（1）原则说明

先抢通后修复是指通过将业务倒换到备用通道或机盘的方式使业务尽快恢复，而后进行故障修复。该原则的先决条件是系统中有与故障通道相关联的备用通道或与故障机盘相关联的备用机盘。

（2）适用范围

此原则主要适用于影响业务的告警处理。

② 先外部后设备

（1）原则说明

先外部后设备是指处理告警时先排除外部的可能因素，比如断纤、终端设备故障、电源故障或机房环境恶劣等，再查找设备的原因。

（2）适用范围

此原则适用于外界因素影响下产生的告警处理。

③ 先高级后低级

（1）原则说明

先高级后低级是指在分析告警时，应首先分析高级别的告警，如紧急告警、主要告警；然后分析低级别的告警，如次要告警、提示告警。处理告警时，先处理影响业务的告警，如果这些告警是由更高一级的告警引起的，则先处理更高一级的告警。

（2）适用范围

此原则适用于高、低级别告警同时存在的告警处理。

④ 先多数后少数

（1）原则说明

先多数后少数是指先处理网络管理系统呈现的数量较多的同类型告警，因为同类型的告警处理方法往往相同，这样可以减少网络管理系统的告警数量，从而为监控维护人员分析判断有效告警提供帮助。

（2）适用范围

此原则适用于较多同类型告警同时存在的告警处理。

【任务实施】

9.1.3 异常告警处理

常见的异常告警如表 9-2 所示。

表 9-2　常见的异常告警

告警类别	告警代码	中文名称	告警指示灯颜色
保护相关	BACKUP_FAULT	备用故障	蓝色
	LOCK_MAIN	锁定到主用	蓝色
	SW_FAIL	倒换失败	红色
	SWR	倒收	黄色
环境相关	DCVOLDOWN	直流电压过低	红色
	DCVOLOVER	直流电压过高	红色
	TEMP_TCT	机盘温度过限	红色
硬件相关	CARD_ABSENT	盘不在位	红色
	FAIL	本盘失效	红色
	COMFAIL	单盘通信中断	灰色
	POWERALM	电源故障	红色
	CPU_USE_PER_OVER	CPU 占用率过高	蓝色
	DISK_USE_PER_OVER	磁盘占用率过高	红色
	MEM_USE_PER_OVER	内存占用率过高	蓝色
	FANALAM	风扇告警	红色
端口相关	OTRX_ABSENT	光模块不在位	红色
	RLOS	输入光信号丢失	红色
	LASER_TF	激光器发送失效	红色
	LASER_OFF	激光器软关断	红色
	IOP_HIGH	输入光功率过高	橙色
	IOP_LOW	输入光功率过低	橙色
	LINK_LOS	连接信号丢失	红色
	CRC_ERR	CRC（循环冗余校验码）校验错误	黄色
	PK_LOS	丢包率过限	红色
	FLEXE_LOF	FlexE 开销帧丢失	红色

告警类别	告警代码	中文名称	告警指示灯颜色
端口相关	FLEXE_RPF	FlexE 远端物理层故障	红色
	VP_LOC	VP 层隧道连接确认信号丢失	红色

❶ BACKUP_FAULT

（1）含义

备用故障告警。当保护的备用路径故障时，产生该告警。

（2）可能原因

备用路径故障。

（3）处理步骤

① 进入网络管理系统查看 BACKUP_FAULT 告警，确认产生该告警的网元、机盘和定位信息。

② 根据告警定位信息中的业务名称、保护组 ID 等信息，确认保护组的备用路径。

③ 当保护基于 OAM 检测机制时，在业务管理中查看告警业务的"故障检测设置"信息，确保源、宿网元备用路径 APS（自动保护倒换）已使能，如图 9-1 所示。

图9-1　保护路径APS使能

④ 检查备用路径经过的机盘是否存在信号失效或信号劣化告警，如 RLOS、LINK_LOS 等。

● 是：清除告警机盘的 RLOS、LINK_LOS、SD 等告警。若告警仍存在，转到步骤⑤。

● 否：转到步骤⑤。

⑤ 检查备用路径光纤线路是否故障。

● 是：协调维护人员清除光纤线路故障。若告警仍存在，转到步骤⑥。

● 否：转到步骤⑥。

⑥ 检查备用路径经过的机盘和网元是否存在硬件故障，如接口故障、机盘故障、网元掉电等，若存在，则清除硬件故障。

❷ LOCK_MAIN

（1）含义

锁定到主用告警。当通过网络管理系统对保护对下发了"锁定到主用"命令时，产生该告警。

（2）可能原因

通过网络管理系统对保护对下发了"锁定到主用"命令。

（3）处理步骤

① 进入网络管理系统查看 LOCK_MAIN 告警，确认产生该告警的网元、机盘和定位信息，进一步确认告警业务的标签值、工作路径、保护路径等信息。

② 在网络管理系统窗口中，单击菜单栏"多业务管理"→"分组业务"，根据定位的标签值、源网元、宿网元、经过网元等信息，过滤定位告警的业务或保护对条目。

③ 确认对告警的业务或保护对下发的"锁定到主用"命令是否为测试需要。

● 是：无须处理该告警。

● 否：右键单击该隧道，从快捷菜单中选择"保护倒换"，在弹出的"保护倒换"窗口选择"倒换"→"清除倒换"。

❸ SW_FAIL

（1）含义

倒换失败告警。当保护的主、备路径均发生故障，倒换不成功时，产生该告警。

（2）可能原因

① 保护倒换失败常伴随着 BACKUP_FAULT 告警。

② 主用和备用路径同时故障。

（3）处理步骤

① 进入网络管理系统查看 SW_FAIL 告警，确认产生该告警的网元、机盘和定位信息。

② 在多业务管理中，根据告警定位信息中的业务名称、源网元、宿网元、经过网元等信息，确认隧道的主用和备用路径。

③ 检查主用和备用路径经过的机盘是否存在信号失效或信号劣化告警，如 RLOS、LINK_LOS、SD 等。

● 是：清除告警机盘的 RLOS、LINK_LOS、SD 等告警。若告警仍存在，转到步骤④。

● 否：转到步骤④。

④ 检查主用和备用路径光纤线路是否故障。

● 是：协调维护人员清除光纤线路故障。若告警仍存在，转到步骤⑤。

● 否：转到步骤⑤。

⑤ 检查主用和备用路径经过的机盘和网元是否存在硬件故障，如接口故障、机盘故障、网元掉电等，清除硬件故障。

④ SWR

（1）含义

倒收告警。当保护的主用路径故障，或通过网络管理系统对保护对下发了倒换命令，导致保护倒换至备用路径时，产生该告警。

（2）可能原因

① 主用路径故障，导致业务由主用路径倒换至备用路径。

② 通过网络管理系统对保护对下发了"强制到备用"或"人工倒换到备用"命令，导致业务由主用路径倒换至备用路径。

（3）处理步骤

① 进入网络管理系统查看 SWR 告警，确认产生该告警的网元、机盘和定位信息。

② 检查 SWR 告警发生时是否伴随着 MANUAL_SWITCH、FORCE_SWITCH 告警。

● 是：SWR 告警为执行倒换相关命令引起的。待维护人员完成预期任务后，通过网络管理系统对告警保护对执行清除倒换操作。

● 否：转到步骤③。

③ 右键单击该条告警，在菜单中选择"查询关联业务"，即可定位到故障业务或保护条目。

④ 检查主用路径经过的机盘是否存在信号失效或信号劣化告警，如 RLOS、LINK_LOS、SD 等。

● 是：清除告警机盘的 RLOS、LINK_LOS、SD 等告警。若告警仍存在，转到步骤⑤。

● 否：转到步骤⑤。

⑤ 检查主用路径光纤线路是否故障。

● 是：协调维护人员清除光纤线路故障。若告警仍存在，转到步骤⑥。

● 否：转到步骤⑥。

⑥ 检查主用路径经过的机盘和网元是否存在硬件故障，如接口故障、机盘故障、网元掉电等，清除硬件故障。

⑤ DCVOLDOWN

（1）含义

直流电压过低告警。

（2）可能原因

外部供电的直流电压过低。

（3）处理步骤

① 进入网络管理系统查看 DCVOLDOWN 告警，确定该告警机盘所在的网元、

机盘和定位信息。

②检查外部供电电源电压是否过低。如果电压过低,则调整外部供电电压至符合要求。

⑥ DCVOLOVER

（1）含义

直流电压过高告警。

（2）可能原因

外部供电的直流电压过高。

（3）处理步骤

①进入网络管理系统查看 DCVOLOVER 告警,确定该告警机盘所在的网元、机盘和定位信息。

②检查外部供电电源电压是否过高,如果电压过高,调整外部供电电压至符合要求。

⑦ TEMP_TCT

（1）含义

机盘温度过限告警。当系统检测到机盘的工作温度超过所设置的温度上限值时,上报该告警。

（2）可能原因

①温度告警上限设置不符合实际情况。

②风扇单元停止工作。

③机房制冷设备故障,导致环境温度过高。

④机盘故障。

（3）处理步骤

①查询温度上限设置和单盘目前工作温度,判断告警是否误报。

● 是：无须处理。

● 否：将温度告警上限值设为合理值。操作后,若告警仍存在,转到步骤②。

②查看风扇单元是否出现故障,是否存在 FANALAM 告警。

● 是：参照 FANALAM 处理方法消除该告警后,若告警仍存在,转到步骤③。

● 否：转到步骤③。

③（可选）检查防尘网上积累的灰尘是否过多而导致散热不及时。如果无防尘网,则转到步骤④。

● 是：清洁防尘网。操作后,若告警仍存在,转到步骤④。

● 否：转到步骤④。

④检查设备工作环境温度是否正常。

● 是：转到步骤⑤。

● 否：检查制冷设备是否故障，确保设备工作在适合温度。操作后，若告警仍存在，转到步骤⑤。

⑤ 更换故障的单盘。

⑧ CARD_ABSENT

（1）含义

盘不在位告警。当网络管理系统配有该机盘，而在对应的物理槽位上检测不到该机盘的信号时，产生该告警。

（2）可能原因

① 机盘正在复位过程中。

② 该槽位未插机盘。

③ 机盘未完全插入背板槽位。

④ 子框上实际插入的机盘与网络管理系统配置的不一致。

⑤ 机盘故障。

（3）处理步骤

① 进入网络管理系统查看 CARD_ABSENT 告警，确认产生该告警的机盘及其槽位。

② 等待几分钟，查看告警是否消除。

● 是：说明机盘可能刚刚完成复位，无须处理。

● 否：转到步骤③。

③ 查看对应槽位上的物理机盘是否在位。

● 是：查看机盘与背板槽位是否接触良好。若机盘未插好，应插好机盘。等待几分钟，待机盘启动后，若告警仍存在，转到步骤④。

● 否：插入与告警机盘一致的机盘备件。等待几分钟，待机盘启动后，若告警仍存在，转到步骤④。

④ 查看该槽位上对应的机盘与网络管理系统配置是否一致。若不一致，更换该机盘。

⑨ FAIL

（1）含义

本盘失效告警。检测到机盘硬件故障时，产生该告警。

（2）可能原因

① 存在 CARD_ABSENT 告警。

② 机盘与背板接触不良。

③ 机盘故障。

（3）处理步骤

① 进入网络管理系统查看 FAIL 告警，确认产生该告警的网元、机盘及槽位。

② 查看产生 FAIL 告警的机盘是否存在 CARD_ABSENT 告警。

● 是：清除 CARD_ABSENT 告警。清除 CARD_ABSENT 告警后，若 FAIL 告警仍存在，转到步骤③。

● 否：转到步骤③。

③ 拔出告警机盘后重新插入，等待几分钟，待机盘重新启动，若告警仍存在，转到步骤④。

④ 使用与告警机盘一致的机盘备件替换该告警机盘，等待新机盘启动。

⑩ COMFAIL

（1）含义

单盘通信中断告警。

（2）可能原因

① 机盘故障。

② 机盘复位。

（3）处理步骤

① 在网络管理系统查看产生 COMFAIL 告警的机盘，确定是单块机盘还是多块机盘上报此告警。

● 单块机盘单独上报本告警：转到步骤②。

● 多块机盘同时上报本告警：转到步骤③。

② 查看该告警机盘是否正在执行复位，若是，等待复位完成。若告警仍存在，转到步骤④。

③ 查看告警网元与其他网元之间是否通过交换机连接在一起。若是，改为光纤直接连接，再查看告警是否消除。

④ 对告警机盘进行拔插或更换机盘。

⑪ POWERALM

（1）含义

电源故障告警，指盘内监测关键电压（正常为 0.95V、1.0V、1.2V、1.8V、2.5V、3.3V、5V 等）超过了该盘允许的电压范围（一般为关键电压的 ±5% ～ ±10%，由机盘内部自动检测），机盘上报此告警。

（2）可能原因

机盘电源模块失效或老化。

（3）处理步骤

① 进入网络管理系统查看 POWERALM 告警，确认产生该告警的网元、机盘和定位信息。

② 更换告警机盘。

12 CPU_USE_PER_OVER

（1）含义

CPU 占用率过高告警。当主控盘 / 业务盘当前处理的任务量过大、事件调度频率过高、CPU 占用率超过配置门限时，产生该告警。

（2）可能原因

① 当前业务配置数量过多。

② 频繁进行消耗 CPU 资源的操作。

③ 接收到大量动态协议报文，导致处理调度慢。

④ 网络中存在环路。

⑤ 主控协议栈调度异常。

（3）处理步骤

① 进入网络管理系统查看 CPU_USE_PER_OVER 告警，确认产生告警的网元、机盘等信息。

② 进入"状态命令行"窗口，检查告警机盘的 CPU 占用情况，如图 9-2 所示。

图9-2　设备状态查看

③ 查看 CPU_USE_PER_OVER 告警是否出现后又消失。

● 是：且持续时间低于 90s，无须处理。

● 否：转到步骤④。

④ 在告警机盘上，减少消耗 CPU 资源的操作，如避免频繁查看当前配置数据、避免同时启动大量告警性能统计任务等。若告警仍存在，转到步骤⑤。

⑤ 检查告警机盘上是否存在冗余业务（不使用的多余业务）。

● 是：删除告警机盘上的冗余业务。若告警仍存在，转到步骤⑥。

● 否：转到步骤⑥。

⑥ 检查告警机盘上各个协议状态是否正常。

● 是：转到步骤⑦。

● 否：排除协议状态震荡等问题。若告警仍存在，转到步骤⑦。

⑦ 检查网络中是否存在二层环路。网络中出现环路时，将产生广播风暴，并造成大量协议报文上送设备处理，导致 CPU 占用率高。

⑬ DISK_USE_PER_OVER

（1）含义

磁盘占用率过高告警。当主控盘 / 业务盘检测到磁盘空间的占用率超过配置门限时，产生该告警。

（2）可能原因

① 冗余文件过多，如无用的升级文件、LOG 文件、配置文件等。

② 磁盘存储卡异常，无法写入。

（3）处理步骤

① 进入网络管理系统查看 DISK_USE_PER_OVER 告警，确认产生该告警的网元、机盘等信息。

② 检查告警机盘的磁盘空间占用情况。

网络管理系统查询：进入告警网元的网元管理器，选择"高级"→"状态命令行"→"单盘状态"，可查看各单盘的磁盘空间占用情况。

③ 清理告警机盘的磁盘存储空间，删除冗余的文件。清理磁盘存储空间的方式如下。

通过远程工具登录到告警机盘指定目录下，删除冗余文件。

⑭ MEM_USE_PER_OVER

（1）含义

内存占用率过高告警。当主控盘 / 业务盘当前处理的任务量较大，内存消耗量超过配置门限时，产生该告警。

（2）可能原因

① 当前业务配置数量过多。

② 频繁进行消耗内存资源的操作。

③ 内存泄露。

（3）处理步骤

① 进入网络管理系统查看 MEM_USE_PER_OVER 告警，确认产生告警的网元、机盘等信息。

② 检查告警机盘的内存占用情况。

在网络管理系统中查询：进入告警网元的网元管理器界面，选择"高级"→"状态命令行"，在弹出的"状态命令行"窗口选择"设备状态"，可查看设备的内存占用情况。

③ 在告警机盘上减少消耗内存资源的操作，如避免频繁查看当前配置数据、避免同时启动大量告警性能统计任务等。若告警仍存在，转到步骤④。

④ 检查告警机盘上是否存在冗余的业务。

● 是：删除告警机盘上的冗余业务。若告警仍存在，转到步骤⑤。

● 否：转到步骤⑤。

⑤ 通过远程工具登录告警机盘，查看所有进程的内存占用率，记录内存占用率较高的进程信息。若其中存在无用进程，可结束进程。

⑮ FANALAM

（1）含义

风扇告警。当任意风扇单元或子风扇发生异常停转故障时，主控盘 / 网元管理盘上报此告警。

（2）可能原因

① 风扇单元不在位或没插好。

② 风扇单元故障。

（3）处理步骤

① 进入网络管理系统查看 FANALAM 告警，确认产生该告警的网元、机盘和定位信息。

② 检查告警机盘所在子框的风扇单元是否不在位或没插好。

● 是：重新插好风扇单元。若告警仍存在，转到步骤③。

● 否：转到步骤③。

③ 更换风扇单元。

⑯ OTRX_ABSENT

（1）含义

光模块不在位告警。当机盘检测到光模块不在位时，产生该告警。

（2）可能原因

① 光模块不在位或未正确插入插槽。

② 光模块故障。

③ 机盘故障。

（3）处理步骤

① 通过网络管理系统或现场查看告警对应的接口是否插入光模块。

② 通过网络管理系统查看 OTRX_ABSENT 告警，确认产生该告警的网元、单盘、光口等信息。

③ 更换告警光口的光模块。若告警仍存在，转到步骤④。

④ 更换告警机盘。

⑰ RLOS

（1）含义

输入光信号丢失告警。当光模块检测无光输入时产生此告警。

（2）可能原因

① 收无光门限设置过高。

② 光纤线路故障，如断纤或严重劣化。

③ 线路衰耗过大。

④ 本端光模块、机盘故障。

⑤ 对端设备发送故障，如对端光接口激光器关断、激光器发送失效、对端光模块故障、对端机盘故障。

（3）处理步骤

① 进入网络管理系统查看 RLOS 告警，确认产生告警的网元、机盘、线路及光口等信息。

② 查看该光接口的收无光门限是否设置过高。如果门限设置过高，修改设置。

③ 如果告警仍存在，检查线路衰耗是否过大。如果衰耗过大，改善线路光纤性能。

④ 在 ODF 架上使用光功率计检测告警光口的接收光功率是否正常。

● 若无光功率或光功率过低，说明光纤线路故障或对端设备发送故障，转到步骤⑤。

● 若光功率正常，说明本端 ODF 架侧至设备侧之间的光纤跳线损坏或本端光模块、机盘故障。

a. 检查光纤端面是否污损，如果污损，清洁光纤。

b. 检查光纤与光接口是否虚接或有断纤情况，如果存在这些情况，重新连接光纤或更换光纤。

c. 检查告警光接口的光模块或机盘是否故障，如果存在故障，更换对应的模块或机盘。

⑤ 在对端 ODF 架上使用光功率计检测对应光接口的发送光功率是否正常。

● 若光功率正常，说明线路光纤中断或严重劣化，须检查恢复线路光纤或确保线路质量，从而消除告警。

● 若无光功率或光功率过低，转到步骤⑥。

⑥ 检查对端机盘光接口是否有激光器关断告警。

● 若有激光器关断告警，须开启对应激光器，在机盘控制命令中对激光器下发"使能"命令。操作后，若告警仍存在，转到步骤⑦。

● 若无激光器关断告警，转到步骤⑦。

⑦ 检查对端机盘光接口是否有发送失效告警。若有，更换对端光模块或机盘。

⑱ LASER_TF

（1）含义

激光器发送失效告警。

（2）可能原因

输出光功率小于输出光功率临界值。

（3）处理步骤

① 进入网络管理系统查看 LASER_TF 告警，确认产生该告警的网元、机盘和线路号等信息。

② 检查并确保告警机盘输出端口的实际光功率在正常范围内。操作后，若告警仍存在，转到步骤③。

③ 更换激光器光模块。操作后，若告警仍存在，转到步骤④。

④ 更换告警机盘。

⑲ LASER_OFF

（1）含义

激光器软关断告警。表示通过网络管理系统控制，机盘激光器处于关闭状态。

（2）可能原因

① 在网络管理系统人为对机盘下发了激光器关断控制命令。

② 接口配置中配置端口关闭，产生 LASER_OFF 告警。

③ 单盘启动过程中配置了端口延时开启，在延时开启的时间没有结束之前，激光器也是关闭的。

（3）处理步骤

① 进入网络管理系统查看 LASER_OFF 告警，确认产生该告警的网元、机盘和光口等信息。

② 查看网络管理系统是否下达了激光器关断命令。

● 进入告警网元的网元管理器界面，在设备树上选中告警机盘，在对应操作树下选择"高级"→"控制命令"。

● 在展开的盘控制命令窗口选择"激光器开关控制命令"，检查是否下发了激光器关断控制命令。

a. 若对应激光器设置为"不使能"，则重新下达控制命令为"使能"，若告警仍存在，转到步骤③。

b. 若对应激光器设置为"使能"，转到步骤③。

③ 是否配置了端口不使能。

● 进入告警网元的网元管理器界面，选择"基础配置"→"以太主接口"，弹出"以太主接口"窗口。

● 检查激光器对应接口的端口使能是否设置为"不使能"，如图9-3所示。

图9-3　端口使能

a. 若是，修改为"使能"，若告警仍存在，转到步骤④。

b. 若否，转到步骤④。

④ 检查激光器是否设置了延时开启功能。

● 进入告警网元的网元管理器界面，选择"基础配置"→"以太主接口"，弹出"以太主接口"窗口。

● 检查是否设置了激光器延时时间（如图9-4所示），若是，在延时时间结束后告警消失。

图9-4　激光器延时时间

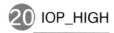 20 IOP_HIGH

（1）含义

输入光功率过高告警。当输入光功率高于该光模块的过载点或大于用户配置的最高门限时，产生此告警。

（2）可能原因

① 输入光功率过高，没有加适量的衰减器。

② 对端站机盘输出光功率过高。

③告警机盘故障。

（3）处理步骤

①进入网络管理系统查看 IOP_HIGH 告警，确认产生告警的网元、线路等信息。

②根据线路衰减及衰减器配置等情况，计算输入光功率的正常范围。查看光模块的光功率接收范围是否符合上述要求。

● 是：转到步骤③。

● 否：选用合适的光模块类型。操作后，若告警仍存在，转到步骤③。

③使用光功率计测量告警光盘的输入光功率是否在正常范围内。

● 是：转到步骤④。

● 否：增加适量的衰减器使输入光功率在正常范围内。若告警仍存在，转到步骤④。

④更换光模块。操作后，若告警仍存在，转到步骤⑤。

⑤拔插告警机盘。操作后，若告警仍存在，转到步骤⑥。

⑥更换告警机盘。

21 IOP_LOW

（1）含义

输入光功率过低告警。当光模块的输入光功率低于该光模块的灵敏度或小于用户配置的最低门限时，产生该告警。

（2）可能原因

①光模块不在位。

②光功率门限值设置不正确。

③光纤连接器松动或未插紧，法兰盘未正确连接。

④光纤头不清洁。

⑤尾纤弯曲度过大、损坏或老化。

⑥本站机盘的接收光口增加了过大的衰减器。

⑦光信号在传输过程中衰减过大，没有得到足够的光放大补偿。

⑧对端站机盘的发送光口增加了过大的光衰减器或发送光模块故障，导致对端站机盘发送光功率过低。

⑨本端告警机盘故障。

（3）处理步骤

①进入网络管理系统查看 IOP_LOW 告警，确认产生该告警的网元、机盘和线路号等信息。

②检查告警机盘的光模块是否在位。

- 是：转到步骤③。
- 否：选用合适的光模块类型。操作后，若告警仍存在，转到步骤③。

③ 在网络管理系统中检查相关单盘端口的各项功率门限值设置是否合理。

- 是：转到步骤④。
- 否：在网络管理系统中，将相关单盘端口的各项功率门限值设置在合理的范围内。操作后，若告警仍存在，转到步骤④。

④ 检查告警机盘的尾纤，如果尾纤弯曲度过大、损坏或老化，则调整或更换尾纤。操作后，若告警仍存在，转到步骤⑤。

⑤ 检查本站的法兰盘是否连接正确。

- 是：转到步骤⑥。
- 否：正确使用法兰盘，并插紧相关的光纤连接器。操作后，若告警仍存在，转到步骤⑥。

⑥ 检查本站机盘的接收光口是否添加了过大的衰减器。

- 是：适量减小衰减器的衰减值或更换衰减器。操作后，若告警仍存在，转到步骤⑦。
- 否：转到步骤⑦。

⑦ 使用光功率计测量本站机盘的输入光功率是否在正常范围内。

- 是：转到步骤⑧。
- 否：清洁本站光纤接头和机盘接收光口，插紧相关的光纤连接器。操作后，若告警仍存在，转到步骤⑧。

⑧ 在网络管理系统查询对端机盘的输出光功率是否在正常范围内。

- 是：转到步骤⑨。
- 否：清洁对端站光纤接头和机盘光口，插紧相关的光纤连接器。操作后，若告警仍存在，转到步骤⑨。

⑨ 检查对端站机盘的发送光口是否添加了过大的衰减器。

- 是：适量减小衰减器的衰减值或更换衰减器。操作后，若告警仍存在，转到步骤⑩。
- 否：转到步骤⑩。

⑩ 更换对端相应机盘。操作后，若告警仍存在，转到步骤 ⑪。

⑪ 考虑本站机盘故障，更换告警机盘。

22 LINK_LOS

（1）含义

连接信号丢失告警。该告警表示以太网接口接收信号丢失，无法和对端建立以太网连接，具体情况有两种：本端线路口与对端线路口连接不畅；本端系统口与主控盘连接不畅。

（2）可能原因

① 光模块未连接光纤。

② 光纤线路故障。

③ 对接接口工作模式不一致。

④ 对端发送故障。

⑤ 本端接收故障。

（3）处理步骤

① 进入网络管理系统查看 LINK_LOS 告警，确认产生该告警的网元、机盘和线路号等信息。

② 检查端口状态是否为 up。进入告警网元的网元管理器界面，选择"高级"→"状态命令行"→"接口状态"，在"接口状态"窗口查看对应接口的状态。

● 是：机盘误告，更换告警机盘。若告警仍存在，转到步骤③。

● 否：转到步骤③。

③ 检查告警机盘光模块是否未连接光纤或光纤松动，确认完成光纤连接并确保本端相关端口的激光器开关设为"使能"。操作后，若告警仍存在，转到步骤④。

④ 使用光功率计检查对接光纤是否中断、损伤、弯曲导致线路衰耗过大、输入光功率低于单盘灵敏度。

● 是：更换光纤。操作后，若告警仍存在，转到步骤⑤。

● 否：转到步骤⑤。

⑤ 检查对接接口以太网参数是否配置一致，若不一致，则修改参数，以保证双方一致。操作后，若告警仍存在，转到步骤⑥。

⑥ 检查两端的光模块是否正常，需考虑以下情况。

● 光模块类型是否正确，是否将百兆光模块插入到了千兆光口。

● 光模块是否故障。

● 光模块是否为设备原配光模块。

● 清除光模块问题。

23 CRC_ERR

（1）含义

CRC 校验错误告警。CRC 校验错误表示收到的数据有错误包。当收到的 CRC 校验错误大于 CRC 校验门限时，产生该告警。

（2）可能原因

● CRC 校验门限设置不当。

● 光纤或线缆未连接好。

● 光路质量差。

● 主控盘复位。

（3）处理步骤

① 进入网络管理系统查看 CRC_ERR 告警，确认产生告警的机盘、网元、线路号、端口等信息。

② 查看 CRC 校验门限设置是否合理。默认 900s 内检测到一个以太网帧有 CRC_ERR，即上报告警。

● 是：转到步骤③。

● 否：修改门限值并下载设备配置。操作后，若告警仍存在，转到步骤③。

③ 查看告警机盘相关的光纤或线缆连接是否正常。

● 是：转到步骤④。

● 否：排除线路连接故障。操作后，若告警仍存在，转到步骤④。

④ 检查光路质量，是否存在光功率过低或过高、色散、非线性、光模块故障等现象，如果存在，排除光路故障。操作后，若告警仍存在，转到步骤⑤。

⑤ 在网络管理系统查看主控盘是否发生复位。

24 PK_LOS

（1）含义

丢包率过限告警。如果在一定时间范围内，接口收数据包丢失数超过了设定的门限值，产生该告警。

（2）可能原因

① 对接参数设置不正确。

② 告警单盘与对端设备间的物理连接问题，如光纤连接器污染、光纤跳线老化、单盘光模块或机盘故障等。

（3）处理步骤

① 通过网络管理系统查看 PK_LOS 告警，确认产生该告警的网元、单盘、线路等信息。

② 检查最大帧长设置参数是否一致：进入告警网元所在网元管理器，依次单击"基础配置"→"以太主接口"，在弹出的"以太主接口"窗格中选择对应接口的"最大帧长度"进行帧长调整，默认值为 9600，并清空网元性能，观察 15min 后，确认告警是否再现。

③ 如果告警仍存在，可用环回法排查是本端问题还是对端问题，用尾纤环回上

报 PK_LOS 告警的面板口业务信号。环回时应注意面板口接收功率应在正常范围内，然后观察 PK_LOS 告警是否消除。

● 如果告警仍存在，更换本端的光模块或机盘后，告警应消除。

● 如果告警消除，说明为对端输入故障，转到步骤④。

④ 检查告警端口接收光功率是否正常。

● 如果接收光功率不在正常范围内，进行光功率调整。

● 若无，转到步骤⑤。

⑤ 检查告警端口对接的设备硬件是否存在故障，如果存在，则更换对端设备硬件。

25 FLEXE_LOF

（1）含义

FlexE 开销帧丢失告警。当 FlexE 开销帧首码块中的同步报头（10）、控制块类型（0x4b）、O 码（0x5）出现 5 次不匹配时，接收端进入帧失步（OOF）状态，帧失步状态持续 3ms 后进入 LOF 状态，产生该告警。

（2）可能原因

① 输入光功率过高或过低。

② 对接 FlexE 机盘间的光纤故障。

③ 机盘故障。

（3）处理步骤

① 进入网络管理系统查看 FLEXE_LOF 告警，确定该告警机盘所在的网元、机盘和定位信息。

② 检查告警端口输入光功率是否在正常范围内。若不在正常范围内，请参照 IOP_HIGH、IOP_LOW 的告警处理方法。

③ 若告警仍存在，检查光纤连接器。如果发现有污损，清洁或更换光纤连接器。

④ 若告警仍存在，更换告警机盘。

26 FLEXE_RPF

（1）含义

FlexE 远端物理层故障告警。在接收端，当 FlexE Group 的某物理成员接口检测到本端的 PHY 故障时，在发送的 FlexE 开销帧中将 RPF 比特置位，用于通知远端接口本端 PHY 发生故障，远端设备对接 FlexE 物理接口产生该告警。

（2）可能原因

① 本端 FlexE 物理接口激光器关断。

② 远端线路侧机盘有 LINK_LOS、FLEXE_LOF 类告警。

（3）处理步骤

① 进入网络管理系统查看 FLEXE_RPF 告警，确定该告警机盘所在的网元、机盘和定位信息。

② 检查本端 FlexE 物理接口的发送端激光器是否关闭。若关闭，须设置为打开。

③ 检查该告警的远端站点线路侧是否有 LINK_LOS、FLEXE_LOF 等告警。若有，参考对应告警处理步骤清除上述告警。

27 VP_LOC

（1）含义

VP 层隧道连接确认信号丢失告警。在本端 VP 层 CV 帧使能的情况下，在 3.5 倍 CV 帧发送周期内未能收到从对端发送的 CV 帧时，产生 VP_LOC 告警。

（2）可能原因

① 设备底层隧道（Tunnel）标签残留导致 Tunnel 标签配置错误。

② 对端 OAM 的 CV 帧发送未使能。

③ 网络出现严重拥塞。

④ 线路故障，如链路故障或设备故障。

（3）处理步骤

① 进入网络管理系统查看 VP_LOC 告警，确认产生告警的网元、机盘、Tunnel_ID 等信息，然后定位至故障 LSP。

② 单击相应条目，在下方"故障检测机制"→"OAM"选项卡中查看对端 VP 层 CV 帧发送是否使能。

● 是：转到步骤④。

● 否：设置为使能并重新下载该 LSP。操作后，若告警仍存在，转到步骤④。

③ 解决网络出现严重拥塞的情况，须根据工程实际情况，适当增大"CV 帧发送周期"的参数值。

④ 检查故障网元间的线路是否存在问题，例如是否存在线路故障告警 IOP_LOW、IOP_HIGH、LINK_LOS、PK_LOS。若存在，参考对应告警处理步骤消除上述告警。

任务习题 ▶▶ •••

1. SW_FAIL 是什么告警？它的含义是什么？该告警应如何处理？

2. RLOS 是什么告警？它的含义是什么？该告警应如何处理？

9.1.4　实训单元——异常告警处理

掌握告警级别的划分及告警处理的基本原则，能够完成异常告警的查询、定位及处理。

查询 IOP_LOW 告警、分析该告警产生的原因，并清除此告警。

1. 实训环境准备
   （1）6 个承载网设备组成核心、汇聚、接入层；一台二层交换机；网络管理服务器主机、客户端主机。
   （2）软件：承载网设备网络管理系统软件。
2. 相关知识点要求
   （1）承载网告警级别判定及其分类。
   （2）承载网告警查询及处理方法。

1. 进入网络管理系统查看 IOP_LOW 告警，确认产生该告警的网元、机盘和线路号等信息。
2. 检查告警机盘的光模块是否在位。
3. 在网络管理系统中检查相关单盘端口的各项功率门限值设置是否合理。
4. 检查告警机盘的尾纤，如果尾纤弯曲度过大、损坏或老化，调整或更换尾纤。
5. 检查本站的法兰盘是否连接正确。
6. 检查本站机盘的接收光口是否添加了过大的衰减器。
7. 使用光功率计测量本站机盘的输入光功率是否在正常范围内。
8. 在网络管理系统查询对端机盘的输出光功率是否在正常范围内。
9. 检查对端站机盘的发送光口是否添加了过大的衰减器。
10. 更换对端相应的机盘。

11. 考虑本站机盘故障，更换告警机盘。

评定标准 ▶▶

网络管理系统功率门限值设置合理，成功消除 IOP_LOW 告警，设备上端口输入 / 输出光功率处于正常范围内。

实训小结 ▶▶

实训中的问题：_____

_____

_____

问题分析：_____

_____

_____

问题解决方案：_____

_____

_____

思考与拓展 ▶▶

网络管理系统为什么要设置各类门限值？

任务2   路由协议故障处理

【任务前言】

承载网稳定运行需要使用哪些路由协议？这些路由协议如何部署？协议的运行状态要如何查看？协议异常时怎么处理？带着这些问题，让我们一起进入本任务的学习。

【任务描述】

本任务主要介绍承载网路由协议的部署方案和相关协议状态的检查方法，使学员具备承载网协议故障处理的工作技能。

【任务目标】

● 掌握承载网常用协议的部署方案。
● 能够完成承载网路由协议的故障排查。

 知识储备

9.2.1   路由协议部署方案

如图 9-5 所示，在管控平台上部署到承载网所有设备的静态路由，网关网元 NE3 通过二层交换机连接至管控平台。NE3 的直连路由即为管控平台所属的子网，同时，在 NE1 ～ NE6 之间部署 IS-IS 路由协议实现承载网内部 IP 路

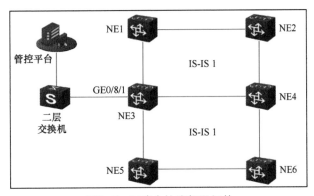

图9-5   IP路由协议部署拓扑

319

由的连通。NE3 在 IS-IS 1 的实例中重分发到管控平台的直连路由，这些路由协议相互协作，实现整个承载网与管控平台的 IP 路由连通。

9.2.2 路由协议故障处理

本节将以图 9-6 所示的组网拓扑为示例，阐述路由协议故障的排查方法。

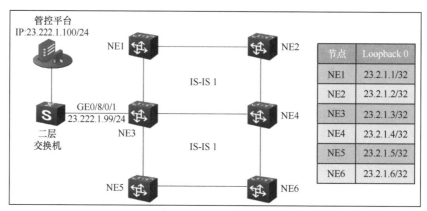

图9-6 路由协议故障处理示例

正常情况下，在管控平台上能 Ping 通所有网元的 Loopback 0 接口的 IP，且能在每个网元上以自己的 Loopback 0 接口 IP 为源地址，Ping 通管控平台的控制面 IP。只要存在 Ping 不通的情况，说明承载网与管控平台的 IP 路由不连通。故障排除思路如下。

（1）检查管控平台是否有到设备 Loopback 0 接口地址的路由，以及该路由是否配置正确。

① 在管控平台上，以管理员身份运行"命令提示符"，输入"route print"命令查看是否有到承载网设备的控制平面路由，如图 9-7 所示。示例中所有节点的 Loopback 0 接口 IP 均在网段 23.2.1.0/24 内，网关网元 NE3 使用 GE0/8/0/1 通过二层交换机连接管控平台，GE0/8/0/1 的接口 IP 为 23.222.1.99/24，与管控平台 IP 23.222.1.100/24 在同一子网内。

```
永久路由:
  网络地址          网络掩码    网关地址      跃点数
     23.1.1.0    255.255.255.0        23.20.1.1      1
     23.2.1.0    255.255.255.0        23.222.1.99      1
      0.0.0.0          0.0.0.0   10.109.149.254      默认
```

图9-7 查看管控平台上的路由

② 如果管控平台上没有到承载网所有设备 Loopback 0 接口地址的路由，需要手动添加，添加命令如图 9-8 所示，23.2.1.0/24 的网络前缀涵盖承载网所有设备的 Loopback 0 接口 IP，23.222.1.99 为管控平台的网关 IP，即 NE3 网元 GE0/8/0/1 口的 IP。

图9-8　承载网设备Loopback 0接口地址的路由添加命令

（2）检查管控平台与网关网元的 IP 连通性。

① 在管控平台上，以管理员身份运行"命令提示符"，输入"Ping 23.2.1.3"，应能够正常 Ping 通，如图 9-9 所示，"23.2.1.3"为 NE3 的 Loopback 0 接口 IP。

图9-9　检查管控平台到网关网元的IP连通性

检查 GE0/8/0/1 口的 IP 是否与规划一致，为 23.222.1.99/24。双击 NE3 打开网元管理器，选择"基础配置"→"以太主接口"，查看 GE0/8/0/1 的 IP 地址，如图 9-10 所示。

图9-10　检查网关网元连接管控平台的接口IP

② 通过远程工具登录网关网元，输入"ping 23.222.1.100 a 23.2.1.3"，若 GE0/8/0/1 口至管控平台的物理连接无异常，应能够正常 Ping 通。如图 9-11 所示，23.2.1.3 为 NE3 的 Loopback 0 接口 IP，23.222.1.100 为管控平台的控制面 IP。

```
router#ping 23.222.1.100 a 23.2.1.3
64 bytes from 23.222.1.100: icmp_seq=0 ttl=128 time=10 ms
64 bytes from 23.222.1.100: icmp_seq=1 ttl=128 time=7 ms
64 bytes from 23.222.1.100: icmp_seq=2 ttl=128 time=20 ms
64 bytes from 23.222.1.100: icmp_seq=3 ttl=128 time=8 ms
64 bytes from 23.222.1.100: icmp_seq=4 ttl=128 time=5 ms
----23.222.1.100 PING Statistics----
5 packets transmitted, 5 packets received, 0% packet loss
 round-trip (ms)  min/avg/max = 5/10/20
router#
```

图9-11　检查网关网元到管控平台的IP连通性

（3）检查 NE1 ～ NE6 的 IS-IS 路由表。在正常情况下，任一设备的 IS-IS 路由中应该有到其他所有设备和管控平台的路由。以 NE3 为例，其 IS-IS 路由表如图 9-12 所示。其中 23.222.1.0/24 为到管控平台的路由，其余掩码为 32 的路由是到其他设备 Loopback 0 接口的路由。

图9-12　网元IS-IS路由查询

① 若没有管控平台 23.222.1.0/24 的路由，则检查 NE3 的 IS-IS 配置中是否重分发（Redistribute）指向管控平台的直连路由。Telnet 到 NE3 上输入 "show run"，显示的相关配置如图 9-13 所示。

```
ipv4-prefix control seq 1 permit prefix 23.222.1.0/24
!
route-policy control permit node 1
 if-match ipv4 address ipv4-prefix control
!
router isis 1
 net 69.0001.0230.0200.1003.00
 segment-routing global block 800000 809999
 is-type level-2
 metric-style wide level-2
 address-family ipv4 unicast
  redistribute connected route-map control
  mpls traffic-eng router-id 23.2.1.3
  !
 max-ecmp 1
 mpls traffic-eng level-2
 capability cspf
 segment-routing mpls
 distribute bgp-ls level-2
 micro-loop avoidance
 !
```

图9-13　网关网元路由重分发相关配置

② 若没有到其他承载网设备的 Loopback 0 接口地址的路由，则需检查相关网元的 IS-IS 邻居关系是否正常。

（4）检查 NE1 ～ NE6 的 IS-IS 邻居，各网元 IS-IS 邻居关系如表 9-3 所示。

表 9-3　各网元 IS-IS 邻居关系

网元	IS-IS 邻居
NE1	NE2、NE3
NE2	NE1、NE4
NE3	NE1、NE4、NE5
NE4	NE2、NE3、NE6
NE5	NE3、NE6
NE6	NE4、NE5

① IS-IS 邻居查询：NE3 上应有 3 个 IS-IS 邻居，分别是 NE1、NE4 和 NE5，如图 9-14 所示。

图9-14　网元IS-IS邻居查看

② 若 IS-IS 邻居未建立，则检查 IS-IS 配置。

通过"show isis interface"查看接口状态，如图 9-15 所示，若接口物理状态、协议状态均为"down"，原因可能是接口被人为"shutdown"或者出现链路故障。查看接口配置，如果接口被"shutdown"，则在接口下输入命令"no shutdown"；如果是链路故障，则进行相应的硬件方面的处理。

```
router#show isis interface flexe-tunnel 1
flexe-tunnel 1 is down, line protocol is down
  Routing Protocol: IS-IS (1000)
    Network Type: Point-to-Point
    Circuit Type: level-1-2
    Local circuit ID: 0x100
    Extended Local circuit ID: 0x00000007
    IP interface address:
      10.10.10.9/30
    IPv6 interface address:
    Level-2 Metric: 10/100, Priority: 64, Circuit ID: 0000.0000.0000.00
    Number of active level-2 adjacencies: 1
    Level-2 LSP MTU: 1492
    Next IS-IS Hello in 5 seconds
    socket create success.
    socket bind success.
    socket id 22.
    Bandwidth: 125000000.00 Bytes/sec
    Bidirectional Forwarding Detection [IPV4] is enabled
    The interface ipv6 isn't enabled
router#
```

图9-15　IS-IS互连接口down

③ 检查 IS-IS 接口配置，如 IP 和 MAC 配置、IS-IS 路由器类型、接口电路类型、

网络类型、接口使能 IS-IS 协议地址族类型是否正确。

● IS-IS 路由器类型如图 9-16 所示。同一路由器的 IS-IS 路由器类型与接口电路类型要匹配：例如，若在 IS-IS 进程中，全局配置为 level-2，而接口电路类型是 level-1，则该接口无法正常发送 IS-IS 的 Hello 报文，邻接关系无法建立；若路由器类型配置为 level-1/2，而接口电路类型是 level-1 或 level-2 或 level-1/2，则可建立邻接关系，如图 9-16 所示。

```
router isis 1
 net 47.0001.0040.0400.4004.00
 segment-routing global block 800000 809999
 is-type level-2
 metric-style wide level-2
 address-family ipv4 unicast
  redistribute static route-map control
  no adjacency-check
  mpls traffic-eng router-id 4.4.4.4
  default-information originate
 !
```

图9-16　IS-IS路由器类型

● IS-IS 接口的电路类型如图 9-17 所示。本端和对端的电路类型不能冲突，例如本端为 level-1，另一端为 level-2，则邻接无法建立，但 Level-1/2 的类型可以同时支持 level-1 和 level-2。假如一端配置为 level-1，另一端配置为 level-1/2，则可以建立 level-1 的邻接关系。

```
router isis 2
 net 47.0001.0000.0000.1114.00
 interface flexe-tunnel 2.101
  circuit-type level-2
  address-family ipv4 unicast
  !
  network point-to-point
  wide-metric 20 level-2
  capability ti-lfa
 !
```

图9-17　IS-IS接口的电路类型

● 检查接口是否使能 IS-IS 协议地址族（IPv4 单播地址族），如图 9-18 所示。

```
router isis 2
 net 47.0001.0000.0000.1114.00
 interface flexe-tunnel 2.101
  circuit-type level-2
  address-family ipv4 unicast
  !
  network point-to-point
  wide-metric 20 level-2
  capability ti-lfa
 !
```

图9-18　IS-IS接口地址族类型

● 检查两端互连接口的网络类型是否一致。查看接口下的 IS-IS 网络类型（如图 9-19 所示），两端一致即可，要么同为 Broadcast，要么同为 Point-to-Point。如果网络类型不一致，则要在接口下修改网络类型，默认类型为 Broadcast，现网一般使用 Point-to-Point。

```
router isis 2
 net 47.0001.0000.0000.1114.00
 interface flexe-tunnel 2.101
  circuit-type level-2
  address-family ipv4 unicast
  !
  network point-to-point
  wide-metric 20 level-2
  capability ti-lfa
```

图9-19　IS-IS接口网络类型

1. 承载网在部署路由协议时，管控平台上应显示哪些路由条目，网关网元应显示哪些路由条目？

2. IS-IS 路由异常的原因有哪些？另外，有哪些需重点关注的 IS-IS 参数？

9.2.3 实训单元——路由协议故障处理

能够查询、配置和修改 IP 路由；能够查询 IS-IS 路由表、IS-IS 邻居关系、IS-IS 全局及接口配置，并完成 IS-IS 故障处理。

能够查询、配置和修改 IP 路由；能够查询 IS-IS 路由表、IS-IS 邻居关系、IS-IS 全局及接口配置，并完成 IS-IS 故障处理。

检查管控平台的静态路由、网关网元的直连路由和所有网元的 IS-IS 路由，完成 IS-IS 邻居查询和 IS-IS 路由协议故障处理。

1. 实训环境准备
   （1）硬件：6 个承载网设备组成核心、汇聚、接入层；一台二层交换机；
   网络管理系统管控平台主机、客户端主机。
   （2）软件：承载网设备网络管理系统软件。
2. 相关知识点要求
   （1）IP 路由基础知识和 IS-IS 路由协议原理。
   （2）路由协议故障处理流程和方法。

1. 检查网络管理系统管控平台的静态路由配置。
2. 检查管控平台与网关网元的 IP 连通性。
3. 检查所有网元的 IS-IS 路由表。
4. 检查异常网元的 IS-IS 邻居关系。

5. 检查异常网元的 IS-IS 配置。

评定标准 ▶▶ ────── •••

管控平台能够 Ping 通所有设备 Loopback 0 接口的 IP，且任意设备以自身 Loopback 0 接口 IP 作为源地址可以 Ping 通管控平台。

实训小结 ▶▶ ────── •••

实训中的问题：＿＿＿＿＿＿＿＿＿＿＿＿＿＿＿＿＿＿＿＿＿＿
＿＿＿＿＿＿＿＿＿＿＿＿＿＿＿＿＿＿＿＿＿＿＿＿＿＿＿＿＿
＿＿＿＿＿＿＿＿＿＿＿＿＿＿＿＿＿＿＿＿＿＿＿＿＿＿＿＿＿

问题分析：＿＿＿＿＿＿＿＿＿＿＿＿＿＿＿＿＿＿＿＿＿＿＿＿
＿＿＿＿＿＿＿＿＿＿＿＿＿＿＿＿＿＿＿＿＿＿＿＿＿＿＿＿＿
＿＿＿＿＿＿＿＿＿＿＿＿＿＿＿＿＿＿＿＿＿＿＿＿＿＿＿＿＿

问题解决方案：＿＿＿＿＿＿＿＿＿＿＿＿＿＿＿＿＿＿＿＿＿＿
＿＿＿＿＿＿＿＿＿＿＿＿＿＿＿＿＿＿＿＿＿＿＿＿＿＿＿＿＿
＿＿＿＿＿＿＿＿＿＿＿＿＿＿＿＿＿＿＿＿＿＿＿＿＿＿＿＿＿

思考与拓展 ▶▶ ────── •••

1. IS-IS 路由协议是如何进行路由计算的？
2. 为什么在 IS-IS 进程中需要进行路由重分发操作？

任务 3   PCEP 故障处理

【任务前言】

当 SR-TP 隧道信息下发失败时，如何排除 PCEP 的故障？ PCEP 的运行状态要如何查看？带着这些问题，让我们一起进入本任务的学习。

【任务描述】

本任务主要介绍承载网 PCEP 故障的排查方法，使学员具备承载网 PCEP 故障处理的工作技能。

【任务目标】

- 能够完成管控平台 PCEP 服务查询。
- 能够完成设备 PCEP 状态查询。
- 能够完成 PCEP 故障处理。

 知识储备

9.3.1 PCEP 应用

PCEP 用于设备请求控制器进行 SR-TP 隧道算路，以及控制器向设备下发算路结果。所有需部署 SR-TP 隧道的设备均需与控制器建立 PCEP 连接。如图 9-20 所示，管控平台使用 23.222.1.100/24 这个 IP 作为其 PCEP 通信地址，NE1 ～ NE6 使用 Loopback 0 接口 IP 作为设备 PCEP 的通信地址，管控平台与每一端承载网设备都需要建立 PCEP 连接，其中，NE1 ～ NE6 为 PCEP 的客户端设备（PCC），管控平台为 PCEP 的服务器（PLE）。

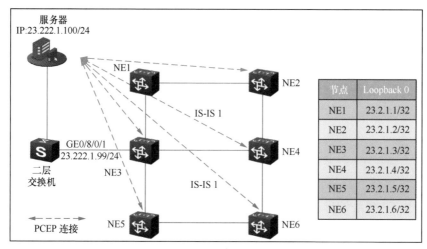

图9-20　PCEP故障处理组网拓扑

9.3.2 PCEP 故障处理

本节将以图 9-20 所示的组网拓扑为例，阐述 PCEP 的故障处理方法。

在正常情况下，所有设备的 PCC 状态中 is-best 为 true，is-connected 为 true。

① 检查设备的 PCC 状态是否正常

检查网元 PCC 状态。如图 9-21 所示，管控平台的 IP 为 23.222.1.100，is-best 和 is-connected 均显示为 true，表示该设备与管控平台的 PCEP 连接正常。若出现状态为 false 的情况，表明该网元 PCEP 状态不正常，需要进一步检查其 PCEP 相关配置、管控平台与该网元的 IP 连通性。下面以 NE2 网元为例进行方法阐述。

图9-21　PCEP状态检查

② 检查设备 PCEP 相关配置

Telnet 到网元 NE2，正确的 PCEP 配置如图 9-22 所示。"23.2.1.2" 为 NE2 控制

平面通信 IP（Loopback 0 接口的地址），"23.222.1.100" 为管控平台 IP。

```
pcc
  bind local-ip 23.2.1.2
  connect server 23.222.1.100
!
```

图9-22　设备PCEP正确相关配置

❸ 检查管控平台与设备的 IP 连通性

使用 Ping 命令检查管控平台与 NE2 的 IP 连通性，如图 9-23 和图 9-24 所示。其中，图 9-23 为在管控平台上 Ping 测 NE2，图 9-24 为在 NE2 上 Ping 测管控平台的控制面。正常情况下，应能够双向 Ping 通，若 Ping 不通，请参考任务 2 路由协议故障处理内容。

图9-23　检查管控平台到设备的IP连通性

图9-24　检查设备到管控平台的IP连通性

任务习题 ▶▶ ────── •••

1. PCEP 的本地 IP 是什么地址？ PCEP 连接管控平台 IP 是什么地址？

2. 怎样查看设备的 PCEP 连接状态？ PCEP 连接正常的状态是怎样的？

9.3.3　实训单元——PCEP 故障处理

实训目的 ▶▶ ────── •••

能够检查设备的 PCEP 状态和 PCEP 配置，并且能够验证管控平台与设备之间的 IP 连通性。

实训内容

检查管控平台的 PCEP 服务、设备与管控平台的 PCEP 连接状态，查询设备 PCEP 配置，完成 PCEP 故障处理。

实训准备

1. 实训环境准备
   （1）硬件：6 个承载网设备组成核心、汇聚、接入层；一台二层交换机；管控平台主机、客户端主机。
   （2）软件：承载网设备网络管理系统软件。
2. 相关知识点要求
   （1）PCEP 的工作原理及其配置。
   （2）PCEP 的故障处理方法。

实训步骤

1. 检查设备与管控平台的 PCEP 连接是否正常。
2. 检查异常网元的 PCEP 相关配置。
3. 检查异常网元与管控平台的 IP 连通性。

评定标准

管控平台能够 Ping 通所有设备 Loopback 0 接口的 IP，任意设备以自身 Loopback 0 接口 IP 作为源地址可以 Ping 通管控平台，且所有设备的 PCEP 连接状态均显示为 true。

实训小结

实训中的问题：＿＿＿＿＿＿＿＿＿＿＿＿＿＿＿＿＿＿＿＿
＿＿＿＿＿＿＿＿＿＿＿＿＿＿＿＿＿＿＿＿＿＿＿＿＿＿＿
＿＿＿＿＿＿＿＿＿＿＿＿＿＿＿＿＿＿＿＿＿＿＿＿＿＿＿

问题分析：＿＿＿＿＿＿＿＿＿＿＿＿＿＿＿＿＿＿＿＿＿＿

_____

_____

问题解决方案：_____

_____

_____

思考与拓展 ▶▶ —————————— • • •

1. 在 PCEP 连接建立之前，为什么要保证管控平台与设备之间的 IP 路由连通？

2. 当 PCEP 连接失效时，会导致 SR-TP 隧道建立失败吗，为什么？ MPLS 隧道建立受 PCEP 连接状态影响吗，为什么？

任务4   SR-TP 隧道故障处理

【任务前言】

SR-TP 隧道出现故障时有哪些检查项目？ SR-TP 隧道出现故障时要怎么处理？带着这样的问题，让我们一起进入本任务的学习。

【任务描述】

本任务主要介绍承载网 SR-TP 隧道信息查询方法和 SR-TP 隧道相关配置的检查方法，使学员具备承载网 SR-TP 隧道故障处理的工作技能。

【任务目标】

- 能够完成 SR-TP 隧道信息的查询。
- 能够完成 SR-TP 隧道配置的修改。
- 能够完成 SR-TP 隧道的故障处理。

 知识储备

9.4.1 SR-TP 隧道部署

承载网在部署 SR-TP 隧道时，将部署 SR-TP 1∶1 保护。所谓 SR-TP 1∶1 保护，就是通过备用 LSP 来保护主用 LSP 上传输的业务。当主用 LSP 出现故障时，业务倒换到备用 LSP，从而保证业务正常传输。SR-TP 1∶1 保护通过 VP OAM 检测 SR-TP 隧道（或 LSP）的连通性，从而判断是否进行保护倒换。

如图 9-25 所示，源、宿节点为 NE1 和 NE5，主用 LSP 路径为 NE1 → NE3 → NE5，备用 LSP 路径为 NE1 → NE2 → NE4 → NE6 → NE5。当主用 LSP 路径出现故障时，业务将通过备用 LSP 路径来传输业务。

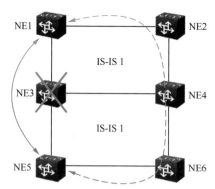

图9-25　SR-TP故障处理组网拓扑

9.4.2　SR-TP 隧道故障处理

本节将以图 9-25 所示的组网拓扑为例，阐述 SR-TP 隧道故障的处理方法。

在正常情况下，SR-TP 隧道应无告警，且对 SR-TP 隧道进行 Ping 测试，隧道应能够正常 Ping 通。当出现故障时，排查思路如下。

（1）定位发生故障的 SR-TP 隧道。

通过使用网络管理系统，查询相关 SR-TP 隧道，若告警状态为红色，则表示该 SR-TP 隧道有告警，若告警状态为绿色，则显示该 SR-TP 隧道正常。如图 9-26 所示，源网元为 NE5、宿网元为 NE1、部署了 1∶1 保护的 SR-TP 隧道上有紧急告警。

图9-26　SR-TP隧道信息查询

（2）记录 SR-TP 隧道的相关信息。

① 查询该隧道的详细信息，工作路径为 NE5 → NE3 → NE1，保护路径为 NE5 → NE6 → NE4 → NE2 → NE1，如图 9-27 所示。

图9-27　SR-TP隧道保护信息

② 路由表如图 9-28 所示，从源节点 NE5 经中间节点 NE3 到宿节点 NE1 的正

向工作路径，其 SID 由外到内依次为 503、301。503 为 NE5 到 NE3 的邻接 SID，301 为 NE3 到 NE1 的邻接 SID。

路由图	路由表	故障检测类型	QoS	保护属性	路由约束	相关L2VPN	相关L3VPN	重路由属性	重路由状态	其他属性

网元	单盘	端口	属性
正向-工作(U5-1.S-1./flexeveth3/SR-3<-->E30-1.S-1./flexeveth1/SR-4-1534918716)经过的网元数:3			
网元	单盘	端口	邻接标签	是否粘连节点
NE5		flexeveth3/SR-3	503	
⊞ 服务层-工作()经过的网元数:2				
NE3		flexeveth5	-	
NE3		flexeveth1	301	否
⊞ 服务层-工作()经过的网元数:2				
NE1		flexeveth1/SR-4	-	
正向-保护(U5-1.S-1./flexeveth2/SR-3<-->E30-1.S-1./flexeveth1/SR-4-1534918718)经过的网元数:5				

图9-28　路由表

（3）查询 SR-TP 隧道保护的状态。

如图 9-29 所示，对于从节点 23.2.1.5（NE5）到 23.2.1.1（NE1）的带有 1∶1 保护的隧道，其主用路径状态为 normal（正常），备用路径状态为 sf（信号失效），倒换状态为 normal（不倒换）。而对于从节点 23.2.1.5（NE5）到 23.2.1.4（NE4）的带有 1∶1 保护的隧道，其主用路径状态是 sf（信号失效），备用路径状态为 normal（正常），倒换状态为 switch（倒换）。

图9-29　在NE5上查询SR-TP隧道保护状态

（4）检查 SR-TP 隧道的配置。

查询相应隧道的收发 Path ID 和标签栈信息，如图 9-30 和图 9-31 所示。

图9-30　在NE5上查询Path ID

图9-31　在NE5上查询SID标签栈

（5）检查 SR-TP 隧道上所有节点的异常告警。

① 查询该 SR-TP 隧道上的当前告警，如图 9-32 所示。

图9-32　查看SR-TP隧道关联的当前告警

② 该隧道经过 NE3 节点，在当前告警中发现 NE3 上报 RLOS 收无光告警，致使从源节点 NE5 到宿节点 NE1 的工作路径故障，如图 9-33 所示。

编号	图标	级别	名称	确认状态	清除状态	告警源	定位信息
40428		● 紧急	FLEXE 开销帧丢失(FLEXE_...	未确认	未清除	逻辑域1:NE4	HFADA02[05]::100GE_1...
40423		● 紧急	输入光信号丢失(RLOS)	未确认	未清除	逻辑域1:NE3	HFADA02[06]::100GE_1...
40417		● 紧急	FLEXE 开销帧丢失(FLEXE_...	未确认	未清除	逻辑域1:NE2	HFADA02[20]::100GE_1...
40406		● 紧急	FLEXE 开销帧丢失(FLEXE_...	未确认	未清除	逻辑域1:NE3	HFADA02[06]::100GE_1...
40204		● 紧急	激光器发送失效(LASER_TF)	未确认	未清除	逻辑域1:NE6	LSV1[01]::50GE_1(面板...
40203		● 紧急	激光器发送失效(LASER_TF)	未确认	未清除	逻辑域1:NE6	LSV1[06]::50GE_1(面板...
40065		● 紧急	激光器发送失效(LASER_TF)	未确认	未清除	逻辑域1:NE5	LFAC2[04]::50GE_1(面板...
40054		● 主要	输入光功率过低(IOP_LOW)	未确认	未清除	逻辑域1:NE5	LFAC2[05]::50GE_1(面...
40051		● 紧急	激光器发送失效(LASER_TF)	未确认	未清除	逻辑域1:NE5	LFAC2[05]::50GE_1(面板...

图9-33　NE3上报RLOS告警

③ 清除 RLOS 告警后，检测 SR-TP 隧道的 IP 连通性是否正常。右键单击 SR-TP 隧道，选择"Ping"，如图 9-34 所示。

（6）SR-TP 隧道 Ping 测试结果如图 9-35 所示，Ping 测正常，故障处理完毕。

图9-34　SR-TP隧道Ping测试

图9-35　SR-TP隧道Ping测试结果

1. SR-TP 1：1 保护是怎样工作的？如何检测故障？如何进行保护倒换？

2. 当部署了 SR-TP 1：1 保护的隧道上报倒换（switch）状态时，隧道的工作路径和保护路径各是什么状态？

9.4.3　实训单元——SR-TP 隧道故障处理

能够定位并查询 SR-TP 隧道信息，能够检查 SR-TP 隧道状态、SR-TP 隧道配置，并验证 SR-TP 隧道的连通性。

实训内容

查询并记录 SR-TP 隧道信息，检查 SR-TP 隧道状态、SR-TP 隧道配置，验证 SR-TP 隧道的连通性。

实训准备

1. 实训环境准备
   （1）硬件：6 个承载网设备组成核心、汇聚、接入层；一台二层交换机；网络管理服务器主机、客户端主机。
   （2）软件：承载网设备网络管理系统软件。
2. 相关知识点要求
   （1）SR-TP 隧道的工作原理其配置。
   （2）SR-TP 隧道的故障处理方法。

实训步骤

1. 定位发生故障的 SR-TP 隧道。
2. 记录 SR-TP 隧道的相关信息。
3. 查询 SR-TP 的状态。
4. 检查 SR-TP 隧道的配置。
5. 检查 SR-TP 隧道上所有节点的异常告警。

评定标准

能准确定位发生故障的 SR-TP 隧道，记录 SR-TP 隧道的信息，成功查询 SR-TP 的状态，正确处理 SR-TP 隧道所经节点的异常告警。

实训小结

实训中的问题：_____

_____

_____

问题分析 :＿＿＿＿＿＿＿＿＿＿＿＿＿＿＿＿＿＿＿＿＿＿＿

＿＿＿＿＿＿＿＿＿＿＿＿＿＿＿＿＿＿＿＿＿＿＿＿＿＿

＿＿＿＿＿＿＿＿＿＿＿＿＿＿＿＿＿＿＿＿＿＿＿＿＿＿

问题解决方案 :＿＿＿＿＿＿＿＿＿＿＿＿＿＿＿＿＿＿＿＿＿

＿＿＿＿＿＿＿＿＿＿＿＿＿＿＿＿＿＿＿＿＿＿＿＿＿＿

＿＿＿＿＿＿＿＿＿＿＿＿＿＿＿＿＿＿＿＿＿＿＿＿＿＿

思考与拓展

1. SR-TP 隧道是通过节点 SID 还是邻接 SID 来实现业务转发的？可以在网络管理系统哪个位置查看这些 SID？

2. SR-TP 隧道中 Path SID 有什么作用？

任务 5   L3VPN 故障处理

【任务前言】

VPN 出现故障时有哪些检查项目？ VPN 出现故障时要怎么处理？带着这些问题，让我们一起进入本任务的学习。

【任务描述】

本任务主要介绍 VPN 信息查询的方法、VPN 的相关配置和 VPN 连通性的检测方法，使学员具备承载网 VPN 故障处理的工作技能。

【任务目标】

● 能够完成 VPN 信息的查询。

● 能够完成 VPN 路由的查询。

● 能够完成 VPN 的故障处理。

 知识储备

9.5.1 L3VPN 业务部署

如图 9-36 所示，网元 NE1 接入 5G 核心网，核心网网元的 IP 地址属于网段 10.168.10.0/24；网元 NE5 接入 5G 基站，5G 基站的 IP 地址属于网段 10.168.9.0/24。在 NE1 和 NE5 上部署 L3VPN，使 5G 核心网与 5G 基站能够互相访问。

图9-36   L3VPN故障处理组网拓扑

9.5.2 L3VPN 故障处理

本节将以图 9-36 所示的组网拓扑为例，阐述 L3VPN 的故障处理方法。

正常情况下，在配置有 VPN 的网元上，其 VPN 路由表中应能显示出远端网元的用户路由，且能够正常 Ping 通远端用户的 IP，当路由不通时，故障排查思路如下。

（1）定位发生故障的 L3VPN。使用网络管理系统，选中对应的 L3VPN，查询 VPN 的相关信息。如图 9-37 所示，源网元为 NE1，宿网元为 NE5，VRF 名称为 "l3vpn_6"。

图9-37　L3VPN业务查询

（2）记录 L3VPN 的接口信息，检查其是否与业务规划一致。如图 9-38 和图 9-39 所示，NE1 使用 XGE0/32/0/4 接口接入 5G 核心网，XGE0/32/0/4 的接口 IP 为 10.168.10.1，属于子网 10.168.10.0/24。NE5 使用 GE0/14/0/4 接口接入 5G 基站，GE0/14/0/4 的接口 IP 为 10.168.9.1，属于子网 10.168.9.0/24。该 L3VPN 业务使用 NE1 ～ NE5 的 SR-TP 隧道来承载，如图 9-40 所示。

图9-38　L3VPN业务详细信息（1）

图9-39　L3VPN业务详细信息（2）

图9-40　L3VPN业务详细信息（3）

（3）查询 L3VPN 的路由表。如图 9-41 所示，在 NE5 上能查询到核心网 10.168.10.0/24 的路由，该路由对应 NE1 所接入的子网 10.168.10.0/24。同理，在 NE1 上能查询到基站 10.168.9.0/24 的路由，该路由对应 NE5 所接入的子网 10.168.9.0/24，如图 9-42 所示。

图9-41　NE5的L3VPN路由

图9-42　NE1的L3VPN路由

（4）进行 L3VPN 连通性测试。

① 如图 9-43 所示，单击鼠标右键选择相应的 L3VPN，然后选择"Ping"→"IPv4 Ping"。

图9-43　L3VPN的Ping测试

② 选择源、宿站点对应的接口，源站点接口为 XGE0/32/0/4、宿站点接口为 GE0/14/0/4，右键单击"开始"，如果能够 Ping 通，则说明 L3VPN 正常连通，如图 9-44 所示。如果不能 Ping 通，则需要检测源、宿站点的端口是否为 up 状态。如图 9-45

所示，在 Telnet 到宿网元 NE5 上，检查 GE0/14/0/4 的状态，正常时应显示为 up。

图9-44　L3VPN的Ping测试结果

```
router#show ip interface brief

Interface name              IP_Address          Physical Protocol

eth-1gi 0/14/0/1            192.168.1.1/30      up       up
eth-1gi 0/14/0/2            -                   down     down
eth-1gi 0/14/0/3            -                   down     down
eth-1gi 0/14/0/4            10.168.9.1/24       up       up
eth-1gi 0/14/0/5            -                   down     down
eth-1gi 0/14/0/6            -                   down     down
eth-1gi 0/14/0/7            -                   down     down
eth-1gi 0/14/0/8            -                   down     dow
```

图9-45　L3VPN接口状态查询

任务习题 ▶▶ ● ● ●

1. 承载网在开通 5G 业务后，正常工作时，对接基站的承载网设备应显示哪些 VPN 路由？对接核心网的承载网设备应显示哪些 VPN 路由？

2. 请解释"ping 10.168.9.1 a 10.168.10.1 vrf l3vpn_6"命令的含义？

9.5.3　实训单元——L3VPN 故障处理

实训目的 ▶▶ ● ● ●

能够定位 L3VPN、查询相关信息并正确记录信息，能够检查 L3VPN 路由是否正确并验证 VPN 的连通性。

实训内容 ▶▶ ● ● ●

查询并记录 L3VPN 的信息，检查 L3VPN 路由，验证 L3VPN 的连通性。

实训准备

1. 实训环境准备
   （1）硬件：6 个承载网设备组成核心、汇聚、接入层；一台二层交换机；网络管理服务器主机、客户端主机。
   （2）软件：承载网设备网络管理系统软件。
2. 相关知识点要求
   （1）L3VPN 的定位。
   （2）L3VPN 的路由检查。
   （3）L3VPN 的连通性测试。

实训步骤

1. 定位发生故障的 L3VPN。
2. 记录 L3VPN 的相关信息。
3. 查询源、宿站点的 L3VPN 路由。
4. 进行 L3VPN 的连通性测试。
5. 检查源、宿网元的端口状态。

评定标准

能准确定位 L3VPN，记录 L3VPN 的信息，成功查询 L3VPN 的路由，正确进行 L3VPN 的 Ping 测试，完成 L3VPN 的故障处理。

实训小结

实训中的问题：_____

_____

_____

问题分析：_____

_____

_____

问题解决方案：_____

_____

_____

1. 在查询 L3VPN 的路由时，该路由显示的是本端 PE 所连用户网段，还是远端 PE 所连用户网段？它的下一跳是什么端口的 IP 地址？

2. 如果源、宿设备暂时没有连接用户，承载网是否可以自行检测内部的 L3VPN 连通性，如果可以，怎样进行检测？

任务 6 故障处理案例

【任务前言】

故障处理完后，需要输出故障处理案例报告，故障处理案例报告有什么格式？应包含哪些具体内容？带着这些问题，让我们一起进入本任务的学习。

【任务描述】

本任务主要以故障处理案例报告为例，介绍故障处理案例报告的一般形式、报告所包含的重要内容，以及该类故障处理的知识归纳和经验总结。

【任务目标】

● 能详细描述故障发生时的故障现象。

● 能根据故障现象获取并筛选有关的重要信息。

● 能根据故障现象和相关信息梳理故障处理的思路，进行故障原因的初步分析。

● 能详细记录故障处理的过程，尤其是进行故障处理时所进行的操作，该操作所伴随的对应现象，以及这样操作的原因。

● 能准确表述故障产生的根本原因，并给出处理故障的经验方法或同类故障的规避方法。

 知识储备

9.6.1 故障处理案例报告示例

【故障现象描述】

"武义百团路"站点的承载网设备脱管，所在环路上的设备上报 SR-TP 保护倒换（SWR）或备用故障（BACKUP_FAULT）告警，故障发生时间为 2020 年 9 月 11 日 12 时 29 分。

【故障信息获取】

（1）故障网络拓扑如图 9-46 所示。

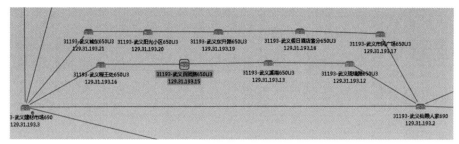

图9-46　故障网络拓扑

（2）在网络管理系统查看告警，查询"武义百团路"网元的邻居——"武义程王处"网元，发现"武义程王处"的03槽位（连接"武义百团路"网元的08槽位）线路侧有"输入光信号丢失"（RLOS）告警、"输入光功率过低"（IOP_LOW）告警和"连接信号丢失"（LINK_LOS）告警，如图9-47所示。

1123...	⟳	● 紧急	输入光信号丢失	31193-武义程王处650U3:XSV2[03]:XG...	2020-09-11 23:47:10	2020-09-11 23:50:59
1123...	⟳	● 紧急	输入光信号丢失	31193-武义程王处650U3:XSV2[03]:XG...	2020-09-11 23:46:59	2020-09-11 23:47:08
1121...	⟳	● 紧急	输入光信号丢失	31193-武义程王处650U3:XSV2[03]:XG...	2020-09-11 18:06:32	2020-09-11 23:43:59
1121...	⟳	● 紧急	输入光信号丢失	31193-武义程王处650U3:XSV2[03]:XG...	2020-09-11 18:00:44	2020-09-11 18:03:08
1121...	⟳	● 紧急	输入光信号丢失	31193-武义程王处650U3:XSV2[03]:XG...	2020-09-11 17:59:07	2020-09-11 17:59:59
1121...	⟳	● 紧急	输入光信号丢失	31193-武义程王处650U3:XSV2[03]:XG...	2020-09-11 17:53:12	2020-09-11 17:53:59
1121...	⟳	● 紧急	连接信号丢失	31193-武义程王处650U3:XSV2[03]:XG...	2020-09-11 17:53:12	2020-09-11 23:50:59
1121...	⟳	● 主要	输入光功率过低	31193-武义程王处650U3:XSV2[03]:XG...	2020-09-11 17:53:06	2020-09-11 17:53:59

图9-47　"武义程王处"网元的告警

（3）远程登录到"武义程王处"网元，发现连接"武义百团路"网元的接口的物理状态为"down"。

【故障初步分析】

初步判断："武义百团路"网元的08槽位光模块故障，并且主控交叉盘硬件发生故障。

【故障处理实施】

（1）维护人员到达现场后观察设备，发现相应的业务接口机盘的ACT灯常亮，主控交叉盘ACT灯快闪，从而判断业务接口盘工作异常，网管中心维护人员指挥现场维护人员插拔业务接口盘，并对主控交叉盘进行主备切换。

（2）完成上述操作后，经现场维护人员反馈，设备的指示灯状态与插拔前一致：即业务接口盘ACT常亮，主控交叉盘ACT灯快闪，因此，故障现象依旧。

（3）进一步对设备进行下电重启操作，待设备重新上电之后，故障现象依旧。

（4）更换主用主控交叉盘，待设备稳定运行后，业务接口盘及主控交叉盘的ACT灯均快闪，设备正常运行。

（5）设备运行正常后，网络管理人员反馈，发现"武义程王处"处的03槽位的"输入光信号丢失"（RLOS）告警依然存在，于是更换"武义百团路"网元的08槽位接口的光模块，更换后，"武义程王处"处的"输入光信号丢失"（RLOS）告警消失。

（6）在网络管理系统中强制下载"武义百团路"网元的基础配置、邻接标签配置和 SR-TP 配置后，环路上其余设备的 SR-TP 保护倒换（SWR）或备用故障（BACKUP_FAULT）告警均消失。

（7）最后在网络管理系统中强制下载 L3VPN 后，"武义百团路"站点的基站业务恢复正常。

【故障原因定位】

此次发生故障的原因有两个。

（1）"武义百团路"网元的主用主控交叉盘发生硬件故障，致使所有业务盘的 ACT 灯常亮，业务盘无法正常工作。

（2）"武义百团路"网元的 08 槽位的光模块故障，致使"武义程王处"网元的 03 槽位上报"输入光信号丢失"（RLOS）告警，以及"武义百团路"网元的 08 槽位接口上报"输入光信号丢失"（RLOS）告警。

【案例经验小结】

对于 5G 承载网工程，造成故障的原因可能不止一个。在排障时，维护人员要根据故障现象逐步排查，直至故障排除、业务恢复。

故障案例报告按照标准格式、按顺序应涵盖哪些内容？

9.6.2 实训单元——故障处理报告输出

能够按照标准格式，记录故障现象、故障信息、故障初步分析、故障处理实施的详细过程、故障原因定位和案例经验小结。

描述故障现象，获取故障信息，进行故障初步判断，根据初步分析进行故障处理，总结故障产生的原因，输出案例维护经验。

步骤 1：故障现象描述。

步骤 2：故障信息获取。

步骤 3：故障初步分析。

步骤 4：故障处理实施。

步骤 5：故障原因定位。

步骤 6：案例经验小结。

评定标准 ▶▶ ━━━━━ ● ● ●

按照标准格式，准确完成报告各项内容的输出，并整理归档。

实训小结 ▶▶ ━━━━━ ● ● ●

实训中的问题：＿＿＿＿＿＿＿＿＿＿＿＿＿＿＿＿＿＿＿＿＿＿＿＿＿＿＿

＿＿＿＿＿＿＿＿＿＿＿＿＿＿＿＿＿＿＿＿＿＿＿＿＿＿＿＿＿＿＿＿＿＿

＿＿＿＿＿＿＿＿＿＿＿＿＿＿＿＿＿＿＿＿＿＿＿＿＿＿＿＿＿＿＿＿＿＿

问题分析：＿＿＿＿＿＿＿＿＿＿＿＿＿＿＿＿＿＿＿＿＿＿＿＿＿＿＿＿＿

＿＿＿＿＿＿＿＿＿＿＿＿＿＿＿＿＿＿＿＿＿＿＿＿＿＿＿＿＿＿＿＿＿＿

＿＿＿＿＿＿＿＿＿＿＿＿＿＿＿＿＿＿＿＿＿＿＿＿＿＿＿＿＿＿＿＿＿＿

问题解决方案：＿＿＿＿＿＿＿＿＿＿＿＿＿＿＿＿＿＿＿＿＿＿＿＿＿＿＿

＿＿＿＿＿＿＿＿＿＿＿＿＿＿＿＿＿＿＿＿＿＿＿＿＿＿＿＿＿＿＿＿＿＿

＿＿＿＿＿＿＿＿＿＿＿＿＿＿＿＿＿＿＿＿＿＿＿＿＿＿＿＿＿＿＿＿＿＿

项目解析 ▶▶ ━━━━━ ● ● ●

项目 10

5G 承载网中的同步技术

项目简介

　　5G 在 TDD 模式下，时间是分为上行和下行的，基站间步调要严格一致。为实现 eMBB、mMTC、uRLLC 三大 5G 应用场景，以及 MIMO、多点协调、载波聚合等协同增强技术在 5G 系统中的广泛应用，ITU、IMT-2020 推进组等国内外 5G 研究组织机构均对 5G 提出了百纳秒量级的时间同步要求。要达到如此高的精度，5G 承载网同步技术的重要性不言而喻。

项目目标

● 能够完成 5G 承载网设备的时间源对接。
● 能够完成 5G 承载网设备的频率同步配置。

项目导图

频率同步

【任务前言】

对于承载网同步技术，承载设备同步接口如何分布？在具体实施过程中，承载设备现场应该如何与外部时间源对接？又需要配置哪些参数？带着这些问题，我们进入本任务的学习。

【任务描述】

本任务主要介绍承载网设备现场与时间源的对接，以及频率同步配置的具体步骤，使学员具备完成承载网设备同步部署的工作技能。

【任务目标】

- 掌握 5G 承载网设备同步接口分布及现场与时间源对接的方式。
- 能够完成 5G 承载网设备频率同步配置。

 知识储备

10.1.1 同步需求

无线网络由许多基站组成。单个基站的覆盖范围和容量有限，因此基站间需要进行各种信令交互来实现小区选择、重选、切换、负荷均衡和干扰协同等复杂的操作。各个基站要交互信息，除了信令能互相通信之外，还需要步调一致，即准确知道对方目前的状态，预知下一时刻将要发生的动作，才能配合默契。

5G 基本业务的同步需求与 4G 相同，而 5G 协同增强业务则提出百纳秒量级高精度的时间同步需求。站间协同增强是指到同一个用户的数据可以通过不同基站的有源天线单元（AAU，Active Antenna Unit）收发，使用户可以在交叠覆盖区合并多个信号，从而有效提升业务带宽。多信号间的时延差须满足一定要求，否则无法合并。

　　5G 网络支撑的多种新业务有高精度同步的需求，包括高精度定位业务、高速移动业务覆盖、业务时延精确测量、各种垂直行业应用（如物联网、车联网、智能制造）等。典型的基站定位服务主要基于到达时间（TOA，Time Of Arrival）或到达时间差（TDOA，Time Difference Of Arrival）技术，时间同步精度与定位精度要求直接相关。例如，要满足 3m 的定位精度，要求基站间的空口信号同步偏差为 10ns，而要满足米级的定位精度，则要求基站间的空口信号同步偏差为 3ns。5G 基站部署密度大，基于基站提供定位服务具有天然优势，特别是在卫星信号覆盖盲区，更加凸显该优势。随着高精度定位服务需求的爆炸式增长，作为提供定位服务的重要手段，基于 5G 系统的基站定位极具潜力，它可与其他定位技术相结合，满足米级及以上精度的定位。

　　同步，从字面意思上看，是指两个或两个以上随时间变化的量在变化过程中保持一定的相对关系。一般根据关系的紧密程度分为"频率同步（时钟同步）"和"时间同步（相位同步）"。

　　频率同步（如图 10-1 所示）是指两个基站的时钟的变化频率一致，而相位则不一定一致，可以保持相对固定的差值。

图10-1　频率同步示意

　　时间同步（相位同步）（如图 10-2 所示）：要求各点之间的绝对时间相同。比如，中国国内都使用北京时间，时间同步设备需要调整本地的时间时钟，使之与北京时间严格同步，并使各地之间的时钟误差维持在很小的范围内，如小于 100ns。

图10-2　时间同步示意

10.1.2　常见的时间源

　　常见的时间源包括石英晶体振荡器、GPS 和 BDS（北斗卫星导航系统）。

　　石英晶体振荡器是应用范围十分广泛的频率源，可靠性高，寿命长，价格低，频率稳定度范围很宽，采用高质量恒温箱的石英晶体振荡器的老化率可达 10^{-11}/ 天。采用锁相环（PLL，Phase Locked Loop）技术使之能同步于外来基准信号，还具有频率记忆功能，可以作为长途交换局和端局的从时钟。石英晶体振荡器作为时间源的缺点是长期频率稳定度不高。

导航卫星测时测距 / 全球定位系统（NAVSTAR/GPS，Navigation Satellite Timing and Range/Global Positioning System）是美国国防部在 1973 年开始建设的，是全天候的、基于高频无线电的卫星导航系统，能提供精确的定位（经度、纬度、高度）、速度和时间信息。GPS 由 24 颗卫星组成，卫星高度为 20100km，运行周期为 12 小时，均匀分布在 6 个相对于赤道倾角为 55° 的几乎为圆形的等间距轨道上，轨道面之间的夹角为 60°。卫星同时发射两种频率的载波无线电信号，所有这些信号都由原子频标控制。GPS 使用动态均衡的方法，最多可综合 6 颗卫星的信号，所提供的频率精度可达 10^{-12} 数量级（24 小时平均）。

北斗卫星导航系统（BDS，BeiDou Navigation Satellite System，以下简称北斗系统）是中国自主建设运行的全球卫星导航系统，是为全球用户提供全天候、全天时、高精度的定位、导航和授时服务的国家重要时空基础设施。从 2017 年起，随着中国卫星导航系统管理办公室发布《北斗卫星导航系统空间信号接口控制文件公开服务信号 B1C（1.0 版）》，中国信息通信研究院组织国内相关单位启动了在 3GPP 中携手推动北斗三号信号的标准化进程。2018 年 9 月，中国信息通信研究院联合国内制造商、应用商，汇聚产业共识，提出在 3GPP R16 版本中启动北斗三代标准化工作的建议，并与国内外厂商广泛交流，初步达成一致，北斗三号提案建议获得通过，为北斗三号系统在全球移动通信领域中的应用奠定技术与产业基础。2020 年 7 月，随着 3GPP R16 版本标准的冻结，首批支持北斗三号 B1C 信号的 3GPP 标准正式发布，北斗三号在移动通信国际标准化推进工作中取得重大突破。

10.1.3　同步以太网技术原理

同步以太网是一种基于传统物理层时钟的同步技术，该技术首先在接收侧从以太网物理层数据码流中提取网络传递的高精度时钟，然后提供给分组网元的定时单元 SEC/EEC，再由其进行跟踪和处理，形成系统时钟，最后在各网元的以太网发送侧采用系统时钟进行数据的发送，从而实现不同节点间的频率同步。

设备从串行数据码流中恢复出发送端的时钟，将该时钟发送到时钟处理板，时钟处理板对多个接口提取的时钟的质量等级或优先级进行比较，将最优的时钟作为系统时钟，然后将系统时钟送到各个单板用于指导数据的发送。在接收方向，设备从线路串行码流中提取时钟，要求码流中必须保持足够的时钟跳变信息，也就是避免连续的长 1 或者长 0。以 1000MBit/s（GE）速率的以太网为例，物理层通常采用 8B/10B 编码，即平均在每 8 比特中插入 2 个附加比特，可有效地包含时钟信息，便于接收端提取时钟。

同步以太设备配置有时钟锁相模块，锁相环有 3 种工作模式：锁定、保持和自由振荡。锁定模式即为 PLL 锁定参考基准，系统时钟精度和参考基准的精度保持一致，参考基准可以是直接来自于本地的 GPS 时钟，也可以是从上一级节点内置数据码流中下发的时钟。保持模式为在 PLL 失去参考基准时，根据以往的时钟参数在一段时间内保持原有的时钟精度，保持模式一般可持续 24 小时，部分锁相环可达到 48 小时，超过该保持时间，PLL 即进入自由振荡模式。在自由振荡模式下，系统时钟精度完全受制于本地振荡器时钟精度。

同步状态信息（SSM，Synchronization Status Message）采用长度为 4 比特的编码，共 16 种信号（如表 10-1 所示），用于在同步定时链路中传递定时信号等级，使同步网中各网元通过解读 SSM 获取上游网元时钟同步状态信息，并根据该信息对本网元的时钟进行相应的操作（跟踪、倒换或保持），然后将该网元的时钟同步状态信息传给下游网元。在同步数字体系（SDH，Synchronous Digital Hierarchy）中，SSM 是通过复用段开销（MSOH，Multiplex Section Overhead）中的 S1 字节来传递的。SSM 反映了网络同步状态的情况，它是网元时钟状态变化的依据。每个网元需要得到上游及备用方向网元的时钟状态（质量等级）信息，并且需要根据这些信息来决定本网元自己的状态（跟踪、切换、保持等），同时还要将本网元的时钟状态发往下游网元，为下游网元提供同步状态信息。利用 SSM 可以设置网元时钟的自动保护，并且可以避免形成定时环。

表 10-1　同步状态信息质量等级描述

S1 比特（比特 5 ～ 8）	SDH 同步质量等级描述
0	暂不使用
1	保留
10	1 级时钟信号
11	保留
100	2 级时钟信号
101	保留
110	保留
111	保留
1000	3 级时钟信号
1001	保留
1010	保留
1011	SDH 设备时钟信号（G813）
1100	保留
1101	保留
1110	保留
1111	不应用作同步

如图 10-3 所示，正常情况下，网络中的网元向相邻方向发送带有 SSM 的时钟信号，并向各自跟踪的时钟源方向回送 SSM 为 1111 的同步状态信息。SSM 为全 1 表示该时钟不能被用于同步。

图10-3　时钟跟踪方向正常状态

当基准时钟源 1 发生故障时，各网元都应根据 SSM 来进行判断并选择自己的时钟源 。

由于各网元都向时钟跟踪方向的相邻网元回送 SSM 为 1111 的同步状态信息，因此有效避免了时钟切换时可能发生的时钟互相跟踪的现象。

最终时钟切换后的状态如图 10-4 所示 。

图10-4　时钟跟踪方向倒换状态

同步以太网技术具有以下特点。

（1）要求网络上的每个节点都支持同步以太网才能实现整网的时钟同步。

（2）实现简单，不受高层协议的影响，也不会受到数据网络拥塞、分组丢失、时延等影响。

（3）通过以太网物理层芯片从串行数据码流中恢复出发送端的时钟，这种方式与 SDH 时钟恢复方式相同，并且可以获得类似 SDH 的时钟精度，实现网络时钟同步。

（4）只支持频率信号的传送，不支持时间信号的传送，所以单纯的同步以太网方案只适用于没有时间同步要求的场景。

1. 频率同步、时间同步的区别是什么？
2. 在频率同步网中，如何避免时钟频率成环？

10.1.4　实训单元——时间源对接

能够完成承载网设备与外部时间源的对接。

基于实训环境，正确使用线缆完成承载网设备与外部时间源的对接。

1. 实训环境准备。
   （1）硬件：具备登录实训系统仿真软件或网络管理系统软件的计算机终端。
   （2）软件：实训系统仿真软件或网络管理系统软件。
2. 相关知识点要求
   （1）熟悉 5G 承载网设备。
   （2）熟悉通信传输机房的布线规范。

1. 确定外部时间源 BITS 设备可用的同步接口。
2. 确定承载网设备可用的同步接口。
3. 通过信号线缆，将对应信号接口连接起来。

连接正确，布线规范。

实训中的问题：_____

_____

_____

问题分析：_____

_____

_____

问题解决方案：_____

_____

_____

思考与拓展 ▶▶

当承载网设备的 CLK 接口类型为 RJ45 时，它如何与 BITS 的 2M 接口对接？

任务 2 时间同步

【任务前言】

俗话说："一寸光阴一寸金，寸金难买寸光阴。"这句话说明了时间的重要性。时间是我们生活中很重要的一部分，它关乎我们学习、工作中的点点滴滴。因为它的存在，一切都变得有规律。那么对于 5G 承载网而言，在频率同步的基础上，如何实现时间同步？时间同步的原理又是什么？带着这些问题，我们进入本任务的学习。

【任务描述】

本任务主要介绍 5G 承载网时间同步原理，介绍 IEEE 1588v2 时间同步的应用场景。

【任务目标】

● 掌握 5G 承载设备 IEEE 1588v2 时间同步的原理。
● 掌握单纤双向光模块的应用场景。

知识储备

10.2.1 IEEE 1588 时间同步

IEEE 1588 的全称是"网络测量和控制系统的精密时钟同步协议标准"，简称 PTP（Precise Time Protocol）。IEEE 1588v1 版本于 2002 年 11 月 8 日发布，该版本是为工业自动化测量和控制系统而开发的，适用于工业局域网应用。IEEE 1588v2 版本于 2008 年 7 月 24 日发布，v2 版本在 v1 版本的基础上针对通信网的特点进行了改进，使之更适合通信领域的应用。IEEE 1588v2.1 版本于 2019 年发布，新版标准中包含模块化透明时钟，特殊 PTP 接口，以及安全性、标准性能等新参数。

IEEE 1588v2 的核心思想是从通信关系上将时钟分为主时钟和从时钟，对时间信息进行编码，周期性发布，利用网络链路的对称性和延时测量方法，实现主从时钟的频率、相位和绝对时间的同步。

IEEE 1588 将整个网络内的时钟分为 3 种，即普通时钟（OC，Ordinary Clock）、边界时钟（BC，Boundary Clock）和透明时钟（TC，Transparent Clock），如图 10-5 所示。

（1）普通时钟（OC，Ordinary Clock）：仅有一个物理接口同网络通信，所在的子域仅支持单个 PTP 和 PTP 状态，既可以是主时钟（Grandmaster Clock），又可以是从时钟（Slave Clock），可将其看作是网络终端。

（2）边界时钟（BC，Boundary Clock）：有多个物理接口同网络通信，每个物理端口行为都类似于 OC 的端口，可用于多个子域连接，可将其看作是中继器、交换机、路由器等网络设备。

（3）透明时钟（TC，Transparent Clock）：不终结 PTP 报文，而是把在本地驻留处理的时延记录在 PTP 报文的校正域，下游节点可以获取每个节点的时延信息，从而实现中间节点延时的逐点累加，终节点可以根据校正域信息实现更精确的时间恢复。

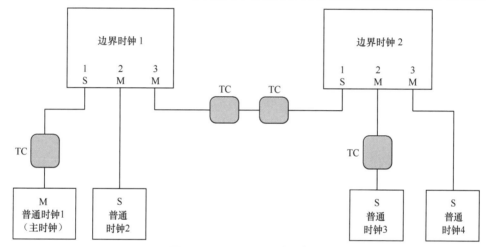

图10-5　IEEE 1588 时钟类型

IEEE 1588v2 时间同步的实现主要有 4 个步骤，如图 10-6 所示。

（1）主时钟的 PTP 应用层发起 Sync 报文给从时钟，主时钟同时记录 Sync 报文离开本 PTP 端口的精确时间 t_1 值。

（2）主时钟的 PTP 应用层发起 Follow_Up 报文，Follow_Up 报文包含前一个 Sync 报文离开主时钟时的精确时间 t_1 值，从时钟收到 Follow_Up 报文之后记下 t_1。此时从时钟知道 Sync 报文的发送时间 t_1 和接收时间 t_2。

（3）从时钟的 PTP 应用层发起 Delay_Req 报文给主时钟，从时钟记录 Delay_Req 报文离开 Slave 端口的时刻值 t_3。

（4）主时钟记录 Delay_Req 报文到达时间值 t_4，并通过 Delay_Resp 报文把 t_4 发给从时钟。

此时从时钟知道 Delay_Req 报文的真正发送时间 t_3 和接收时间 t_4 及 Sync 报文的发送与接收时间 t_1、t_2，经过上述时间戳消息应答过程之后，可得到以下计算公式。

图10-6 IEEE 1588时间同步原理

$$主从时针之间时间差 = Offset + MS\_Delay = t_2 - t_1 \qquad (10\text{-}1)$$

$$从主时针之间时间差 = SM\_Delay - Offset = t_4 - t_3 \qquad (10\text{-}2)$$

假设主从时针之间链路时延 MS_Delay 等于从主时针之间链路时延 SM_Delay，则在 Slave 端可以得出

$$M 与 S 的时间偏移量：Offset=[(\,t_2-t_1\,)-(\,t_4-t_3\,)]/2$$

$$M 与 S 之间的时延：Delay=[(\,t_2-t_1\,)+(\,t_4-t_3\,)]/2$$

主时钟和从时钟间不断发送 PTP 报文，从时钟端根据 Offset 修正本地时间值，使本地时间同步主时钟的时间。

理论上，IEEE 1588v2 可支持高精度的相位同步，基本能够满足 5G 的同步需求。但实际上，通过 IEEE 1588v2 实现时间同步，需要所有网络节点都支持 PTP，组网较为复杂，网络的拥塞 / 时延 / 抖动和分组丢失都会影响时钟精度。更为重要的是，IEEE 1588v2 同步需要上下行链路的时延相等，否则就需要人工校准，这一点在项目实施中非常困难。下一节将要介绍的单纤双向光模块在一定程度上很好地解决了这个问题。

10.2.2 BiDi 单纤双向光模块

当前，5G 承载网已开始部署单纤双向光模块，可以解决 IEEE 1588v2 部分场景下非对称时延的问题。单纤双向（BiDi，Bidirectional）是指在一根光纤中可以同时传输收、发两个方向的光信号，就像马路上由隔离带隔开的正、反两个方向的车道，两边的车辆在各自的车道上行驶，互不干扰。而常规的光纤传输是单纤单向的，要实现双向的通信就需要两根光纤。2019 年 4 月，中国移动研究院组织开展 50GE 单纤双向新技术测试，目前已成功验证了 10km 和 40km 传输，标志着 50GE 单纤双向

技术已逐步成熟，对 5G 承载网的商用具有重要意义。

如图 10-7 所示，因 BiDi 单纤双向光模块要实现同时传输收发两个方向的光信号，所以需要收发方向使用不同的光波长。一般光模块有两个端口，一个发射端口和一个接收端口。而单纤双向光模块只有一个端口，通过光模块中的滤波器进行滤波，可同时完成一个波长光信号的发射和另一个波长光信号的接收，或者相反。比如，本端发射 1310nm 的光信号，且同时接收 1550nm 的光信号。而对端使用的波长正好和本端相反，即发射 1550nm 的光信号，接收 1310nm 的光信号。因此该模块在链路两端必须成对使用。单纤双向光模块常用的波长还有 1310nm/1490nm、1510nm/1590nm。

图 10-7　单纤双向光模块实物

1. IEEE 1588 时钟类型有哪几种？
2. IEEE 1588 时间同步的原理是什么？单纤双向光模块相比传统的双纤双向光模块有什么优势？

10.2.3　实训单元——单纤双向光模块的应用

掌握 5G 承载网单纤双向光模块的应用。

根据实际场景选择正确的单纤双向光模块，并完成接入层拓扑连接。

1. 实训环境准备
　（1）硬件：具备登录实训系统仿真软件或网络管理系统软件的计算机终端。
　（2）软件：实训系统仿真软件或网络管理系统软件。
2. 相关知识点要求
　（1）熟悉单纤双向光模块的类型。
　（2）熟悉 5G 承载网接入层拓扑的连接情况。

实训步骤 ▶▶

1. 明确承载网单纤双向光模块的使用类型。
2. 明确承载网端口连接情况。
3. 通过实训系统仿真软件 / 承载网设备网络管理系统软件完成网元的互连。

评定标准 ▶▶

模块类型正确，连接端口正确。

实训小结 ▶▶

实训中的问题：_____

_____

_____

问题分析：_____

_____

_____

问题解决方案：_____

_____

_____

思考与拓展 ▶▶

BiDi 光模块对应的光纤接口是哪种（SC、FC、LC）？如果设备与设备之间通过 ODF 架连接，请给出连接方案。

项目解析 ▶▶